职业院校校企“双元”合作电气类专业立体

电气测量技术

主　编　尚川川　孙卫卫

副主编　隋雨君　李思南

参　编　纪　雷　郑　重　曹同凯

郭宏光　朱珊珊

机械工业出版社

本书以真实项目、典型工作任务等为载体组织编写教学内容，贯彻职业教育“行动导向”教学理念。本书分为电工仪表与测量的基本知识、电流与电压的测量、电阻的测量、电功率的测量、电能的测量、频率和相位的测量、信号波形的测量、其他电气测量8个项目，共34个学习任务（配套工作页）。本书坚持校企“双主体”开发，创新“工学结合”双元育人，及时将产业发展的新技术、新工艺、新规范、新标准纳入教材内容，突出电气测量技术的实际应用。

本书可作为职业院校或技工院校自动化类、机电设备类、电子信息类专业教材，也可作为考证及岗位培训教材使用。

为方便教学，本书配套电子课件、工作页、动画及视频（二维码形式）等教学资源，选用本书作为授课教材的教师可登录 www.cmpedu.com 注册并免费下载。

图书在版编目（CIP）数据

电气测量技术/尚川川，孙卫卫主编. —北京：机械工业出版社，2023.7（2025.8重印）

职业院校校企“双元”合作电气类专业立体化教材

ISBN 978-7-111-73503-8

Ⅰ.①电… Ⅱ.①尚… ②孙… Ⅲ.①电气测量-中等专业学校-教材 Ⅳ.①TM93

中国国家版本馆CIP数据核字（2023）第127855号

机械工业出版社（北京市百万庄大街22号 邮政编码100037）

策划编辑：赵红梅　　责任编辑：赵红梅

责任校对：张晓蓉　梁　静　　封面设计：马精明

责任印制：单爱军

中煤（北京）印务有限公司印刷

2025年8月第1版第2次印刷

184mm×260mm · 14.25印张 · 357千字

标准书号：ISBN 978-7-111-73503-8

定价：45.00元（含工作页）

电话服务　　网络服务

客服电话：010-88361066　　机 工 官 网：www.cmpbook.com

010-88379833　　机 工 官 博：weibo.com/cmp1952

010-68326294　　金 书 网：www.golden-book.com

机工教育服务网：www.cmpedu.com

前言

本书严格落实《国家职业教育改革实施方案》《职业院校教材管理办法》有关要求，深入贯彻党的二十大精神，根据职业教育专业教学标准体系，对接国家职业标准（规范）、职业技能等级标准，深化“三教”改革，优化教材内容，探索创新“工学结合”双元育人模式，整体设计“课程思政”，将知识、能力和正确价值观的培养有机结合，有效激发学生的学习兴趣和创新能力。

本书在编写过程中吸收了企业技术人员参与，使本书内容紧密结合工作岗位，与职业岗位对接。本书选取的案例贴近生活、贴近生产实际，并将创新理念贯彻到内容选取、教材案例等方面。

本书在编写时全面贯彻党的教育方针，落实立德树人根本任务，适应结构化、模块化专业课程教学要求，努力体现以下特色。

1）坚持“立德树人”，深入推进“三进”要求。育人的根本在于立德。坚持不懈用习近平新时代中国特色社会主义思想铸魂育人，深入推进习近平新时代中国特色社会主义思想进教材、进课堂、进头脑，本书每个项目设置素养目标以弘扬劳动光荣、技能宝贵、创造伟大的时代风尚，践行“为党育人、为国育才”使命，教育引导学生深刻理解并自觉实践智能制造行业的职业精神和职业规范，增强学生的职业责任感。

2）坚持“工学结合”双元育人，落实“三教”改革理念，重视学生职业能力培养。教材编写遵循教材建设规律和职业教育教学规律、技术技能人才成长规律，体现“工学结合”。对接岗位，体现智能制造行业电气设备安装、调试、运行与维护岗位的新变化；重构课程，重新序化课程内容，体现常用电工仪表与电工工具的新工艺；对标世赛，引入世界技能大赛电气装置赛项，世界职业院校技能大赛机电设备安装与运维竞赛的新内容；书证融通，融入电工职业资格证书及装备制造类相关行业职业技能等级证书新标准，实现学校专业技能人才培养与企业岗位能力需求的深度吻合，从而助推“制造强国”“质量强国”建设。

3）坚持校企“双元”开发，按照工作过程导向，实现教材内容与岗位对接。紧跟智能制造产业发展趋势和行业人才需求，突出绿色低碳理念，及时将产业发展的新技术、新工艺、新规范、新标准纳入教材内容，反映典型岗位（群）职业能力要求。校企“双元”合作开发，校企共定教学项目及学习任务，贯穿“行动导向”教学理念，实现教材内容与企业工作岗位深度对接，推动制造业向高端化、智能化、绿色化方向发展。

4）坚持“任务驱动”，落实“三全”育人理念，突出对学生工匠精神的培养。本书编写体现了先进职业教育理念，适应结构化、模块化专业课程教学要求，以真实生产项目、典型工作任务和案例等为载体组织教学单元，坚持“任务驱动”，每个任务具有较强的可操作性，本书内容注重中高职衔接，突出了对学生实践能力、工匠精神、创新精神、劳动精神的培养，助力“中国制造”向“中国智造”“中国创造”转变。

5）坚持“立体呈现”，体现数字化改造，满足线上线下混合式教学。本书编排方式科学、配套资源丰富、呈现形式灵活、信息技术应用适当，适应“数字中国”“互联网+”职业教育发展需求，本书配有工作页、电子课件、动画及视频（二维码形式）等立体化资源，可扫码观看教学视频动画，提高学生学习兴趣，满足线上线下混合式教学，适应教学模式与方法改革创新的需要。

本书建议学时为64学时，在教学实施过程中，建议使用项目引领、任务驱动的教学模式，各部分内容学时分配建议见下表。

序号	项目	学时	序号	项目	学时
项目1	电工仪表与测量的基本知识	6	项目5	电能的测量	8
项目2	电流与电压的测量	12	项目6	频率和相位的测量	8
项目3	电阻的测量	8	项目7	信号波形的测量	8
项目4	电功率的测量	8	项目8	其他电气测量	6
总学时	64				

本书由尚川川、孙卫卫任主编，隋雨君、李思南任副主编，参加编写工作的还有纪雷、郑重、曹同凯、郭宏光、朱珊珊。

在本书编写过程中，得到了山东省滨化集团化工设计研究院有限责任公司电气工程师张肖肖、山东星科智能科技股份有限公司工程师张志刚和亚龙智能装备集团股份有限公司工程师章剑云的大力支持和帮助，他们为本书提供了企业一线的相关资料。同时，本书编写过程中还参考了大量的文献资料，在此向文献资料的作者致以诚挚的谢意。

由于编者水平有限，书中难免有疏漏和不妥之处，恳请广大读者批评指正。

编　者

二维码索引

页码	名称	二维码	页码	名称	二维码
0	产品总码		64	接地电阻的测量	
14	电动机空载电流测量		115	脉冲信号发生器	
36	指针式万用表的使用		118	示波器的使用方法	
41	数字式万用表的使用		136	单相桥式整流电路	
58	绝缘电阻测量		136	单相桥式可控整流电路	
62	接地体安装		143	电动机的转速测量	

目 录

项目1 电工仪表与测量的基本知识

知识目标

1）了解常见电工仪表的分类、型号和标志。
2）掌握电工仪表的测量方法及适用的场合。
3）掌握测量结果的处理方法。

能力目标

1）能根据实际使用环境和测量的要求，正确选择电工仪表。
2）能根据被测对象的性质，选择合理的测量方法。
3）能正确使用电工仪表，以减小测量误差。

素养目标

1）树立正确的职业理想，具有对企业和岗位的认同感。
2）能自觉践行智能制造行业的职业精神和职业规范。

项目导入

电工测量就是将被测的电量、磁量或电路参数与同类标准量进行比较，从而确定出被测量大小的过程。为了保证测量的准确性，首先要根据测量对象正确地选择电工仪表，然后采用合理的测量方法，熟练地操作使用仪表，尽可能地减小测量误差。本任务主要介绍常用电工仪表的分类、型号和标志，以及测量方法的选择和测量结果的处理方法。

学习任务1.1 认识电工仪表的分类、型号和标志

任务目标

1）了解常用电工仪表的分类。
2）了解仪表型号编制规则，并能读懂仪表型号。
3）理解仪表盘上的标志所代表的含义。

1. 常见电工仪表的分类

电工测量就是将被测的电量、磁量或电路参数与同类标准量进行比较，从而确定出测量大小的过程。电工测量的对象有电量（电流、电压、电阻、电功率等）、磁量（磁通量、磁场强度等）、电路参数（相位、频率等）和非电量（温度、压力等）的测量等。

电工测量中，测量各种电量、磁量及电路参数的仪器仪表统称为电工仪表。电工仪表的种类很多，分类方法也不同，为了便于区分，可按仪表的结构、工作原理、测量方法及用途等进行分类。按照仪表的结构和工作原理的不同，人们将电工仪表分成指示仪表、比较仪表、数字仪表和智能仪表四大类。

（1）指示仪表　指示仪表是将被测量转换为仪表可动部分的机械偏转角，通过指示器直接指示出被测量数值的仪表。因此，指示仪表又称为直读或机械式仪表。它可以按以下方法分类。

1）按结构和工作原理分类，可分为磁电系、电磁系、电动系、感应系、静电系及整流系仪表等。

2）按被测量的名称分类，可分为电流表（安培表、毫安表和微安表）、电压表（伏特表、毫伏表）、功率表、电能表、频率表、相位表、功率因数表、绝缘电阻表以及其他多种用途的仪表，如万用表等。

3）按被测电流的种类分类，可分为直流表、交流表和交直流两用表。

4）按使用方法分类，可分为安装式、便携式仪表。安装式仪表通常固定安装在开关板或电气设备面板上，一般测量误差较大，价格也较低，适用于一般工业测量，如图 1-1-1 所示；便携式仪表是可以携带的仪表，其准确度较高，价格较贵，适用于电气试验、精密测量及仪表检定，如图 1-1-2 所示。

图 1-1-1　安装式仪表

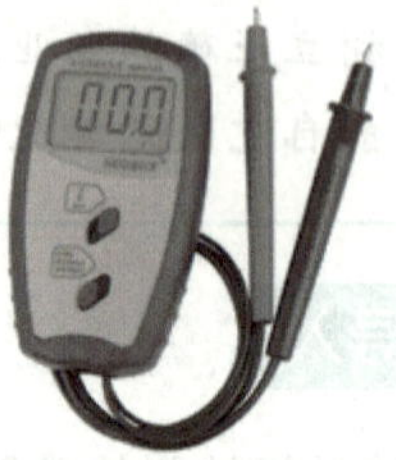

图 1-1-2　便携式仪表

5）按仪表的准确度等级分类，可分为 0.1、0.2、0.5、1.0、1.5、2.5 和 5.0 共七个等级。

6）按外壳防护性能分类，可分为普通式、防尘式、防溅式、防水式、气密式、水密式、隔爆式等类型。

7）按仪表对电磁场的防御能力分类，可分为Ⅰ、Ⅱ、Ⅲ和Ⅳ共四个等级。

8）按仪表使用条件分类，可分为 A、B 和 C 三组。

（2）比较仪表　比较仪表是将被测量与同类标准量进行比较来得到被测量数值的仪表。按照电流性质不同，比较仪表可分为直流比较仪表和交流比较仪表两大类，直流电桥和直流电位差计属于直流比较仪表，如图 1-1-3 所示。交流电桥属于交流比较仪表。

（3）数字仪表　数字仪表是采用数字测量技术，并以数码的形式直接显示出被测量的仪表。常用的数字式仪表有数字式电压表、数字式万用表和数字式频率表等，如图 1-1-4 所示。

a) 直流电桥

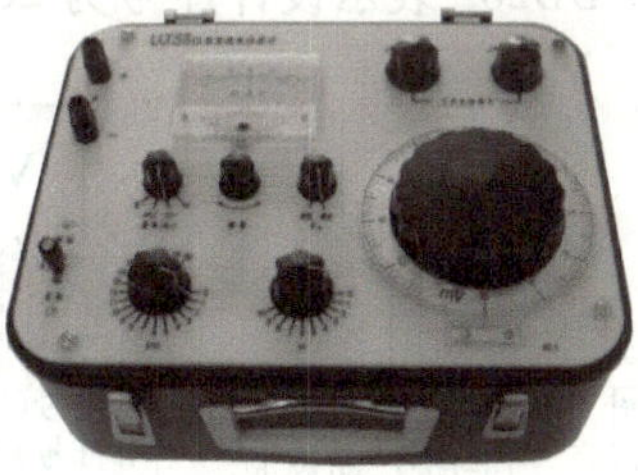

b) 直流电位差计

图 1-1-3　常见比较仪表

（4）智能仪表　智能仪表是利用微处理器的控制和计算功能，实现程控、记忆、自校正、自诊断故障、数据处理和分析运算等功能的电工仪表，一般可分为带微处理表的智能仪表和自动测试系统两大类。

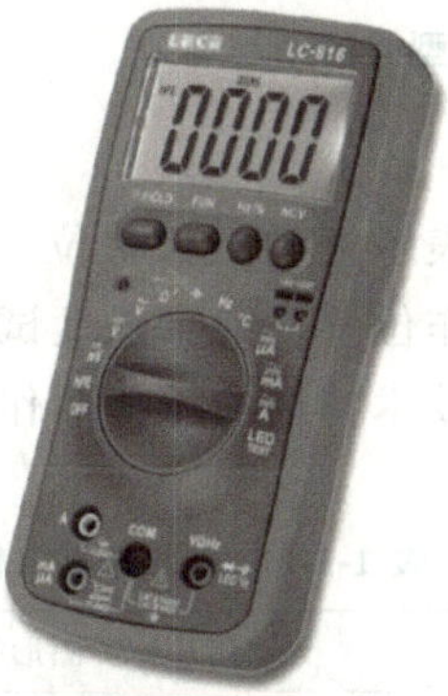

a) 数字式万用表

b) 数字式频率表

图 1-1-4　常用的数字仪表

2. 电工仪表的型号

电工仪表的用途和工作原理等可由型号表示出来，电工仪表的型号是按照有关规定编制的，具体编制规则如下：

（1）安装式指示仪表型号的编制规则　如图 1-1-5 所示，42C10-A 表示设计序号为 10 的安装式磁电系电流表，其形状代号为 42，表示外形尺寸为 120mm×120mm，安装尺寸为 112mm×112mm。

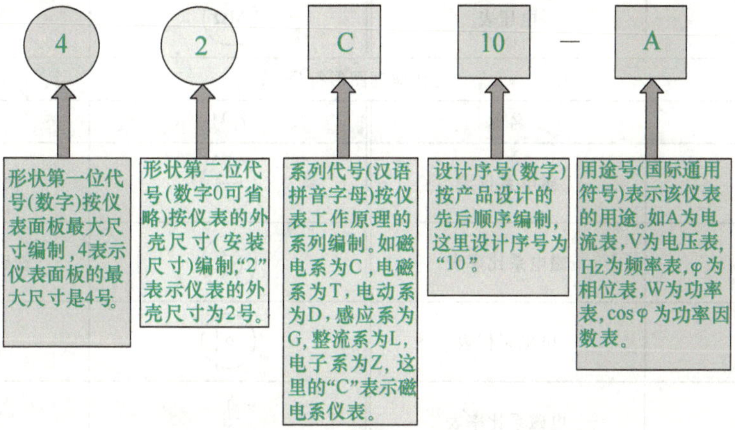

图 1-1-5　安装式指示仪表型号的编制规则

（2）便携式指示仪表型号的编制规则　便携式仪表不是固定安装在面板上的，故不需要前面的形状代号，其他的编制规则与安装式仪表相同。如图 1-1-6 所示，T60-V 表示一块设计序号是 60 的便携式电磁系电压表。

(3) 电能表的编制规则　电能表的编制规则与便携式仪表的编制规则相似，但含义不同，如图 1-1-7 所示，DD282 表示设计序号为 282 的单相电能表。

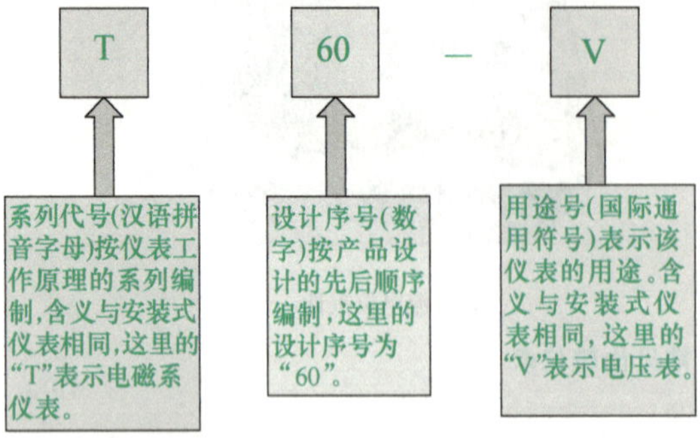

图 1-1-6　便携式指示仪表型号的编制规则

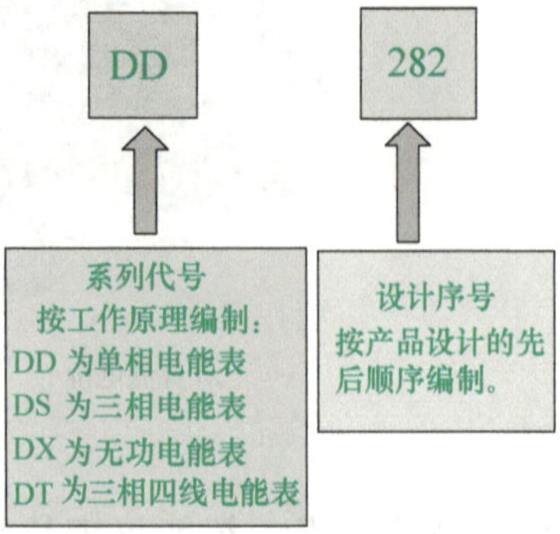

图 1-1-7　电能表的编制规则

3. 电工仪表的标志符号

电工仪表的表盘上都刻有表示测量对象单位、仪表准确度等级、电源种类和相数、测量机构类别、使用条件组别、工作位置、绝缘强度试验电压数值、仪表型号及各种额定值等的不同符号，这种反映电工仪表技术特性的符号叫作电工仪表的标志符号，常见的电工仪表标志符号见表 1-1-1。

表 1-1-1　常见的电工仪表标志符号

测量种类图形符号			
符号	名称	符号	名称
(A)	电流表	(mV)	毫伏表
(mA)	毫安表	(kW·h)	电能表
(V)	电压表	(MΩ)	绝缘电阻表
工作原理图形符号			
符号	名称	符号	名称
	磁电系仪表		铁磁电动系仪表
	磁电系比率表		铁磁电动系比率表
	电磁系仪表		感应系仪表
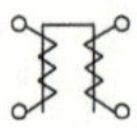	电磁系比率表		静电系仪表
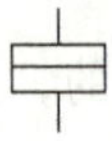	电动系仪表	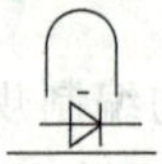	整流系仪表
	电动系比率表		热电系仪表

（续）

符号	名称	符号	名称
电流种类符号			
—	直流	~	交流
≂	交直流	≋ 或3~	三相交流
绝缘强度符号			
☆ 0	不进行绝缘强度试验	☆ 2	绝缘强度试验电压为 2kV
按外界条件分组符号			
∩（方框）	Ⅰ级防外磁场（例如磁电系）	Ⅳ（实线框）　Ⅳ（虚线框）	Ⅳ级防外磁场及电场
（虚线框）	Ⅰ级防外电场（例如静电系）	△ A	A 组仪表
Ⅱ（实线框）　Ⅱ（虚线框）	Ⅱ级防外磁场及电场	△ B	B 组仪表
Ⅲ（实线框）　Ⅲ（虚线框）	Ⅲ级防外磁场及电场	△ C	C 组仪表

符号	名称	符号	名称	符号	名称
准确度等级符号					
1.5	以标度尺量程百分数表示的准确度等级，如 1.5 级	1.5（下加∨）	以标度尺长度百分数表示的准确度等级，如 1.5 级	1.5（加圆圈）	以指示值的百分数表示的准确度等级，如 1.5 级
工作位置符号					
⊥	垂直放置	⊓	水平放置	∠60°	倾斜放置

常见的电工仪表标志符号在实际中的应用见图 1-1-8。

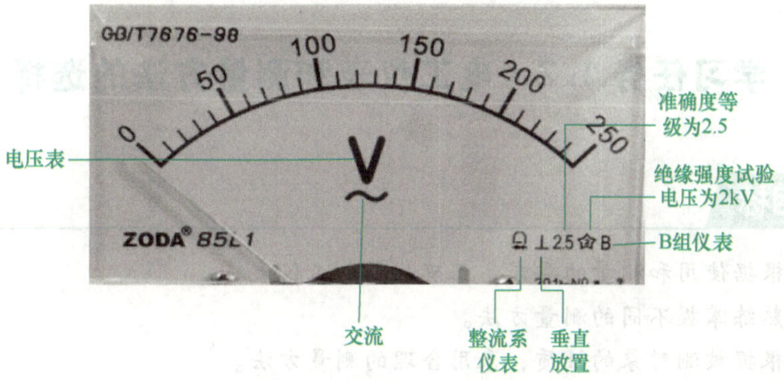

图 1-1-8　常见的电工仪表标志符号在实际中的应用

知识拓展

“岗位”新变化

智能制造是基于新一代信息通信技术与先进制造技术深度融合，贯穿于设计、生产、管理、服务等制造活动的各个环节，具有自感知、自学习、自决策、自执行、自适应等功能的新型生产方式。全球工业在经历了机械化、电气化、信息化三个发展阶段后，目前正步入第四个发展阶段——智慧化，即引入关键工序智能化、关键岗位机器人替代（见图 1-1-9）、生产过程智能优化控制、供应链优化，重点领域出现智能工厂、数字化车间。其中工业自动化涉及面广、产业链长，根据市场细分，可以将工业自动化产业链分为七个子版块：

1）运动控制及机器人：伺服系统和 CNC 是最为熟知的产品。

2）工业软件：包括 MES、PLM 等生产线管理系统及仿真、先进控制等优化软件。

3）监控系统：主要是 DCS 和 PLC，某些情况下也会用单片机或 IPC 实现。

4）传感与检测：包括各种传感器、变送器和检测仪器，是工业系统的眼睛和神经末梢。

5）变频传动：变频器是驱动电动机实现速度和功率变换的设备，在低于伺服系统的精度和力矩需求下，可调节设备的转速及转向达到节能的目的。

6）互联网+：包括工业云、工业大数据、工控网络安全等和下一代工控系统息息相关的新兴技术。

7）其他：包含控制阀、接触器等较为零散的产品。

图 1-1-9 关键岗位机器人替代

学习任务 1.2 电工仪表和测量方法的选择

任务目标

1）根据使用和测量的要求，正确选择电工仪表。

2）熟练掌握不同的测量方法。

3）根据被测对象的性质，采用合理的测量方法。

1. 电工仪表的选择

合理选择电工仪表，不仅直接影响到测量结果的准确性，还与安全性及经济性密切相关。合理地选择电工仪表，就是为了完成预定的测量技术要求，确定所选择的仪表类型、准确度等级、量程以及仪表的内阻等。在选择仪表时，要优先考虑其性能是否满足测量的技术要求，再考虑价格是否比较便宜。电工仪表的选择依据见表1-2-1。

表 1-2-1　电工仪表的选择依据

选择项目	选择依据
仪表类型	选择直流或交流仪表，要根据被测量的电流性质来确定。测量直流电量时广泛地采用磁电系仪表；测量正弦交流电量时，常采用电磁系、电动系仪表来测量其有效值；测量非正弦交流电量时，既用电磁系或电动系仪表来测量其有效值，又用整流系仪表来测量其平均值，同时也常用示波器来观察非正弦交流电量的波形以及测量其他各项参数
准确度等级	仪表的准确度等级越高，测量的准确性越高，但是随之价格也越贵，使用的环境条件要求也越苛刻，因此，在选择仪表的准确度等级时，应从实际测量的技术要求出发，首先要确保能达到要求的测量准确度，然后再充分考虑其经济性，切不可过分追求仪表的高准确度等级
仪表量程	量程选择的合理与否，与测量的准确性密不可分。为了获得准确的测量结果和防止损坏仪表，仪表的量程一定要大于或等于测量对象的最高值。通常是以测量对象的最高值处在仪表满量程的70%~80%处作为选择量程的参考标准。仪表的显示值越靠近量程的上限，其测量误差就越小
仪表内阻	仪表内阻的大小，反映仪表本身的功耗。对仪表内阻的要求是仪表接入被测电路后，不对电路原始工作状态产生较大的影响，引起较大的测量误差。所以，凡与电路并联的仪表，如电压表或功率表等，其电压线圈的内阻应尽量大，且量程越大，内阻越大；凡与电路串联的仪表，如电流表或功率表等，其电流线圈的内阻应尽量小，且量程越大，内阻越小
工作条件	每一种电工仪表的使用说明书中都规定了仪表的工作环境条件，选择仪表时应使测量的工作环境条件与其规定的相符合。对温度、湿度、振动及外界电磁场等有特定要求的，应选用具有对应防护性能的仪表
绝缘强度	对仪表及附加装置的绝缘强度高低的选择，应根据被测电路电压的高低来确定，防止测量过程中损坏仪表及发生人身伤害事故

2. 测量方法的选择

测量结果除了与所选择的电工仪表有关之外，还与所选择测量方法有关。表1-2-2给出了常用的电工测量方法。

表 1-2-2　常用的电工测量方法

测量方法	概念	优点	缺点	适用场合	举例
直接测量法	通过电工仪表直接读取被测量数值，且无需标准度量器参与的测量方法	方法简便、读数迅速	由于仪表接入被测电路后，会使电路工作状态发生变化，因而这种测量方法的准确度较低	适用于准确度要求不太高的场合	用电流表测量电流，用电压表测量电压，用功率表测量功率等
间接测量法	测量时，先获取与被测量有关的电量，再按函数式计算出被测量的方法	在准确度要求不高的一些特殊场合应用十分方便	误差较大	适用于准确度要求不高的一些特殊场合	用伏安法测量电阻等
比较测量法	将被测量与标准度量器进行比较得出被测量的测量方法	准确度高	设备复杂，价格较高，操作麻烦	通常适用于测量准确度要求较高的场合	用直流单臂电桥、直流双臂电桥测量电阻等

知识拓展

电工仪表的正确使用

正确使用电工仪表，包括正确设计电路、正确接线和掌握正确的操作方法。

1）正确设计电路和正确接线：应根据测量对象的种类、测量要求和测点的结构情况，正确设计电路和正确接线。一般先从测量对象来确定所使用的电工仪表类型，再根据仪表与电路的连接方式来设计和确定测量电路及接线方法，按照预定的测量要求来确定仪表的准确度等级，包括与仪表相配套的附件的准确度要求，确定测量次数和时间，以及测量现场的环境条件要求等。

2）正确操作：测量前，要检查仪表指针是否指零，不在零位时需要调零。测量时，要检查和选择仪表的量程，使其一定要大于或等于被测量，以免损坏仪表。要正确读取测量值，防止误读或漏读，仪表要按规定的方式或位置安放，尽量远离热源、强磁场等。

学习任务 1.3　测量结果的处理

任务目标

1）了解误差的定义与分类。
2）理解误差产生的原因。
3）掌握消除或减小误差的方法。

1. 仪表的误差

在电工测量中，无论哪种电工仪表，也无论其质量多高，它的测量结果与被测量的实际值之间总会存在一定的差值，这个差值叫作误差。电工仪表的误差可分为两类，即基本误差和附加误差，见表 1-3-1。

表 1-3-1　电工仪表的误差

分类	定　义	特　点
基本误差	电工仪表在正常条件下，由于仪表本身的结构、制作工艺等方面的不完善而产生的误差叫作基本误差	基本误差是仪表本身固有的误差，一般无法消除
附加误差	电工仪表因为偏离了规定的工作条件而产生的误差叫作附加误差	附加误差是一种因外界工作条件改变而造成的额外误差，一般可以设法消除

2. 仪表误差的表示方法

仪表误差通常用绝对误差、相对误差和引用误差来表示，因其定义不同，适用的场合也不同。

（1）绝对误差　仪表的指示值 A_x 与被测量实际值 A_0 之间的差值，叫作绝对误差，用 Δ 表示，即

$$\Delta = A_x - A_0$$

在计算 Δ 值时，通常可用标准表的指示值近似作为被测量的实际值，由此得

$$A_0=A_x-\Delta=A_x+(-\Delta)=A_x+C$$

式中，C 为仪表的校正值，$C=-\Delta$。

人们可以通过校正值对仪表进行校正，从而得到被测量的实际值 A_0。

例1：用一只标准电压表来校验甲、乙两只电压表，当标准表的指示值为220V时，甲、乙两表的读数分别为218.5V和220.5V，求甲、乙两表的绝对误差。

解：代入绝对误差的定义式得

甲表的绝对误差　$\Delta_1=A_{x1}-A_0=(218.5-220)\text{V}=-1.5\text{V}$

乙表的绝对误差　$\Delta_2=A_{x2}-A_0=(220.5-220)\text{V}=0.5\text{V}$

$\Delta_1<0$，说明甲表指示值比被测量实际值小，$\Delta_2>0$，说明乙表指示值比被测量实际值大。$|\Delta_1|>|\Delta_2|$，说明甲表的指示值比乙表的指示值偏离实际值的程度较大，乙表比甲表更准确。实际在测量同一被测量时，可以用绝对误差的绝对值 $|\Delta|$ 来比较不同仪表的准确程度，$|\Delta|$ 越小的仪表越准确。

（2）相对误差　绝对误差 Δ 与被测量实际值 A_0 比值的百分数，叫作相对误差，用 γ 表示，即

$$\gamma=\frac{\Delta}{A_0}\times100\%$$

一般情况下实际值 A_0 难以确定，而仪表的指示值 $A_x\approx A_0$，故可以认为

$$\gamma=\frac{\Delta}{A_x}\times100\%$$

实际测量中，相对误差不仅常用来表示测量结果的准确程度，而且便于在测量不同大小的被测量时，对其测量结果的准确程度进行比较。

例2：已知甲表测量200V电压时 $\Delta_1=2\text{V}$，乙表测量10V电压时 $\Delta_2=1\text{V}$，试比较两表的相对误差。

解：甲表相对误差为

$$\gamma_1=\frac{\Delta_1}{A_{01}}\times100\%=\frac{2}{200}\times100\%=1\%$$

乙表相对误差为

$$\gamma_2=\frac{\Delta_2}{A_{02}}\times100\%=\frac{1}{10}\times100\%=10\%$$

虽然，$\Delta_1<\Delta_2$，但从绝对误差对测量结果的影响来看，甲表的绝对误差只占被测量的1%，乙表的绝对误差却占被测量的10%，甲表的测量结果比乙表更准确。

所以，在测量时，绝对误差不能准确地判断测量结果是否准确，而相对误差则表示绝对误差在实际值中所占的比例，能较为准确地说明测量结果的准确程度。

（3）引用误差　绝对误差 Δ 与仪表量程（满刻度值）A_m 比值的百分数，叫作引用误差，用 γ_m 表示，即

$$\gamma_m=\frac{\Delta}{A_m}\times100\%$$

工程中，一般采用引用误差来反映仪表的准确程度。

3. 测量误差的分类

由于产生测量误差的原因不同，测量误差可分为系统误差、偶然误差、疏失误差，见表 1-3-2。

表 1-3-2 测量误差的分类

分类	定义	产生原因	消除方法
系统误差	系统误差是在相同条件下多次测量同一量时，误差的大小和符号均保持不变，而在条件改变时遵从一定规律变化的误差	1）测量仪表的误差。包括基本误差和附加误差 2）测量方法的误差 3）仪表受外磁场的影响 4）仪表本身不完善和外界因素影响造成的误差	1）重新配置合适的仪表或对仪表进行校正 2）采用合理的测量方法 3）采用正负误差补偿法 4）采用替代法 5）引入校正值
偶然误差	偶然误差是一种大小和符号都不固定的误差，又称为"随机误差"	偶然误差主要由外界环境的偶发性变化引起	可采用增加重复测量次数，取算术平均值的方法来减轻偶然误差对测量结果的影响
疏失误差	疏失误差是一种严重歪曲测量结果的误差	疏失误差主要由于操作者的粗心和疏忽造成。另外也包括由于操作者相关技能较差，不懂正确读数而造成的误差	对含有疏失误差的测量结果应抛弃不用。消除疏失误差的根本方法是加强操作者的工作责任心，倡导认真负责的工作态度，同时要提高操作者的相关技能素质和技能水平

4. 减小测量误差的处理方法

测量误差是客观存在的，不可能完全消除掉，但是可以采用适当的方法减小测量误差，使其对测量结果的影响处于允许的范围之内。

（1）系统误差的消除

1）校正电工仪表，对准确度要求较高的测量，可引入校正值修正。

2）消除误差产生的根源，正确选择测量方法，合理配置测量仪表及附加仪器、设备，改善配线及安装质量，保证测量仪表在规定的条件下使用，减少外界各种因素的影响。

3）采用特殊测量方法，比如正负误差补偿法和替代法。

（2）偶然误差的减小

偶然误差遵循统计学正态分布的规律，其正误差和负误差出现的概率相同，只要在同一条件下进行足够次数的重复测量，取其平均值作为测量结果，就可有效地减小偶然误差的影响。

知识拓展

电工仪表的维护与保养

注意电工仪表的维护与保养，是使电工仪表始终保持良好工作状态的重要环节。其要点如下：

1）轻取轻放仪表，防止剧烈的振动和撞击。

2）始终保持仪表的整洁。仪表要保持干燥，切不可放置在潮湿、过冷或过热的场所，更要防止有害气体的腐蚀。

3）妥善保管仪表的附件及专用接线，确保配件齐全。

4）按照规定定期检查和校验仪表，保证仪表的测量准确度。

5）仪表保管工作要落实到人，建立和完善必要的管理制度。

项目小结

1）电工测量就是将被测的电量、磁量或电路参数等与同类标准量进行比较，从而确定出被测量大小的过程。电工测量的对象有电量（电流、电压、电阻、电功率等）、磁量（磁通量、磁场强度等）、电路参数（相位、频率等）和非电量（温度、压力等）的测量等。

2）指示仪表将被测量转换为仪表可动部分的机械偏转角，通过指示器直接读出被测量值。因此，指示仪表又称为直读式或机械式仪表。比较仪表是将被测量与同类标准量进行比较来得到被测量大小的仪表。数字仪表是采用数字测量技术，并以数码的形式直接显示出被测量的仪表。智能仪表是利用微处理器的控制和计算功能，实现程控、记忆、自动校正、自诊断故障、数据处理和分析运算等功能的电工仪表。

3）合理地选择电工仪表，就是为满足预定的测量技术要求，确定所选择的仪表类型、准确度等级、仪表量程、仪表的内阻、工作条件和绝缘强度等。

4）常见的测量方法有直接测量法、间接测量法和比较测量法。

5）电工仪表的误差可分为两类，即基本误差和附加误差。仪表在正常条件下，由于本身的结构、制作工艺等方面的不完善而产生的误差叫作基本误差，基本误差是仪表本身所固有的误差，一般无法消除；仪表因为偏离了规定的工作条件而产生的误差叫作附加误差，它是一种因外界工作条件改变而造成的额外误差，一般可以设法消除。

6）仪表误差通常用绝对误差、相对误差和引用误差来表示。

7）绝对误差：仪表的指示值 A_x 与被测量实际值 A_0 之间的差值，叫作绝对误差，用 Δ 表示，即

$$\Delta = A_x - A_0$$

8）相对误差：绝对误差 Δ 与被测量实际值 A_0 比值的百分数，叫作相对误差，用 γ 表示，即

$$\gamma = \frac{\Delta}{A_0} \times 100\%$$

9）引用误差：绝对误差 Δ 与仪表量程（满刻度值）A_m 比值的百分数，叫作引用误差，用 γ_m 表示，即

$$\gamma_m = \frac{\Delta}{A_m} \times 100\%$$

项目 2 电流与电压的测量

知识目标

1）了解磁电系仪表、电磁系仪表的结构组成。

2）理解磁电系仪表、电磁系仪表、互感器、模拟式万用表、数字式万用表、直流电位差计的工作原理。

3）掌握电流与电压的测量方法。

能力目标

1）能使用磁电系仪表和电磁系仪表测量电流和电压。

2）能掌握互感器、直流电位差计的使用方法。

3）能熟练使用模拟式万用表和数字式万用表测量电流和电压。

素养目标

1）具有科学精神和工匠精神，养成严谨细致、一丝不苟、实事求是的科学态度。

2）具备信息检索和分析的素养，能查阅维修手册等资料。

项目导入

电流和电压是表征电信号能量的两个基本参数，它们的测量在电气测量中占有重要的地位。电流是电子设备消耗功率的主要参数，也是衡量单元电路和电子设备工作安全情况的一个主要参数。电压是最常用的电参量，通过电压测量并利用导出公式可以导出其他参数，它是其他许多电参量测量的基础。本项目通过 8 个学习任务介绍电流和电压的测量。

学习任务 2.1 电流与电压的测量方法

任务目标

1）了解电流与电压的测量方法。

2）根据电流、电压的性质选择合适的仪表进行测量。

测量电流和电压的方法很多，一般按以下两种方式分类。

1. 按测量方式分类

（1）直接测量　测量电流、电压一般都用直接测量。测量电流时电流表与被测元器件串联，测量电压时电压表与被测元器件并联。测量时应注意电流表和电压表的位置，测量直流电时，还要注意接入电路后的仪表的极性，如图 2-1-1 所示。

（2）间接测量　在特殊情况下，可以用间接法测量。例如在已焊好元器件的印制电路板上，通过测量某电阻两端电压求得电流，或测量通过电阻的电流，求出电阻两端的电压，图 2-1-2 所示为间接法测量电流。

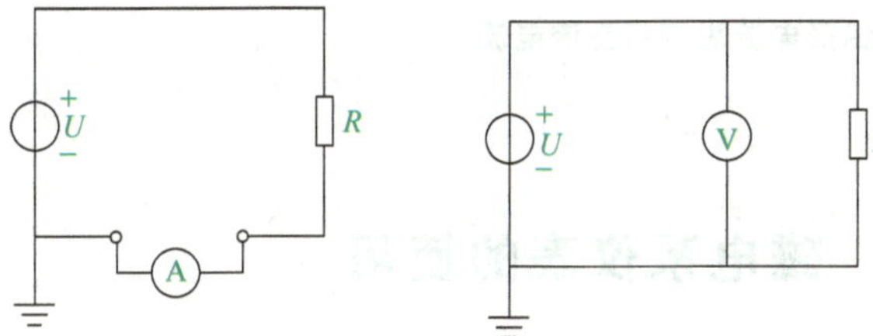

a) 电流表应接在低电位端　　b) 电压表接地标志应接在低电位端

图 2-1-1　电流表、电压表的连接位置

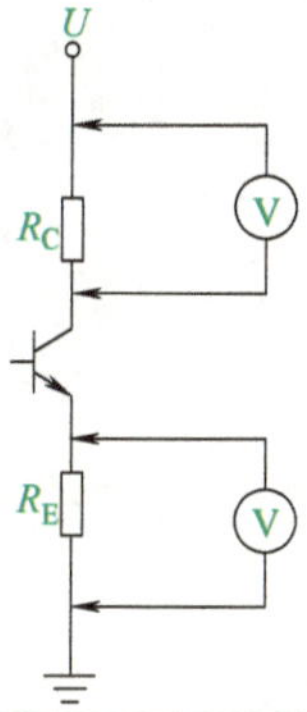

图 2-1-2　间接法测量电流

2. 按电流性质分类

测量电流和电压的方法按电流性质分类见表 2-1-1。

表 2-1-1　测量电流和电压的方法（按电流性质分类）

被测量	选用仪表	工作原理
直流电流、电压	磁电系仪表	通电线圈在磁场中受电磁力矩的作用产生偏转
交流电流、电压	电磁系仪表	通电线圈产生磁场磁化软磁铁片，利用磁极之间的相互作用力产生转动力矩使指针产生偏转
	电动系仪表	利用通电的固定线圈和可动线圈之间的电动力产生转动力矩使指针产生偏转

知识拓展

钳形电流表

在不断电的情况下测量电流，还可以使用钳形电流表。钳形电流表因形状像钳子而得名，它是测量交流电流的专用仪表。钳形电流表前端是一个电流互感器，通过电磁感应原理来完成测量任务。钳形电流表操作方便，因此被广泛使用。

钳形电流表不能测量直流电流，因为直流电流没有交变磁场，所以电流互感器中不会产生二次电流，无法完成测量任务。

钳形电流表的使用方法很简单，只要将正在运行的待测导线夹入钳形电流表的钳形铁心内，然后读取显示屏或指示盘上的读数即可，如图 2-1-3 所示。

使用钳形电流表时，一是要注意合理选择钳形电流表的电压等级，二是要特别注意保持钳形电流表头部与带电部分的安全距离，而且跟万用表一样，钳形电流表测量中途不能直接换档。

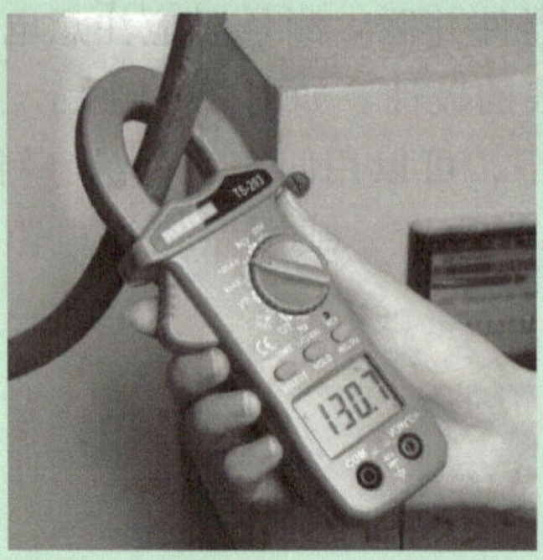

图 2-1-3　使用钳形电流表测量交流电流

电动机空载电流测量

学习任务 2.2　磁电系仪表的使用

任务目标

1）理解磁电系电流表和电压表的结构及工作原理。
2）熟练使用磁电系电流表测量直流电流。
3）熟练使用磁电系电压表测量直流电压。

1. 认识磁电系仪表

（1）认识磁电系测量机构　磁电系仪表的核心是磁电系测量机构，也称为磁电系表头。磁电系测量机构主要由固定的磁路系统和可动的线圈组成，其结构如图 2-2-1 所示。

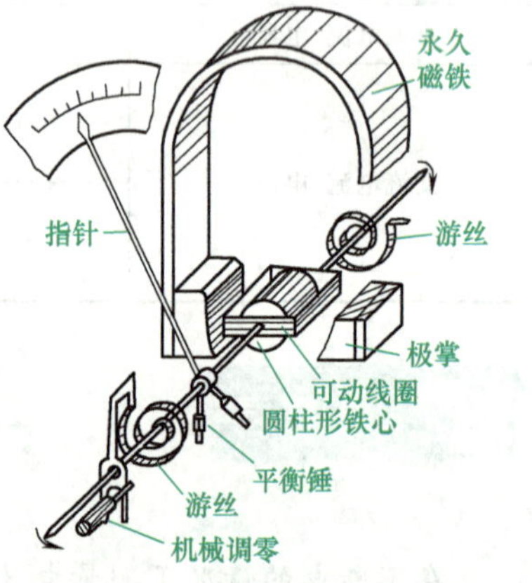

图 2-2-1　磁电系测量机构

磁电系测量机构的基本原理是利用通电的可动线圈的磁场与气隙中的磁场相互作用，产生电磁力，可动线圈在电磁力的作用下发生偏转，形成力矩，因此称这个力矩为转动力矩。可动线圈的转动带动游丝产生反作用力矩，当反作用力矩与转动力矩相等时，可动线圈将停留在某一位置上，指针也相应停留在某一位置上。磁电系测量机构产生转动力矩的原理如图 2-2-2 所示。

常见的磁电系仪表有磁电系电流表和磁电系电压表两种，由于磁电系仪表只能测量直流电流和直流电压，故又称直流电流表和直流电压表，如图 2-2-3 所示。

（2）认识直流电流表

1）结构。直流电流表虽然造型各异，但结构大致相似。以 J0407 型直流电流表为例，其结构如图 2-2-4 所示。

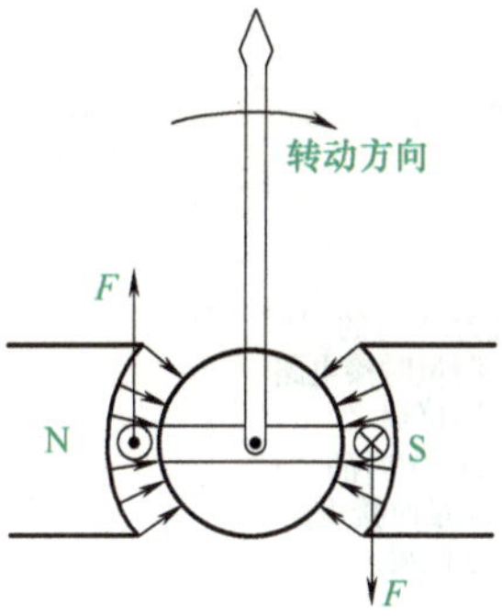

图 2-2-2 磁电系测量机构产生转动力矩的原理图

a) 直流电流表 b) 直流电压表

图 2-2-3 常见的磁电系仪表

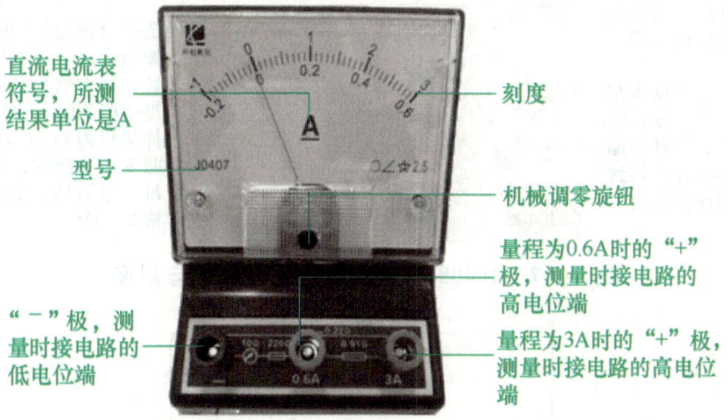

图 2-2-4 J0407 型直流电流表的结构

2）表盘与刻度。J0407 型直流电流表的表盘与刻度如图 2-2-5 所示。

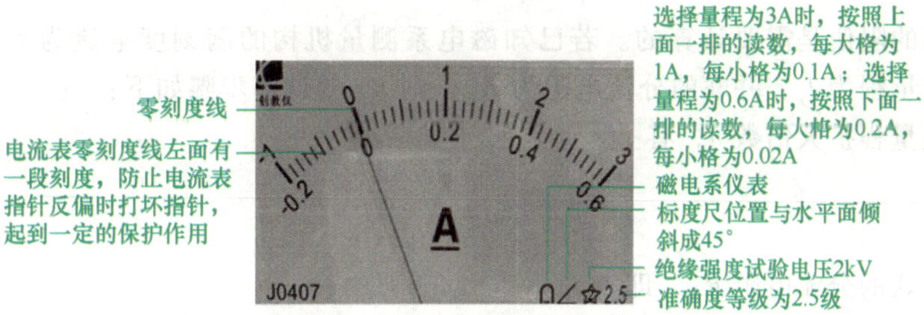

图 2-2-5 J0407 型直流电流表的表盘与刻度

（3）认识直流电压表

1）结构。直流电压表虽然造型各异，但结构大致相似。以 J0408 型直流电压表为例，其结构如图 2-2-6 所示。

2）表盘与刻度。J0408 型直流电压表的表盘与刻度如图 2-2-7 所示。

2. 直流电流表的工作原理和使用步骤

（1）工作原理 实际使用的直流电流表一般都是由磁电系测量机构与分流电阻并联组成的，直流电流表测电流的工作原理如图 2-2-8 所示。

磁电系测量机构的主要参数有两个：满刻度电流 I_c 和内阻 R_c。满刻度电流是指能让测量机构的指针指在满刻度位置时所需要的电流值。

一般情况下，磁电系测量机构满刻度电流和内阻成反比。因为内阻越大，说明其可动线圈的匝数越多，所用导线越细，满刻度电流越小，该表的价格一般也越高。

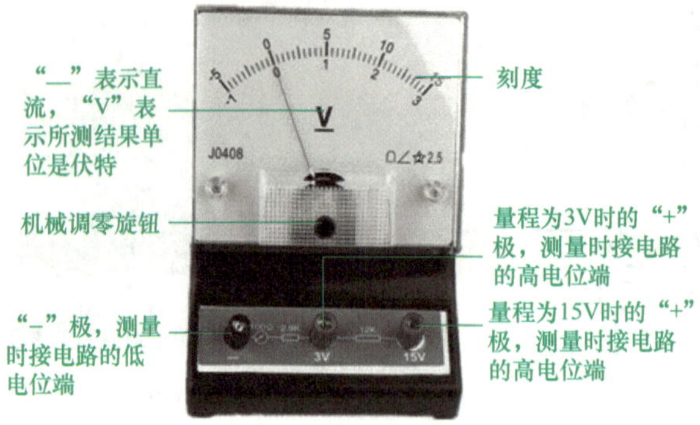

图 2-2-6　J0408 型直流电压表的结构

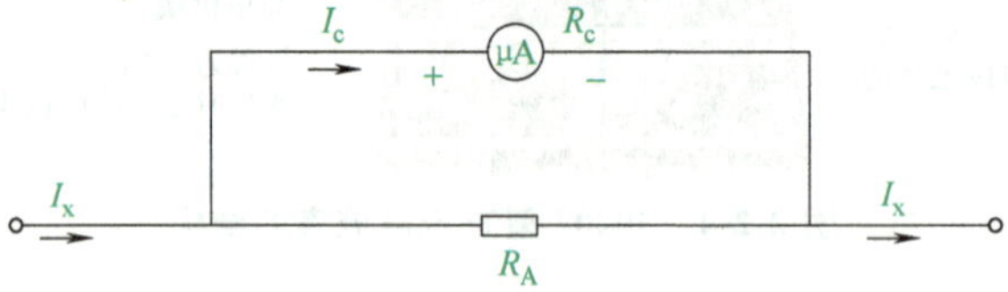

图 2-2-8　直流电流表测电流的工作原理图

分流电阻的阻值是需要计算的。若已知磁电系测量机构的满刻度电流为 I_c，内阻为 R_c，直流电流表的量程为 I_x，并联的分流电阻为 R_A，则 R_A 的计算步骤如下：

先求电流量程扩大倍数 n，有

$$n=\frac{I_x}{I_c}$$

再求应并联的分流电阻 R_A，即

$$R_A=\frac{R_c}{n-1}$$

（2）使用步骤　直流电流表的使用步骤见表 2-2-1。

表 2-2-1　直流电流表的使用步骤

序号	步骤	操作方法	图示
1	机械调零	测量前，先检查直流电流表指针是否指零，当指针偏离零刻度线时，用螺钉旋具轻轻旋转机械调零旋钮，使指针指向零刻度线	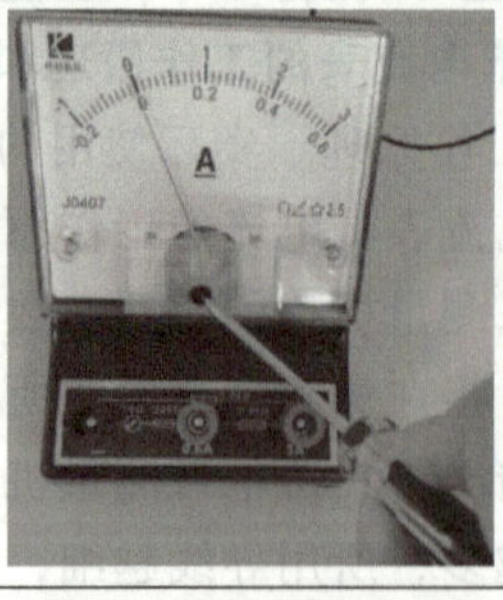

（续）

序号	步骤	操作方法	图　示
2	选择量程	首先根据预估，选择合适的量程（指针偏转位置为满量程的2/3及以上较合适，不能超过其最大刻度值）。若无法预估，可采用试探法来确定直流电流表的量程，具体做法是：先选用大量程的接线柱接入电路，再拿电路的一个线头触碰直流电流表的另一接线柱，若表的指针不超过量程就固定接好；若表的指针指示偏小，说明在小量程范围内，则再改用小量程进行测量	
3	连接直流电流表	当要测量电路中的电流时，应将直流电流表串联在待测电路中 串联时必须让电流从直流电流表的“+”接线柱流向直流电流表的“-”接线柱，不可接错，否则可能致使直流电流表损坏	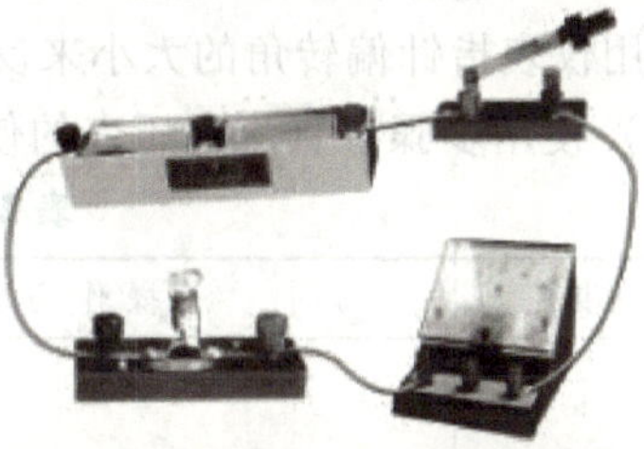
4	直流电流表读数	直流电流表读数时，要根据所选定的量程与该直流电流表的最大刻度值，计算出每一小格代表多少安培（或毫安）电流。例如电流表有0.6A、3A两个量程，最大刻度为30格。若选量程为3A时，每小格代表3A/30格=0.1A/格，右图的读数就是1.6A	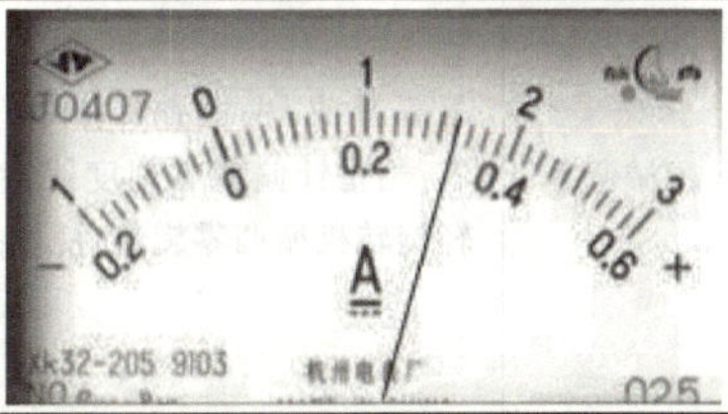

注意事项

1）由于直流电流表的过载能力很小，使用时一定要注意极性和量程的选择。电流表要与用电器串联在电路中。电流要从“+”接线柱流入，从“-”接线柱流出。被测电流不要超过直流电流表的量程。绝对不允许不经过用电器而把电流表直接连到电源的两极上。

2）若在测量中发现指针反向偏转或正向偏转超过标度尺上的最大刻度线，应立即断电停止测量，待连接正确或重新选择更大量程的电流表后再进行测量。

3）当测量工作完毕后，应先断开电源，再拆除直流电流表，将其放置在干燥、通风和阴凉的环境中。对灵敏度、准确度很高的微安表和毫安表，应用导线将“+”“-”接线柱连接起来，以保护仪表的测量机构。

3. 直流电压表的工作原理和使用步骤

（1）工作原理　直流电压表由磁电系测量机构和分压电阻串联组成，如图2-2-9所示，分压电阻 R_V 用温度系数很小的锰铜丝绕制而成，通常制成内附式结构，装在表壳内部。

根据串联电阻具有分压作用的原理，扩大直流电压表量程的方法就是给磁电系测量机构串联一个分压电阻 R_V，如何确定分压电阻的大小呢？

如果已知测量机构的满刻度电流是 I_c，内阻是 R_c，串联适当分压电阻 R_V 后，可使电压量程扩大到 U。R_V 的计算步骤如下：

先求磁电系测量机构两端的电压，即

$$U_c = I_c R_c$$

再求直流电压表量程的扩大倍数，即

$$m = \frac{U}{U_c}$$

最后计算分压电阻的值为

$$R_V = (m-1)R_c$$

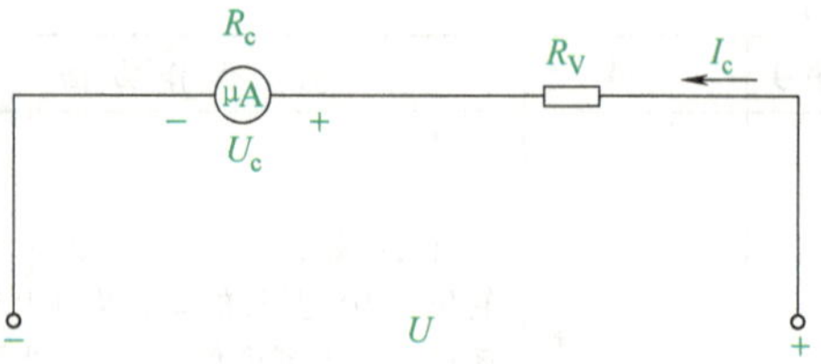

图 2-2-9　直流电压表的内部电路图

显然，要使直流电压表量程扩大 m 倍，需要串联的分压电阻 R_V 是磁电系测量机构内阻 R_c 的（m−1）倍。因此，通过磁电系测量机构的电流仍为 I_c，且 I_c 与被测电压 U 成正比。所以可以用仪表指针偏转角的大小来反映被测电压的数值。

（2）使用步骤　直流电压表的使用步骤见表 2-2-2。

表 2-2-2　直流电压表的使用步骤

序号	步骤	操作方法	图示
1	机械调零	测量前，先检查直流电压表指针是否指零，当指针偏离零刻度线时，用螺钉旋具轻轻旋转机械调零旋钮，使之指向零刻度线	
2	选择量程	估测被测电压的大小，选择合适的电压量程 当不知道被测电压的大致数值时，应先从最大量程开始试测，然后根据指针偏转情况，逐步减小至合适量程，即指针指在电压表满量程的 1/2~2/3 的范围内	
3	连接直流电压表	将直流电压表并联在被测元器件两端，由于测量的是直流电压，还要注意“+”“−”接线柱应满足“+”接线柱接高电位端，“−”接线柱接低电位端的要求，以避免指针反转而损坏仪表	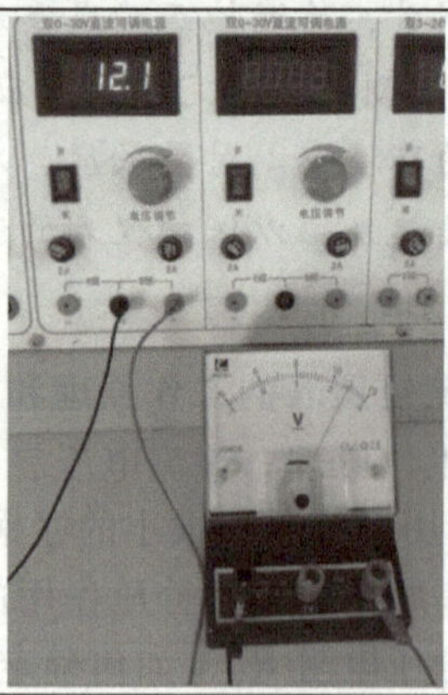

（续）

序号	步骤	操作方法	图示
4	直流电压表读数	直流电压表读数时，与直流电流表读数一样，要根据所选定的量程与该电压表的最大刻度值，计算出每一小格代表多少伏特（或毫伏）。例如选择量程为 15V，电压表最大刻度为 30 格，则每小格代表 15V/30 格 = 0.5V/格，右图的读数就是 12.1V	

注意事项

1）直流电压表应并联于被测元器件两端。如果错将直流电压表与被测元器件串联，则会因其内阻太大，使被测电路呈开路状态，直流电压表无法正常工作。

2）由于直流电压表与被测元器件是并联的，所以要求内阻 R_V 远大于被测元器件电阻 R_L。

3）测量直流电压时，应先把直流电压表的“-”接线柱接入被测电路的低电位端，然后再把“+”接线柱接入被测电路的高电位端。

4）对于多量程直流电压表，当需要变换量程时，应将直流电压表与被测电路断开后，再改变量程。

5）应保证被测电压不超过直流电压表的测量范围，若被测电压过高，会造成直流电压表被击穿，从而损毁直流电压表。

知识拓展

磁电系仪表的应用

磁电系仪表是指示仪表中应用最广泛的一类仪表，常应用于直流电流和直流电压的测量，它与整流器件配合，可以用于交流电流与电压的测量，与变换电路配合，还可以用于功率、频率、相位等其他电量的测量，还可以用来测量多种非电量，例如温度，压力（见图 2-2-10）等。当采用特殊结构时，又可制成检流计。实验室中所用的电流表和电压表大都是磁电系仪表。虽然磁电系仪表问世最早，但由于近年来磁性材料的发展，它的性能也日益提高，这类仪表仍是最有发展前景的指示仪表之一。

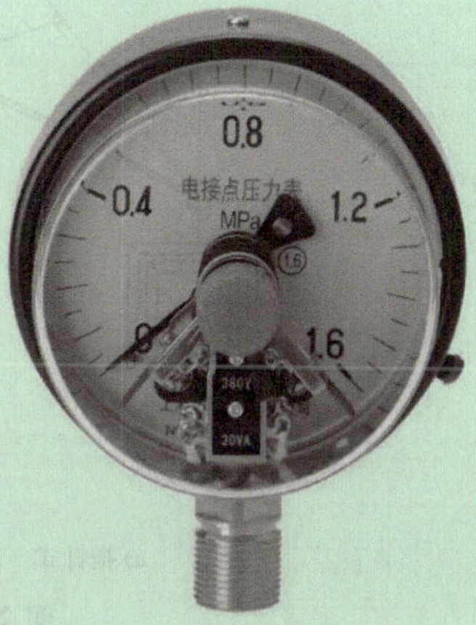

图 2-2-10　磁电系压力表

学习任务 2.3　磁电系检流计的使用

任务目标

1）了解磁电系检流计的结构特点。
2）理解磁电系检流计的工作原理。
3）熟练使用磁电系检流计检测直流电流。

1. 认识磁电系检流计

（1）磁电系检流计的基本概念　磁电系检流计是一种专门用来检测微小电流（或电压）的高灵敏度仪表。对于微小的电流（或电压）来讲，用一般的仪表很难直接测量，因为微小的被测量很难让一般的测量机构有所反应。此时必须提高测量机构的灵敏度，磁电系检流计就是为适应这一需求而制造的一种高灵敏度仪表。它主要在比较法测量中作为平衡指示器使用，目的是检测电流的有无，如在电桥或电位差计中作为指零仪表。磁电系检流计在磁测量和非电量测量中的应用也很广泛，其外观如图 2-3-1 所示。

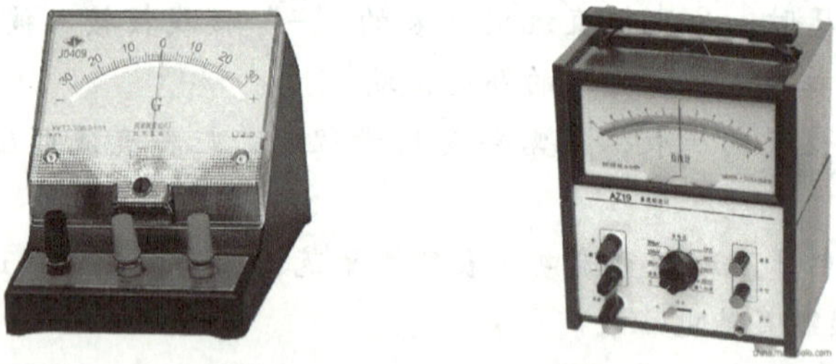

图 2-3-1　磁电系检流计外观

（2）磁电系检流计的分类　磁电系检流计一般分为指针式和光标式两种，如图 2-3-2 所示。

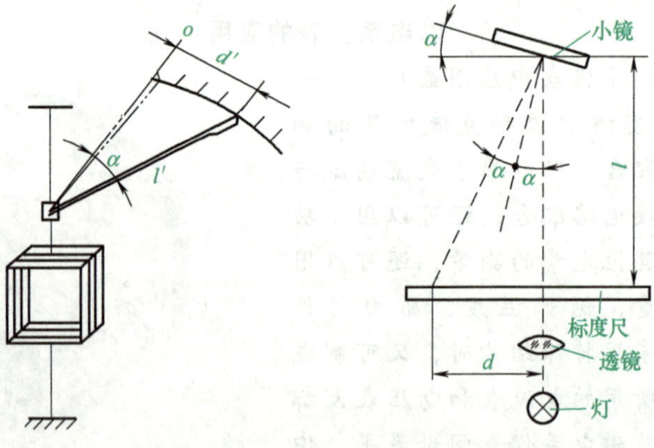

a) 指针式　　b) 光标式

图 2-3-2　磁电系检流计的分类

1）指针式磁电系检流计：这种磁电系检流计由于指针不可能太长，因而限制了灵敏度的提高，通常用于携带式电桥或电位差计中。

2）光标式磁电系检流计：光标式磁电系检流计的结构与普通磁电系仪表相比有两大特点：一是采用张丝或悬丝结构来代替轴尖和轴承的支撑结构，以消除摩擦对测量的影响；二是采用光标指示装置来代替指针，由此可以进一步提高磁电系检流计的灵敏度，如图 2-3-2b 所示。

光标式磁电系检流计分为两种，一种是便携式检流计，另一种是安装式检流计，见表 2-3-1。

表 2-3-1　光标式磁电系检流计的分类

分类	特　点	结　构　图
便携式检流计	光路系统和标度尺安装在仪表的内部，通过采取光线多次反射的方法来提高灵敏度	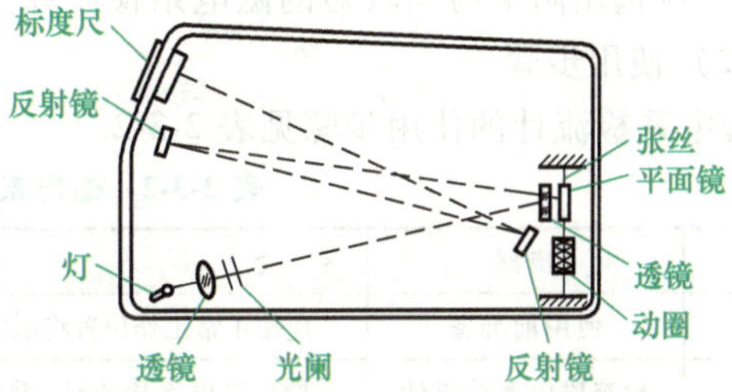
安装式检流计	标度尺和光路系统是单独的部件，使用时需将部件固定安装在稳定位置或坚实的墙壁上，其灵敏度很高，常用于精密测量	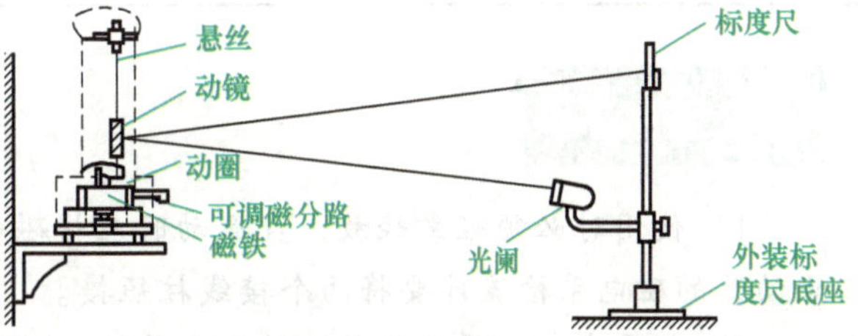

（3）磁电系检流计的结构　磁电系检流计的结构如图 2-3-3 所示，动圈由悬丝悬挂起来，悬丝的作用是支撑可动部分，产生反作用力矩，为动圈导入电流。动圈另一端的电流引线为金属丝，此金属丝用金或银的材料制成，只起到导流的作用而不产生力矩。另外在动圈上方还装有用来反射光线的反射镜。

当动圈中通过电流时，动圈中电流的磁场与固定磁场相互作用产生转动力矩。图 2-3-4 所示为光标指示装置，当可动部分偏转了 α 角度时，反射镜上光源的入射角和反射角也是 α，根据反射到标度尺上的光点，即可得到读数。当反射镜与标度尺的距离一定时，偏转角度越大，则光点在标度尺上的偏转格数 d 也越多，因此可以用偏转格数 d 的多少来表示偏转角度 α 的

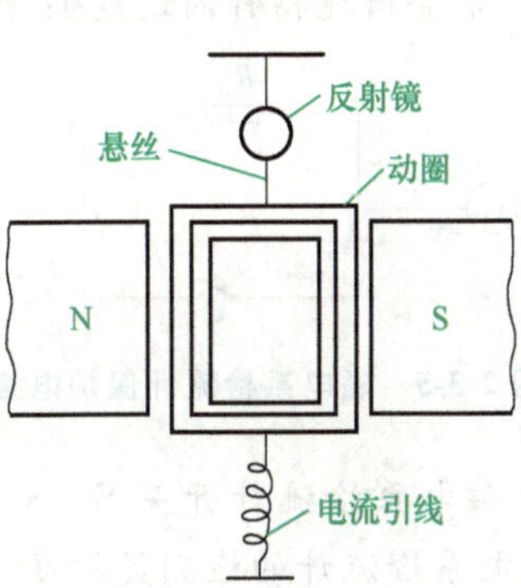

图 2-3-3　磁电系检流计的结构

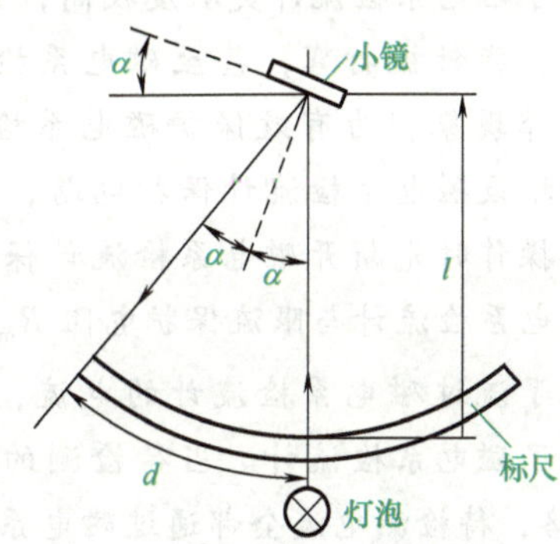

图 2-3-4　磁电系检流计的光标指示装置

大小，即表示被测电流的大小。当偏转角度 α 一定时，若反射镜与标度尺的距离 l 越长，则偏转格数 d 越多，此时测量的灵敏度就越高。

2. 磁电系检流计的选择和使用步骤

（1）正确选择磁电系检流计

1）选择磁电系检流计时，要根据测量电路选择相适应的灵敏度或电流常数。

2）选择在合适的阻尼状态下工作。通常应使回路电阻稍大于磁电系检流计的外临界电阻，以获得稍微欠阻尼的工作状态。此时，指示器达到平衡的时间最短。

3）应选用阻尼时间较短的磁电系检流计。一般阻尼时间应小于5s。

（2）使用步骤

磁电系检流计的使用步骤见表2-3-2。

表2-3-2　磁电系检流计的使用步骤

序号	步骤	操作方法
1	使用前准备	应按正常工作位置将磁电系检流计放好，对装有水平仪的磁电系检流计应先调好水平仪
2	检查磁电系检流计	检查磁电系检流计，看其偏转是否良好，有无卡阻现象
3	连接磁电系检流计	检查无误后，将磁电系检流计接入电路

注意事项

1）使用时必须轻拿轻放，在搬动时应将磁电系检流计的活动部分用止动器锁上，无止动器的磁电系检流计要将两个接线柱短接。

2）测量中，如果不清楚流过磁电系检流计的电流大小，不能随便提高灵敏度，应配用一个万能分流器或串联一个很大阻值的保护电阻进行测试，确信不会损坏磁电系检流计时，再逐步提高磁电系检流计的灵敏度。

3）不能用万用表或欧姆表等测量磁电系检流计的内阻，以防止通入的电流过大而烧毁磁电系检流计。

知识拓展

磁电系检流计保护电路

由于磁电系检流计灵敏度较高，如果待测电流较大，常会出现指针因过度偏转而无法回位、指针被打弯，甚至磁电系检流计被烧坏等故障现象。为有效保护磁电系检流计，常常需要增设磁电系检流计保护电路，如图2-3-5所示。操作时先断开磁电系检流计保护开关S，此时磁电系检流计与限流保护电阻 R_m 串联，从而减小了流过磁电系检流计的电流，一定程度上保护了磁电系检流计。当待检测的电流较小时，闭合磁电系检流计开关S，S支路将 R_m 短路，待检测电流全部通过磁电系检流计，提高了磁电系检流计的检测灵敏度。

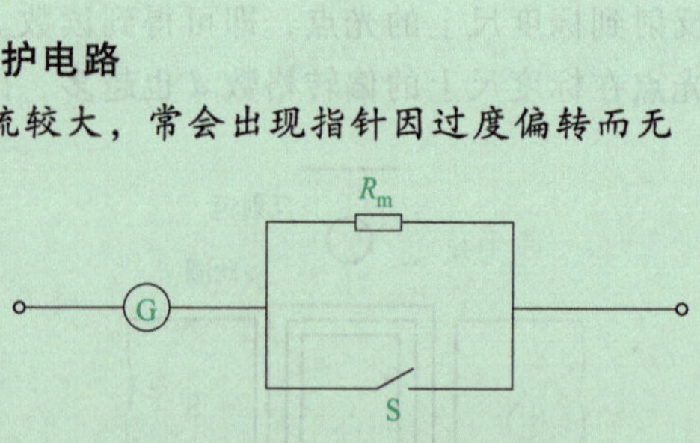

图2-3-5　磁电系检流计保护电路

学习任务 2.4　电磁系仪表的使用

任务目标

1）理解电磁系电流表和电磁系电压表的工作原理。
2）熟练使用电磁系电流表测量交流电流。
3）熟练使用电磁系电压表测量交流电压。

1. 认识电磁系仪表

（1）认识电磁系测量机构　电磁系测量机构根据结构形式的不同，分为吸引型、排斥型和排斥-吸引型三种。

1）吸引型。吸引型结构由固定部分和活动部分组成。其中活动部分含有游丝的作用只是产生反作用力矩，不引导电流。吸引型结构如图 2-4-1 所示，它的固定部分由固定线圈组成。活动部分由装在转轴上的可动铁片、指针、阻尼片及游丝等组成。固定线圈和可动铁片组成了一个电磁系统。固定线圈的形状是扁平的，中间有一条窄缝，可动铁片可以转入此窄缝内。

当固定线圈中有电流通过时，其附近就产生磁场，使可动铁片磁化。固定线圈与可动铁片之间产生吸引力，从而产生转动力矩，引起指针偏转。当转动力矩与游丝产生的反作用力矩相等时，指针便稳定在某一平衡位置，从而指示出被测量的大小。由此可见，吸引型结构是利用通有电流的固定线圈和可动铁片之间的吸引力来产生转动力矩的。当固定线圈中的电流方向改变时，固定线圈所产生的磁场的极性和被磁化的可动铁片的极性同时随之改变。因此，固定线圈与可动铁片之间的作用力方向仍保持不变，也就是说，指针的偏转方向不会随电流方向的改变而改变。由此可见这种电磁系仪表可以用于交流电路中。吸引型结构不能达到较高的准确度，多用于安装式仪表或准确度等级在 0.5 级以下的便携式仪表中。

2）排斥型。排斥型结构如图 2-4-2 所示。它的固定部分由圆形的固定线圈和固定在其内壁的定铁片组成。活动部分由固定在转轴上的动铁片、游丝、指针、平衡锤及阻尼片组成。当固定线圈中通有电流时，电流所产生的磁场使定铁片和动铁片同时被磁化，并且两个铁片同一侧的磁化极性相同，从而产生排斥力，使指针偏转。当转动力矩与游丝产生的反作用力

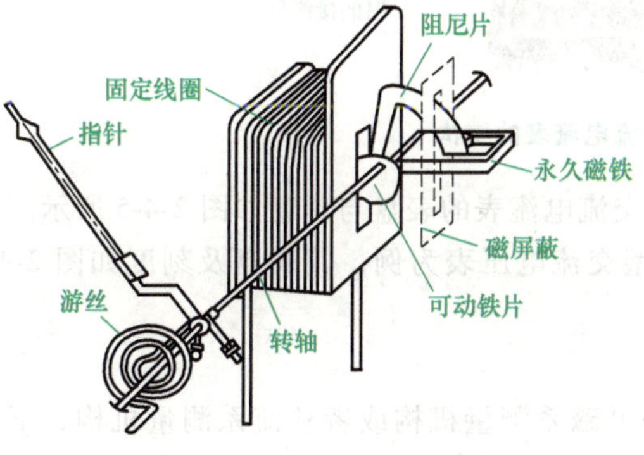

图 2-4-1　吸引型结构

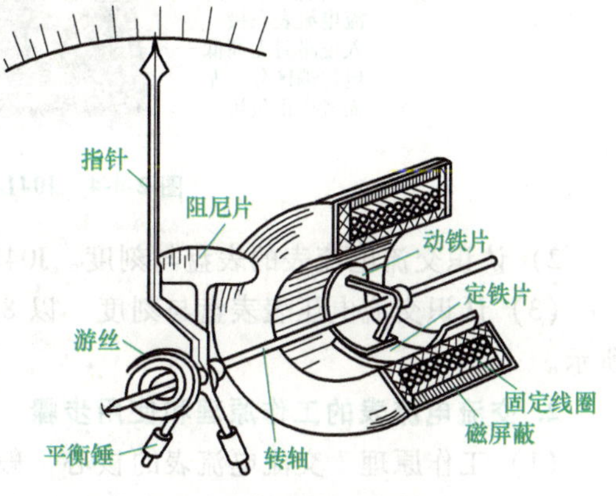

图 2-4-2　排斥型结构

矩平衡时，指针便稳定在某一位置，从而指示出被测量的大小。当固定线圈中的电流方向发生改变时，它所建立的磁场方向随之改变，两个被磁化铁片的磁场方向也同时随着改变，但两个铁片仍然相互排斥，因此转动力矩的方向依然保持不变，即指针的偏转方向不会改变，所以这种排斥型结构也可用于交流电路中。

由于排斥型结构中固定线圈的电感相对变化小，频率误差容易补偿，因此可以制成准确度等级为 0.2 级或 0.1 级的高准确度仪表。

目前，国内外高准确度的电磁系仪表一般都采用排斥型结构。另外，排斥型结构的标度尺较为均匀。

3）排斥-吸引型。排斥-吸引型结构如图 2-4-3 所示。它的固定线圈也是圆形的，它与排斥型结构的主要区别是固定于固定线圈内壁上的定铁片及与转轴相连的动铁片均有两个。两组铁片分别位于轴心两侧。当线圈中有电流通过时，两组铁片同时被磁化。定铁片 A 与动铁片 B、定铁片 A′与动铁片 B′之间因极性相同而相互排斥；定铁片 A 与动铁片 B′、定铁片 A′与动铁片 B 之间因极性相异而相互吸引。随着可动部分的转动，排斥力逐渐减弱而吸引力逐渐增强。在这种结构中，转动力矩是由排斥力和吸引力共同作用而产生的。排斥-吸引型结构的转动力矩较大，因而可制成广角度指示仪表，但由于铁心结构（动铁片、定铁片）增多，磁滞误差较大，所以准确度不高，一般多用于安装式仪表中。

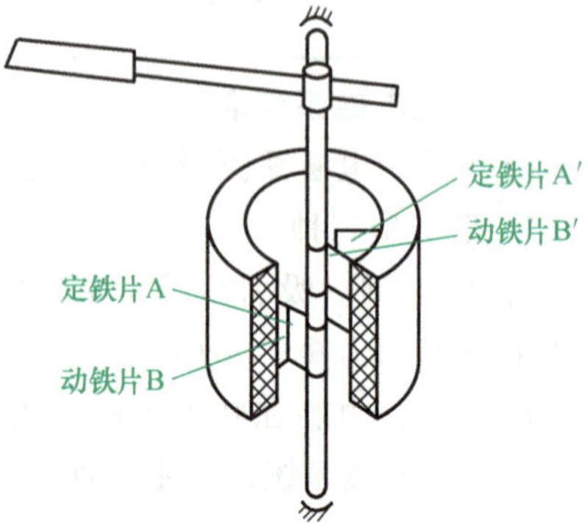

图 2-4-3　排斥-吸引型结构

（2）认识交流电流表

1）结构。以 J0414 型交流电流表为例，其结构如图 2-4-4 所示。

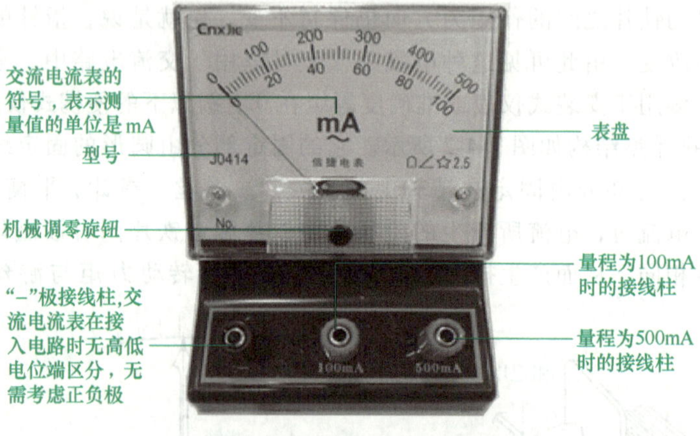

图 2-4-4　J0414 型交流电流表的结构

2）认识交流电流表的表盘与刻度。J0414 型交流电流表的表盘与刻度如图 2-4-5 所示。

（3）认识交流电压表表盘与刻度　以 85L1 型交流电压表为例，其表盘及刻度如图 2-4-6 所示。

2. 交流电流表的工作原理和使用步骤

（1）工作原理　交流电流表的核心一般都是电磁系测量机构或者整流系测量机构，下面主要以使用电磁系测量机构的交流电流表为例介绍其工作原理。

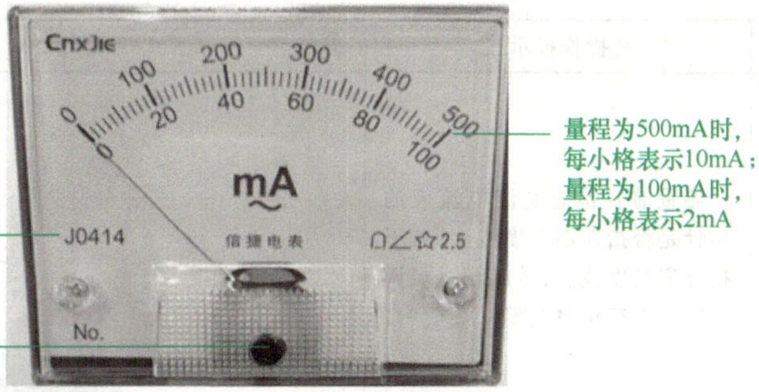

图 2-4-5　J0414 型交流电流表的表盘与刻度

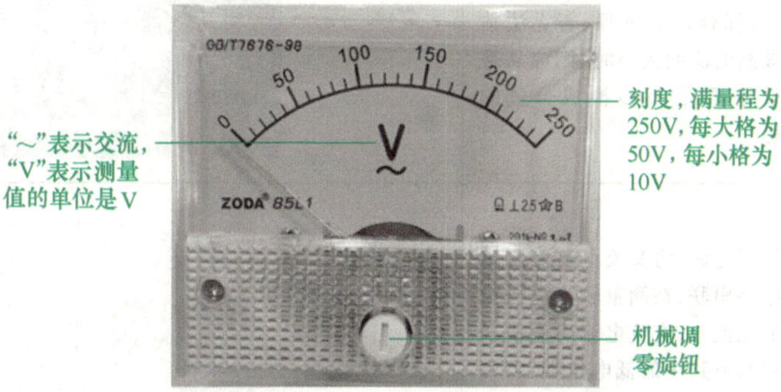

图 2-4-6　85L1 型交流电压表的表盘及刻度

由于这种交流电流表的固定线圈直接串联在被测电路中，所以要制造不同量程的交流电流表时，需要改变固定线圈的导线直径和匝数。一般情况下，交流电流表的量程越大，线圈导线越粗，匝数越少。

为使用方便，交流电流表一般都制成多量程的，但要扩大电流量程不能采用并联分流电阻的方法，这是因为交流电流表的内阻较大，所以要求分流电阻也较大，这会造成分流电阻的体积和功率损耗都很大。因此，交流电流表扩大量程一般都采用将固定线圈分成两段，然后利用分段线圈串、并联的方法来实现。如图 2-4-7 所示为双量程交流电流表的工作原理。当连接片按图 2-4-7a 所示连接时，两段线圈串联，电流量程为 I；当按图 2-4-7b 所示连接时，两段线圈并联，电流量程为 $2I$。

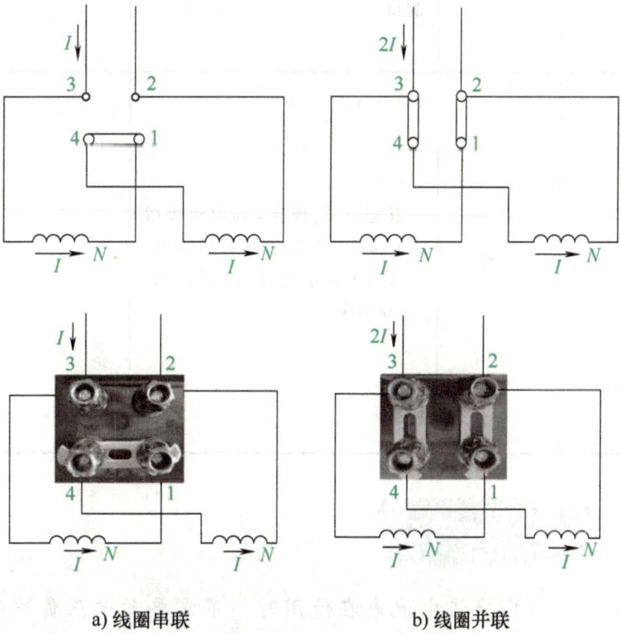

图 2-4-7　双量程交流电流表的工作原理

（2）使用步骤　交流电流表的使用步骤见表 2-4-1。

表 2-4-1　交流电流表的使用步骤

序号	步骤	操作提示	图　示
1	机械调零	测量前要检查交流电流表的指针是否指在零刻度线上，若不指在零刻度线上，需旋转机械调零旋钮进行机械调零	
2	选择量程	测量前先估计被测电流的大小，选择合适的量程，若无法估计被测电流的大小时，则应从最大量程开始，逐步换成合适的量程	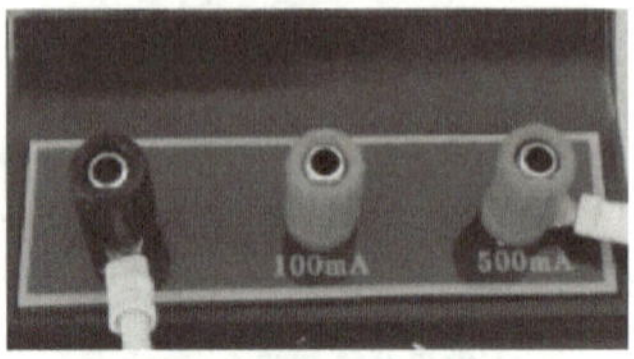
3	测量	切断电源，将交流电流表与被测电路串联，在测量较高电压电路的电流时，交流电流表应串联在被测电路中的低电位端，若测量更大的交流电流，如大于 5A 时，一般要配合电流互感器进行测量	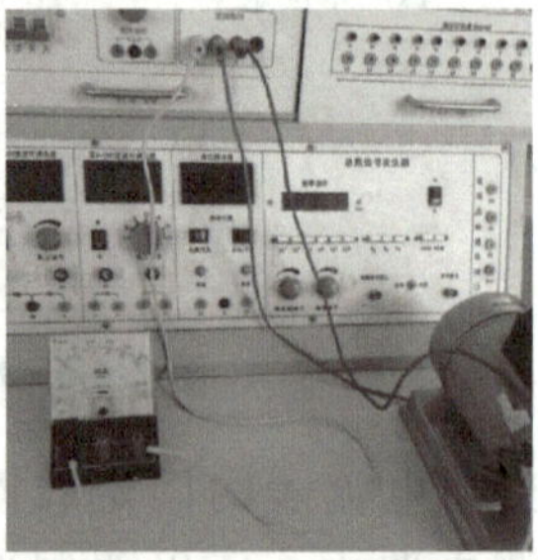
4	读数	接通电源，观察交流电流表指针的偏转情况，读取测量结果。右图中所选量程为 500mA，读数为 320mA	

注意事项

1）交流电流表在使用时，不需要考虑正负端的问题。

2）测量完毕后，要先关断电源，将串联的交流电流表拆除后，再恢复被测电路，最后合上电源开关，使被测电路恢复正常运行。

3. 交流电压表的工作原理和使用步骤

（1）工作原理　交流电压表与直流电压表结构相似，通常采用电磁系测量机构与分压电

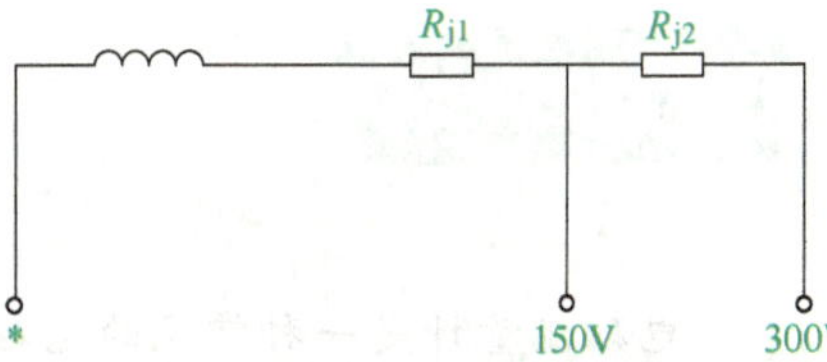

图 2-4-8　交流电压表的工作原理

阻串联组成。作为电压表，一般要求通过固定线圈的电流很小，但为了获得足够的动力转矩，又必须要有一定的匝数，所以，电磁系交流电压表内固定线圈的匝数一般较多，并且固定线圈用较细的漆包线绕制而成。其工作原理如图 2-4-8 所示。

（2）使用步骤　交流电压表的使用步骤见表 2-4-2。

表 2-4-2　交流电压表的使用步骤

序号	步骤	操作提示	图　示
1	机械调零	测量前，先检查交流电压表指针是否指向零刻度线，当指针偏离刻度尺上的零刻度线时，用螺钉旋具轻轻旋转机械调零旋钮至指针指向零刻度线	
2	选择量程	估测被测交流电压的大小，选择合适的量程 当不知道被测交流电压的大致数值时，应先从最大量程开始试测，然后根据指针偏转情况，逐步减小至合适量程，即指针指在交流电压表满量程 2/3 以上范围内	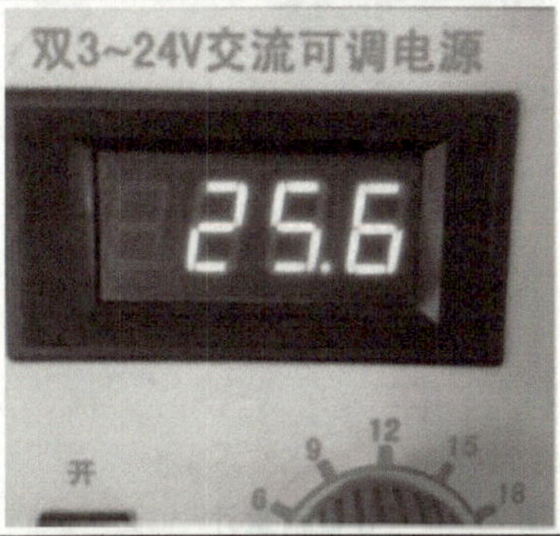
3	连接交流电压表	将交流电压表并联在被测电路两端	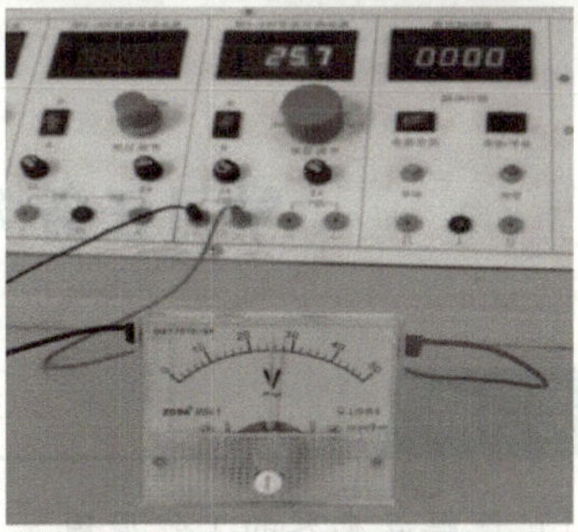
4	交流电压表读数	交流电压表读数时，要根据所选定的量程与该交流电压表的最大刻度值，计算出每一小格代表多少伏特（或毫伏）。右图中交流电压表量程为 50V，最大刻度值为 25 格，每小格代表 50V/25 格 = 2V/格，因此读数就是 25.7V	

知识拓展

电磁流量计

电磁流量计是一种常见的电磁系仪表（见图 2-4-9），是自来水厂进出水口流量测量中最常用的流量计。它的工作原理基于法拉第电磁感应定律，即被测介质垂直于磁力线方向流动，因而在与被测介质流动方向和磁力线方向都垂直的方向上会产生一个感应电动势 E_X，它与被测介质的流量（流速）成正比。电磁流量计不受流体的密度、温度、压力、黏度、电导率等外界因素的影响，测量管内部无收缩或凸出部分的压力损失，另外，电磁流量计检测出的最初信号，是一个与被测介质平均流速呈精确线性关系的电压，它与被测介质的其他性质无关，因此具有很大的优越性。

电磁流量计无可动部件，可靠性高，长期稳定性高，无附加阻力，准确度高，可测流量范围大，对直管段的要求不高而且品种齐全。但不足之处是测量管直径越大，价格越高。电磁流量计被广泛应用于冶金、石化、造纸、轻纺织、给排水、污水处理以及医药、食品、生物和精细化工等工业领域（见图 2-4-10）。

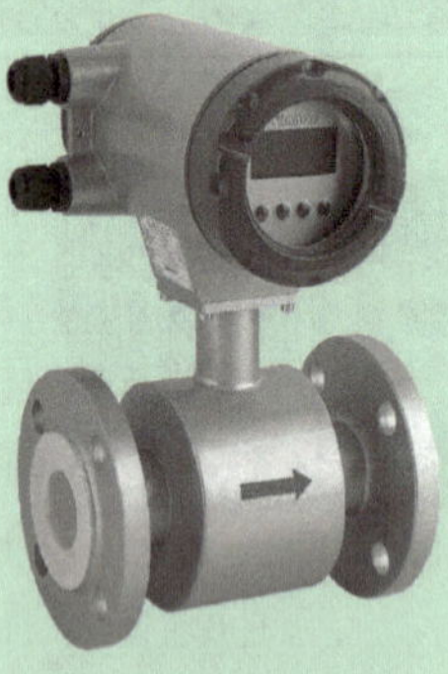

图 2-4-9　电磁流量计

图 2-4-10　电磁流量计在生产中的应用

学习任务 2.5　互感器的使用

任务目标

1）理解互感器的工作原理。
2）熟练使用电流互感器测量交流电流。
3）熟练使用电压互感器测量交流电压。

1. 认识互感器

（1）互感器的外观　互感器的外观如图 2-5-1 所示。

（2）互感器的铭牌和参数

1）电流互感器的铭牌如图 2-5-2 所示。

电流互感器主要参数有额定电流、额定电流比、准确度等级、额定容量、额定电压、极性标志等，选用电流互感器时，主要看它的额定电流及额定电压，电流互感器的主要参数见表 2-5-1。

a) 电流互感器　　b) 电压互感器

图 2-5-1　互感器的外观

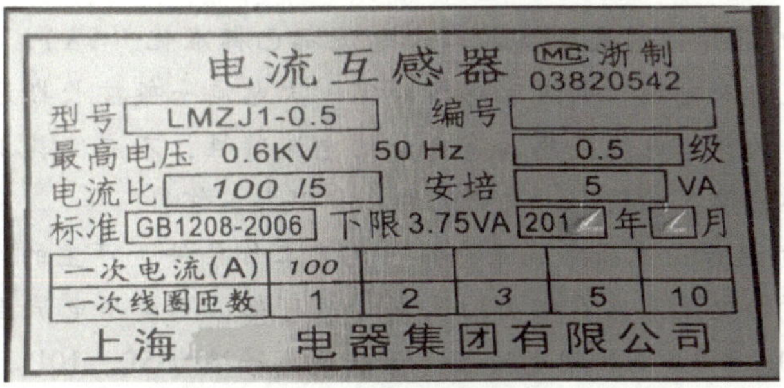

图 2-5-2　电流互感器的铭牌

表 2-5-1　电流互感器的主要参数

主要参数	说　明
额定电流比	额定电流比是指额定一次电流与额定二次电流之比(有时简称电流比)；额定电流比一般用不约分的分数形式表示
准确度等级	国产电流互感器的准确度等级有 0.01、0.02、0.05、0.1、0.2、0.5、1.0、3.0、5.0、0.2S 及 0.5S 级
额定容量	电流互感器的额定容量，就是额定二次电流 I_{2N} 通过额定二次负载 Z_N 时所消耗的视在功率 S_N
额定电压	额定电压指一次绕组长期能够承受的最大电压(有效值)，但它只说明电流互感器的绝缘强度，和电流互感器额定容量没有关系
极性标志	①一次绕组首端标为 L1，末端标为 L2。当一次绕组带有中间抽头时，首端标为 L1，自第一个抽头起依次标为 L2、L3、… ②二次绕组首端标为 K1，末端标为 K2。当二次绕组带有中间抽头时，首端标为 K1，自第一个抽头起依次标为 K2、K3、… ③对于具有多个二次绕组的电流互感器，应分别在各个二次绕组的标志“K”前加注数字，如 1K1、1K2、1K3、…；2K1、2K2、2K3、… ④标志的排列应当使一次电流自 L1 端流向 L2 端时，二次电流自 K1 端流出，经外部回路流回到 K2 端

电流互感器的型号由英文字母及阿拉伯数字组成，通常表示电流互感器绕组类型、绝缘种类、适用场所及电压等级等，见表 2-5-2。

表 2-5-2　电流互感器的型号

第 1 位字母	第 2 位字母		第 3 位字母		第 4 位字母	第 5 位字母
L(电流互感器)	M(母线式或称穿心式)	F(多圈式)	K(塑料外壳式)	C(瓷绝缘)	B(过电流保护)	D(差动保护)
	Q(线圈式)	A(穿墙式)	Z(浇注式)	P(中频)	D(差动保护)	
	Y(低压式)	R(装入式)	W(户外式)	G(改进式)	J(接地保护)	
	D(单匝式)	C(瓷箱式)			S(快速饱和)	
					Q(加强型)	

电流互感器的选择

① 额定电压的选择：电流互感器的额定电压必须满足

$$U_X \leqslant U_N$$

式中，U_X 为电流互感器安装处的工作电压；U_N 为电流互感器的额定电压。

② 额定电流比的选择：电流互感器二次电流都已标准化（5A），故选择额定电流比，实际上就是选择额定一次电流。电流互感器额定一次电流一般按长期通过电流互感器的最大工作电流来选择。为保证电流互感器有良好的电流特性，不应使其工作在额定一次电流的 1/3 以下，应该尽量使其在额定一次电流的 2/3 以上工作。

③ 准确度等级的选择：依据电流互感器在额定工作条件下产生的比差限值，人们规定了准确度等级。参考与电流互感器相关的国家标准可知，测量用电流互感器准确度等级为 0.1、0.2、0.5、1.0、2.0；保护用电流互感器准确度等级为 5P、10P。

④ 额定容量的选择：电流互感器的额定容量应满足

$$0.25S_N \leqslant S_2 \leqslant S_N$$

式中，S_N 为电流互感器的额定容量（V·A）；S_2 为电流互感器的实际二次侧总负载视在功率（V·A）

注意不要使测量范围超出被测绝缘电阻阻值过大，否则读数将产生较大误差。

2）电压互感器的参数：电压互感器主要参数有额定电压、额定电压比、额定二次负载、准确度等级、极性标志等，电压互感器的主要参数见表 2-5-3。

表 2-5-3　电压互感器的主要参数

主要参数	参数介绍
额定电压	额定一次电压是指可以长期加在一次绕组上的最大电压，其值与我国电力系统规定的系列额定电压相一致 对于额定二次电压，我国规定接在三相系统中相线与相线之间的单相电压互感器应为 100V，对于接在三相系统相线与地间的单相电压互感器应为$\frac{100\sqrt{3}}{3}$V
额定电压比	额定电压比为额定一次电压与额定二次电压之比，一般用不约分的分数形式表示
额定二次负载	电压互感器的额定二次负载指确定准确度等级所依据的二次负载导纳（或阻抗）值
准确度等级	国产电压互感器的准确度等级有 0.01、0.02、0.05、0.1、0.2、0.5、1.0、3.0、5.0 级。用户电能计量装置通常采用 0.2 级或 0.5 级电压互感器
极性标志	为了保证测量及校验工作的接线正确，电压互感器一次及二次绕组的接线端子应标明极性标志。电压互感器一次绕组接线端子用大写字母 U、V、W、N 表示，二次绕组接线端子用小写字母 u、v、w、n 表示

电压互感器的型号由 3~4 个英文字母及阿拉伯数字组成。通常它表示电压互感器的相数、绝缘介质、结构特征等。字母后面的数字表示电压等级（单位为 kV），字母含义见表 2-5-4。

表 2-5-4　电压互感器型号中的字母含义

第 1 位字母	第 2 位字母	第 3 位字母		第 4 位字母
名称	相数	绕组外的绝缘介质		结构特征
J(电压互感器)	D(单相)	G(干式)	R(电容式)	W(五铁心柱)
	S(三相)	J(油浸)	S(三相)	B(带补偿角差绕组)
	C(串级)	C(瓷绝缘)	Z(浇注绝缘)	J(接地保护)
	W(五铁心柱)			

例如“JDJJ-35”代表单相油浸式可供接地保护用的电压互感器，电压等级为 35kV。

（3）互感器的用途

1）扩大交流仪表的量程。可利用互感器按一定比例把一次侧的大电流、高电压变换成二次侧的小电流、低电压，再用低量程的仪表进行测量，就相当于扩大了交流仪表的量程。

2）测量高压电路时保证工作人员和仪表的安全。在测量高压电路时，加入互感器不但降低了电路对仪表的绝缘要求，而且可以保证工作人员和仪表的安全。

3）有利于仪表生产的标准化，降低生产成本。由于互感器的额定二次电压和额定二次电流统一规定为 100V 和 5A，因此只要生产量程为 100V 的电压表和 5A 的电流表，再配用不同电压/电流比的互感器，就能满足测量各种高电压和大电流的要求。

2. 互感器的工作原理和使用步骤

（1）电流互感器的工作原理　电流互感器的符号如图 2-5-3 所示，实际上电流互感器就是一个降流变压器，它能把一次侧的大电流按一定比例变换成二次侧的小电流。使用时，将电流互感器的一次侧与被测电路串联，二次侧与交流电流表串联，如图 2-5-4 所示。由于电流表的内阻一般都很小，所以电流互感器在正常工作状态时，接近于短路状态。

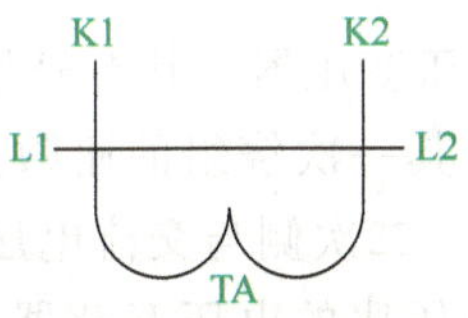

图 2-5-3　电流互感器的符号

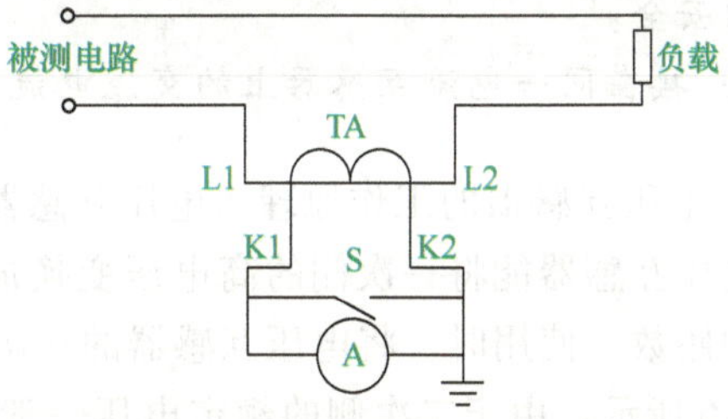

图 2-5-4　电流互感器的使用接线图

电流互感器的额定一次电流 I_{1N} 与额定二次电流 I_{2N} 之比，叫作电流互感器的额定电流比，用 K_{TA} 表示，即

$$K_{TA}=\frac{I_{1N}}{I_{2N}}$$

每个电流互感器的铭牌上都标有它的额定电流比。测量时可根据电流表的指示值 I_2 计算出一次侧被测电流的数值，即

$$I_1=K_{TA}I_2$$

（2）电流互感器的使用步骤　电流互感器的使用步骤见表 2-5-5。

表 2-5-5 电流互感器的使用步骤

序号	步骤	操作提示	图示
1	选择电流互感器	实际选择电流互感器时，通常遵循以下原则： ①根据被测电流的大小选择电流互感器的额定电流比，也就是要使电流互感器的额定一次电流大于被测电流 ②与电流互感器配套使用的交流电流表应选5A的量程，右图所示为与 $K_{TA}=400/5$ 的电流互感器配合使用的交流电流表 ③测量仪表所消耗的功率不要超过电流互感器的额定容量	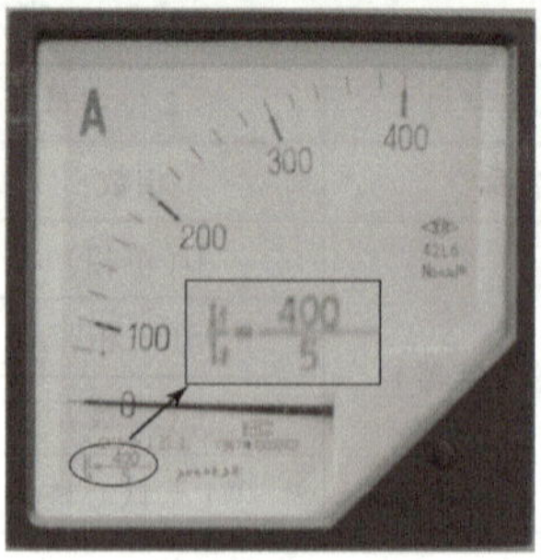
2	接线	将电流互感器的一次侧与被测电路串联，二次侧与交流电流表串联，如右图所示。对功率表、电能表等转动力矩与电流方向有关的仪表，当其与电流互感器配合使用时，还要确保电流互感器的接线正确并注意同名端，若线路接反会导致仪表指针反转。电流互感器一次侧的 L1 和二次侧的 K1 是同名端，L2 和 K2 是同名端	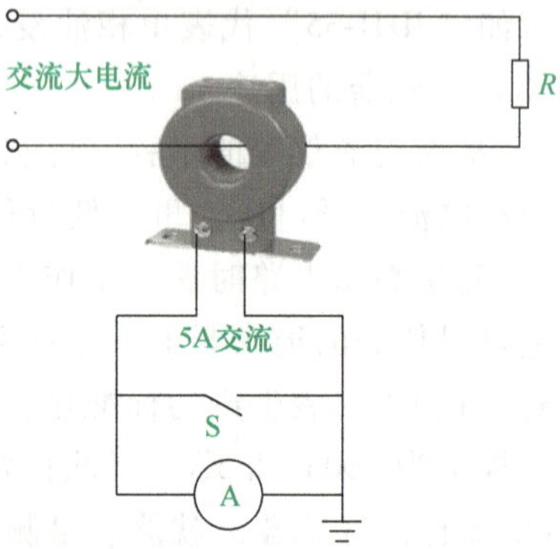

注意事项

1）电流互感器的二次侧在运行中绝对不允许开路。

2）在高压电路中，电流互感器的铁心和二次侧的一端必须可靠接地，以确保人身和设备的安全。

3）接在同一电流互感器上的交流电流表不能太多，否则会导致测量误差增大。

（3）电压互感器的工作原理　电压互感器实际上就是一个降压变压器。其符号如图 2-5-5 所示。电压互感器能将一次侧的高电压变换成二次侧的低电压，其一次绕组的匝数远多于二次绕组的匝数。使用时，将电压互感器的一次侧与被测电路并联，二次侧与交流电压表串联，如图 2-5-6 所示。由于二次侧的额定电压一般为 100V，故不同电压比的电压互感器，其一次侧的匝数是不同的。

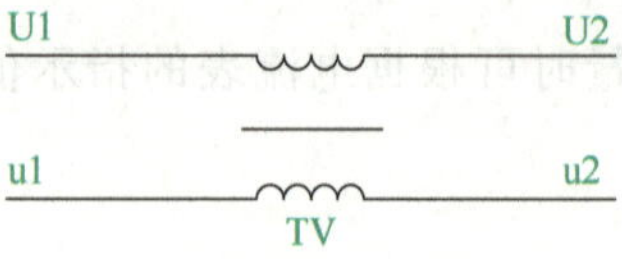

图 2-5-5　电压互感器的符号

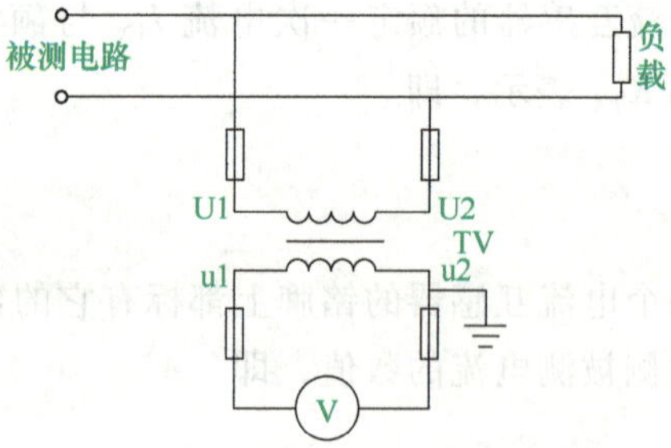

图 2-5-6　电压互感器的使用接线图

电压互感器额定一次电压 U_{1N} 与额定二次电压 U_{2N} 之比，称为电压互感器的额定电压比，用 K_{TV} 表示，即

$$K_{TV}=\frac{U_{1N}}{U_{2N}}$$

K_{TV} 一般都标在电压互感器的铭牌上。测量时可根据电压表的指示值 U_2 计算出一次侧被测电压 U_1 的大小，即

$$U_1=K_{TV}U_2$$

在实际测量中，为测量方便，对与电压互感器配合使用的交流电压表常按一次电压进行刻度。例如，按 100V 电压设计制造，但与 $K_{TV}=10000/100$ 的电压互感器配合使用的交流电压表，其标度尺可按 10000V 直接刻度。

（4）电压互感器的使用步骤　电压互感器的使用步骤见表 2-5-6。

表 2-5-6　电压互感器的使用步骤

序号	步骤	操作提示	图　示
1	选择电压互感器	实际选择电压互感器时，通常遵循三个原则： ①根据被测电压的高低选择电压互感器的额定电压比，也就是使所选用的电压互感器一次绕组的额定电压大于被测电压，如右图所示，可以从铭牌上获取电压互感器的电压数据 ②与电压互感器配套使用的测量仪表一般应选 100V 的交流电压表 ③测量仪表所消耗的功率不要超过电压互感器的额定容量，否则将使电压互感器的误差加大	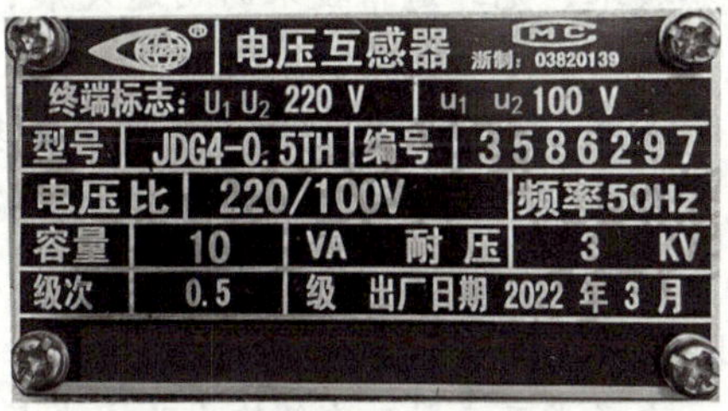
2	接线	要正确接线，应将电压互感器的一次侧与被测电路并联，二次侧与交流电压表（或仪表的电压线圈）并联	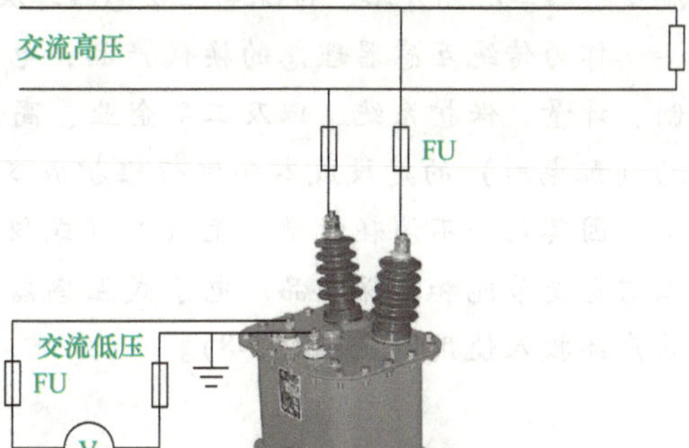

注意事项

1）电压互感器的二次侧在工作时绝对不能短路。在正常工作时，其二次侧近于开路状态，电流很小，当二次侧短路时，其电流很大（二次侧阻抗很小）将烧毁设备甚至危及人身安全。

2）电压互感器的铁心和二次侧必须有一端接地，用以防止一、二次侧击穿时，高压窜入二次侧，危及人身和设备安全。

3）电压互感器接线时，应注意一、二次侧接线端不能接反，以保证测量的准确性和设备的安全性。

4）电压互感器的一、二次侧通常都应装设熔断器作为短路保护，同时一次侧应装设隔离开关作为安全检修用。

5）电压互感器送电时必须先合一次侧后合二次侧，停电时则应先停二次侧后停一次侧，防止反送电危及设备安全。

6）为保证测量的准确度，要求电压互感器的准确度等级要比所接仪表的准确度等级高2级。

知识拓展

电子式互感器

伴随我国电网智能化步伐的日益增速，以及智能电网紧凑化和系统化等特点，作为智能变电站中尤为重要的组成部分之一，互感器的发展与应用变得十分重要。随着光纤传感技术、光纤通信技术的飞速发展，光电技术在电力系统中的应用越来越广泛，电子式互感器就是其应用成果之一。

电子式互感器是由传感元件和数据处理单元组成的互感器，用以测量和监控电流、电压等参数。由于其传感原理先进，绝缘相对简单，动态范围大，频率响应宽，准确度高，适应电能计量和保护的数字化和自动化发展方向，将成为传统互感器的换代产品（见图 2-5-7）。

电子式互感器二次侧输出为小电压信号，无需二次转换，可方便地与数字式仪表和微机保护控制设备连接，实现计量、控制、测量、保护和数据传输的功能，且消除了传统电流互感器二次侧开路、传统电压互感器二次侧短路给电力系统设备和人身安全带来的隐患。

作为传统互感器理想的换代产品，电子式互感器可广泛用于中压领域电力监测、控制、计量、保护系统，以及工矿企业、高层建筑、配电与变电等场所，能有效降低变电站（配电所）的建设成本和运行维护成本，提高电网运行质量、安全可靠性和自动化水平，因其几乎不消耗能量，无铁心（或仅含小铁心）且减少了许多有害物质的使用，所以它也是节能和环保产品。电子式互感器在很多国家已被广泛采用，国内也有越来越多的产品投入使用（见图 2-5-8）。

图 2-5-7　电子式互感器

图 2-5-8　电子式互感器在电力系统中的应用

学习任务 2.6　模拟式万用表的使用

任务目标

1）理解模拟式万用表测量电流和电压的工作原理。

2）熟练使用模拟式万用表测量直流电流。

3）熟练使用模拟式万用表测量交直流电压。

1. 认识模拟式万用表的直流电流档

（1）模拟式万用表测量直流电流部分的结构　以 MF47 型模拟式万用表为例，认识直流电流档及刻度，如图 2-6-1 所示。

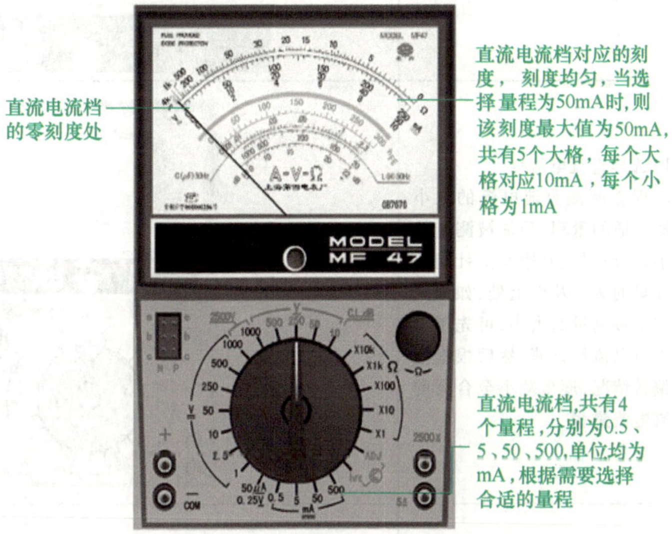

图 2-6-1　MF47 型模拟式万用表直流电流档及刻度

（2）模拟式万用表测量直流电流时的读数方法　当选择量程为 50mA 时，直流电流档刻度最大值为 50mA，共有 5 个大格，每个大格对应 10mA，每小格为 1mA；选择量程为 500mA 时，该刻度最大值为 500mA，共有 5 个大格，每个大格对应 100mA，每个小格对应 10mA。

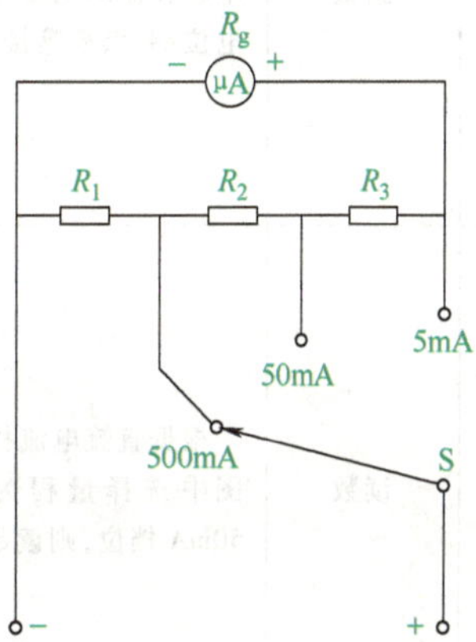

图 2-6-2　模拟式万用表测量直流电流的内部结构图

2. 模拟式万用表测量电流的工作原理

模拟式万用表测量直流电流的内部结构实质上是一个多量程的直流电流表，它通常采用闭路式分流电路。在用模拟式万用表测量直流电流时，转换开关 S 应拨在测量直流电流的档位上（如图 2-6-2 所示的 500mA，50mA，5mA 三档），这是一个由电阻 R_1、R_2 和 R_3 组成的典型闭路式分流电路。当 S 拨在 500mA 档时，由于分流电阻只有 R_1，分流作用较强，故电流量程较大；当 S 拨在 50mA 档时，分流电阻为

R_1+R_2，分流作用较小，故电流量程较小；当 S 拨在 5mA 档时，分流电阻 $R_1+R_2+R_3$，分流作用最小，故电流量程也最小。转动转换开关分别与上述各档连接，就能得到不同的电流量程。

指针式万用表的使用

3. 模拟式万用表测量直流电流的使用步骤

模拟式万用表测量直流电流的使用步骤见表 2-6-1。

表 2-6-1　模拟式万用表测量直流电流的使用步骤

序号	步骤	操作提示	图　示
1	机械调零	在测量前，观察指针是否指在零刻度线处，如果没有指在零刻度线处，则调节机械调零旋钮，使指针指到表盘左边零刻度线处	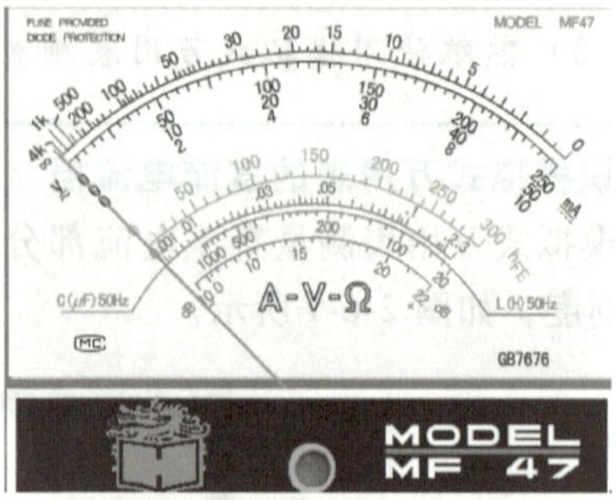
2	选择档位与量程	1）选择直流电流档 2）根据所测直流电流的大小选择合适的量程，预估被测量的大小，使模拟式万用表指针指在刻度盘的 2/3 及以上处，如果无法预估被测量的大小，可先用最大直流电流档试测，然后根据指针偏转情况，逐步减小至合适的直流电流量程	
3	测量	将模拟式万用表的两根表笔串联在被测电路中，红表笔接高电位端，黑表笔接低电位端	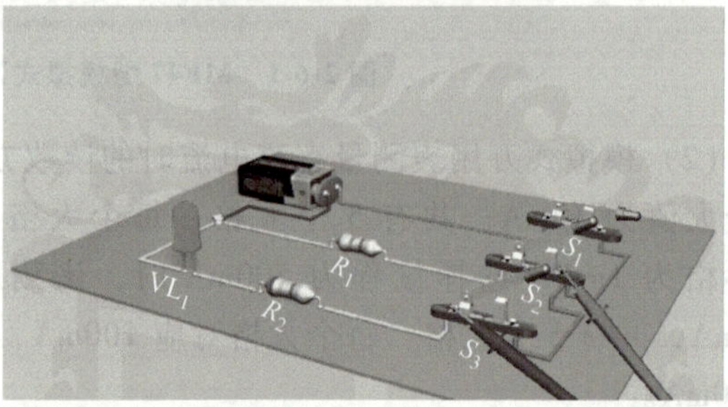
4	读数	根据直流电流档刻度读数，右图中选择量程为直流电流档 50mA 档位，则读数为 10mA	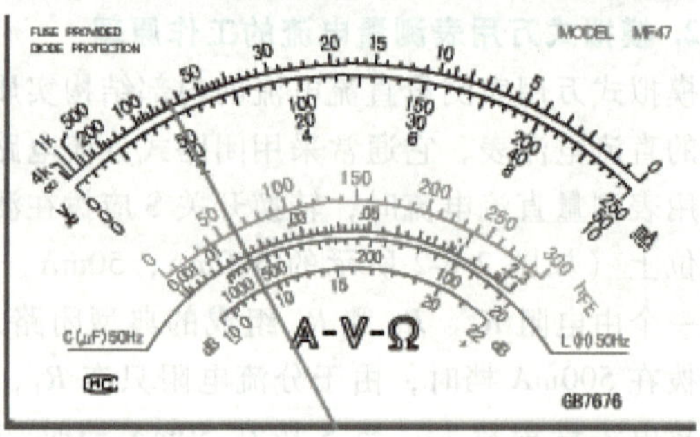

4. 认识模拟式万用表的电压档

（1）模拟式万用表测量电压部分的结构

以 MF47 型模拟式万用表为例，认识电压档及刻度，如图 2-6-3 所示。

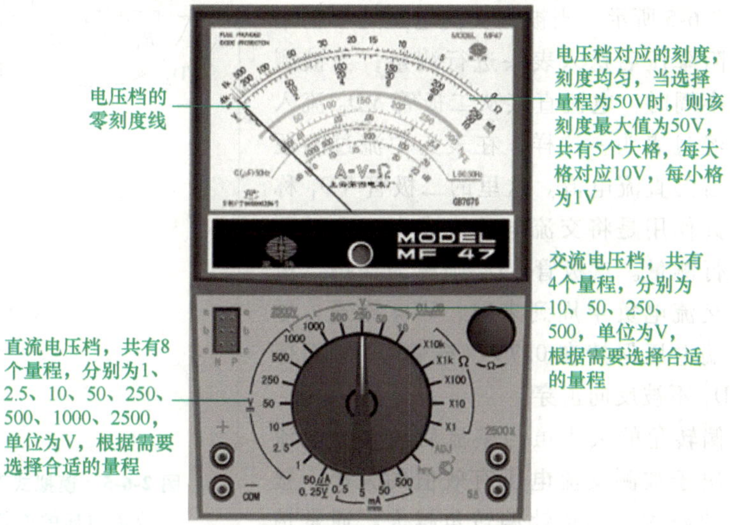

图 2-6-3　MF47 型模拟式万用表电压档及刻度

（2）模拟式万用表测量电压时的读数方法　当测量直流电压时，如果选择量程为 50V，则直流电压档刻度最大值为 50V，共有 5 个大格，每个大格对应 10V，每个小格为 1V；如果选择量程为 500V，则直流电压档刻度最大值为 500V，共有 5 个大格，每个大格对应 100V，每个小格为 10V。

5. 模拟式万用表测量电压的工作原理

模拟式万用表测量直流电压的内部结构实质上是一个多量程的直流电压表，它基本上采用共用式分压电路。由图 2-6-4 可以看出，模拟式万用表的直流电压测量电路实际上是在直流电流测量电路的基础上扩展而成的。由于设计模拟式万用表电路时，所有的测量电路通常都是以直流电流测量电路为基础进行扩展的，所以直流电流测量电路的最低直流电流档也称为模拟式万用表的基础档。

模拟式万用表的直流电压测量电路将最低直流电流档当成一个表头（点画线框内），让它与分压电阻串联，利用串联电阻具有分压作用的原理，扩大直流电压量程。在图 2-6-4 所示电路中，当转换开关 S 拨到 5V 档时，和表头串联的分压电阻是 R_1'，当 S 拨到 50V 档时，分压电阻是 $R_1'+R_2'$。显然，50V 档比 5V 档的量程大。可见，S 分别接通 5V、50V、500V 档时，接入的分压电阻不同，量程也不同。

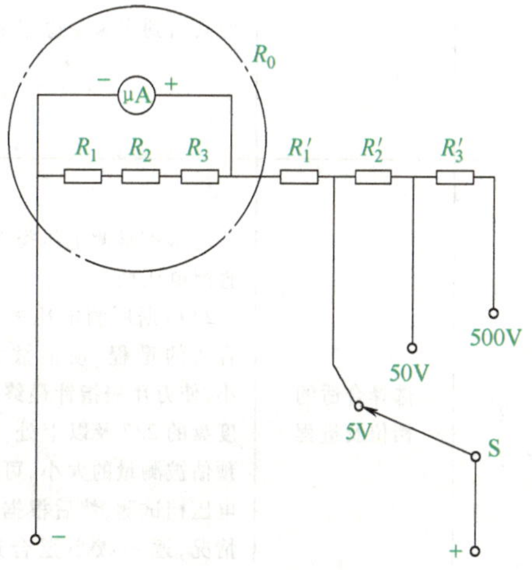

图 2-6-4　模拟式万用表测量直流电压的内部结构图

分压电阻的这种连接方式称为共用式分压电路，其优点是高电压档共用了低电压档的分压电阻，从而达到了节约材料的目的。但是，共用式分压电路也存在缺点，那就是一旦低电压档的分压电阻损坏，则高电压档就不能使用。

交流电压档也是在直流电流档的基础上扩展而成的，由于磁电系测量机构只能测量直流电流，因此模拟式万用表在测量交流电压时，必须在表内附加一个整流装置。如图 2-6-5 所示，当被测交流电压处于正半周时，经分压电阻降压后送入表头进行测量；当被测交流电压处于负半周时，电流直接从二极管 VD_2 流入分压电阻，并不经过表头。这样，在表头中流过的便是经过半波整流后的直流电流。这里的二极管 VD_1 称为整流二极管，其作用是将交流电整流成直流电后再送到测量机构进行测量。二极管 VD_2 则称为保护二极管，其作用是当交流电负半周到来时，VD_2 导通，导通后的二极管两端电压保持在 0.7V（硅管），从而保护整流二极管 VD_1 不被反向击穿。

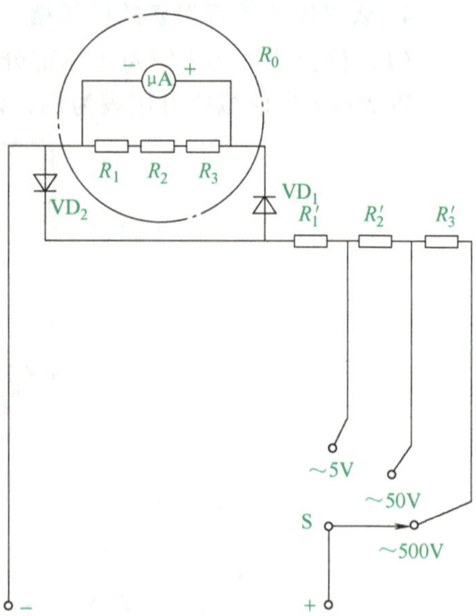

图 2-6-5　模拟式万用表测量交流电压的内部结构图

显然，指针偏转角的大小虽与整流后的直流电流有关，但最终取决于被测交流电压有效值的大小，被测交流电压有效值越大，则指针偏转角越大。通常情况下，万用表交流电压的刻度都是直接以交流电有效值进行标度的。量程的改变，可通过转动转换开关 S，分别用不同的分压电阻来实现。

6. 模拟式万用表测量电压的使用步骤

模拟式万用表测量电压的使用步骤见表 2-6-2。

表 2-6-2　模拟式万用表测量电压的使用步骤

序号	步骤	操作提示	图示
1	机械调零	在测量前，观察指针是否指在零刻度线处，如果没有指在零刻度线处，则调节机械调零旋钮，使其指到表盘左边零刻度线处	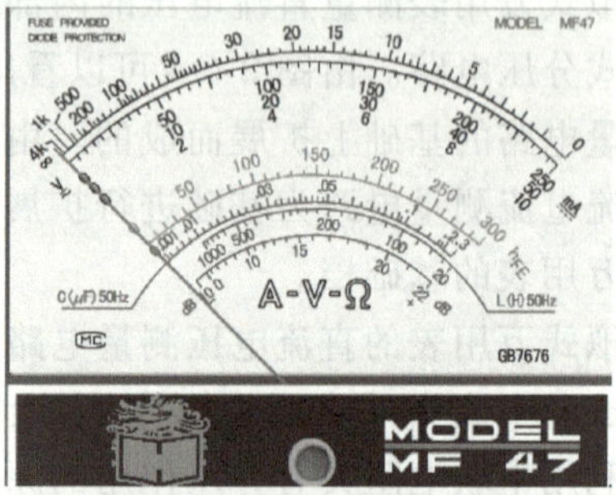
2	选择合适的档位及量程	1）根据被测电压类型选择交、直流电压档 2）根据所测电压的大小选择合适的量程，预估被测量的大小，使万用表指针最终可指在刻度盘的 2/3 及以上处，如果无法预估被测量的大小，可先用最大电压档试测，然后根据指针偏转情况，逐步减小至合适的电压量程	

（续）

序号	步骤		操作提示	图示
3	测量	测量直流电压	将万用表两表笔并联在被测直流电路中，红表笔接高电位端，黑表笔接低电位端，右图为使用模拟式万用表测量 1.5V 干电池，这时选择的是直流电压的 2.5V 档位	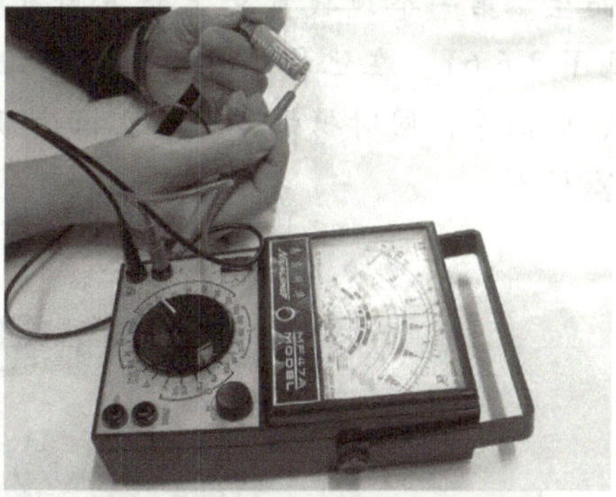
		测量交流电压	将两表笔并联接入被测交流电路两端，就能测出被测交流电路两端的电压，右图为测量交流 220V 电压，这时的转换开关 S 置于交流电压的 250V 档位	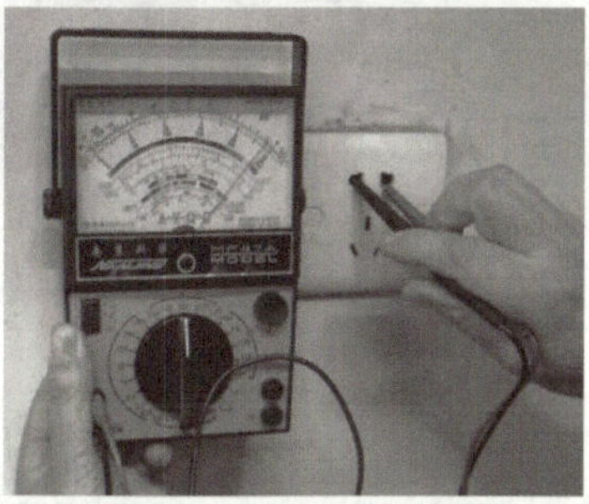
4	读数		根据电压档刻度读数，如果右图中选择的是直流电压的 2.5V 档位，则读数为 0.5V，如果选择的是交流电压的 250V 档位，则读数为 50V	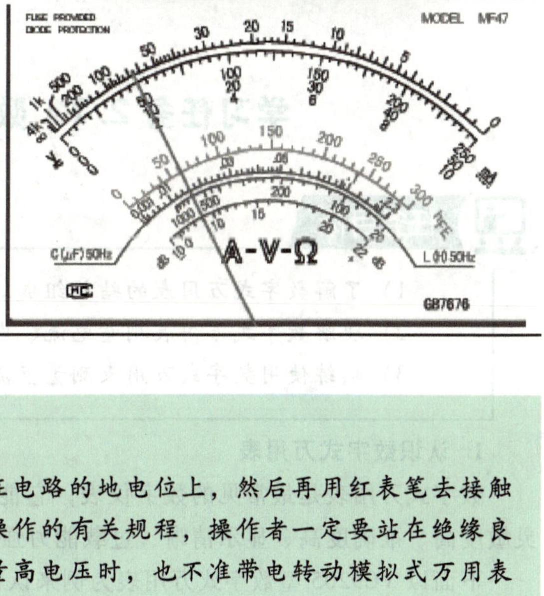

注意事项

在测量高电压时，应先将黑表笔固定接在电路的地电位上，然后再用红表笔去接触被测高电压。在测试过程中要严格执行高压操作的有关规程，操作者一定要站在绝缘良好的地方，且用单手操作，以防触电。在测量高电压时，也不准带电转动模拟式万用表的转换开关，以防烧坏开关触点。

知识拓展

万用表的由来

基于磁电系测量机构的电流表不需要惠斯通电桥便可轻易便捷测量电流大小。在此基础上，通过增加分流电阻、分压电阻以及稳定的直流电源，便可以测量不同范围的电压、电流、电阻了。在19世纪20年代，随着电子管设备越来越被广泛使用，万用表应运而生。第一个现代意义上的万用表是英国工程师Donald Macadie在1920年发明的（见图2-6-6）。在他的工作中，为了维修通信设施，需要不断测量电路中的电压、电流、电阻等，同时携带多种电表很麻烦，于是就研制出了可以测量电压、电流和电阻的万用表。

图2-6-6 Donald Macadie发明的万用表

学习任务2.7 数字式万用表的使用

任务目标

1）了解数字式万用表的结构组成。

2）理解数字式万用表测量电流、电压的工作原理。

3）熟练使用数字式万用表测量直流电流、交/直流电压。

1. 认识数字式万用表

数字式万用表是最常见的数字仪表，它能对多种电量进行直接测量。数字式万用表具有灵敏度高、准确度高、显示清晰、过载能力强、便于携带、使用简单等特点。

下面以VC9205型数字式万用表为例来认识数字式万用表的面板，如图2-7-1所示。

2. 数字式万用表的工作原理

数字式万用表是在数字表头的输入端配以不同的转换器构成的。数字表头相当于一个基本量程的数字式直流电压表，其作用是完成对直流电压的测量和显示，目前，数字表头基本都由单片专用大规模集成电路配上相应的液晶显示器构成。

由于数字表头只能测量直流电压，要测量其他电量，必须先利用相应的转换器将它们转换为直流电压。最基本的转换器有R/V（电阻/电压）转换器、I/V（电流/电压）转换器、AC/DC（交流电压/直流电压）转换器。数字式万用表的原理框图如图2-7-2所示。

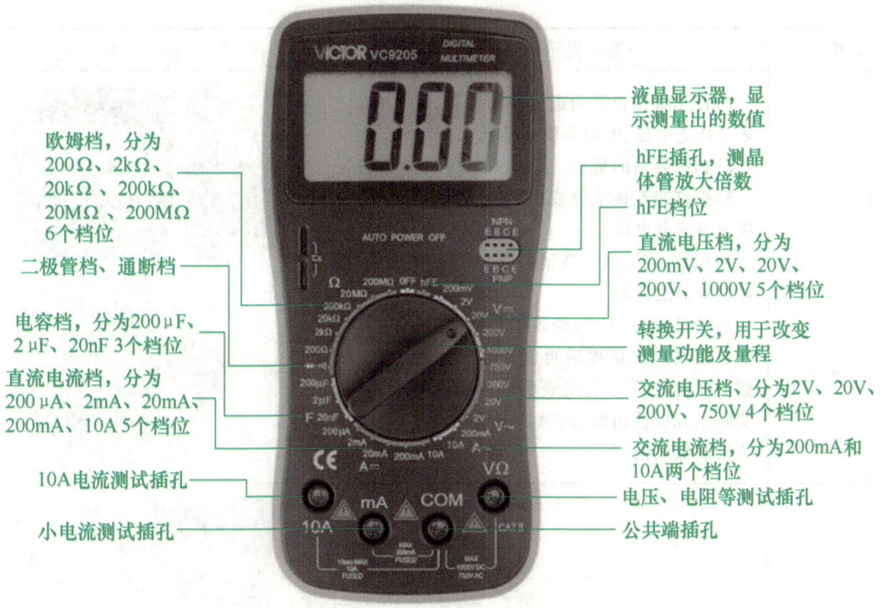

图 2-7-1　VC9205 型数字式万用表的面板

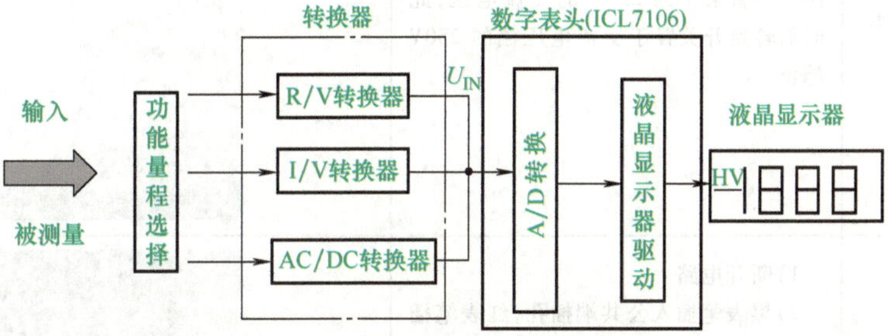

图 2-7-2　数字式万用表的原理框图

数字式
万用表
的使用

3. 数字式万用表的使用步骤

数字式万用表的使用步骤见表 2-7-1。

表 2-7-1　数字式万用表的使用步骤

序号	步骤	操作提示	图　示
1	选择合适的档位及量程	1)根据被测电压类型选择交、直流电压档和电流档(“V ⎓”表示直流电压档,“V～”表示交流电压档,“A”是电流档) 2)根据估测电压、电流的大小选择合适的量程,数字式万用表表盘上的数值均为最大值,选择量程时,量程应比估测值大	

（续）

序号	步骤		操作提示	图示
		测量直流电压	1）首先将黑表笔插进公共端插孔，红表笔插进电压、电阻等测试插孔 2）选择合适的量程 3）把红表笔接正极或高电位，黑表笔接负极或低电位 4）读数，直流电压数值可以直接从液晶显示器上读取 5）若显示为“1.”，则表明量程太小，那么就要加大量程后再测量。如果在数值左边出现“-”，则表明表笔极性与实际电源极性相反，此时红表笔接的是负极或低电位	
2	测量	测量交流电压	将红黑表笔接入被测电路中选定的两端，就能测出这两端之间的电压，右图为测量某个约 220V 的交流电压，此时的转换开关置于交流电压档的 250V 档位	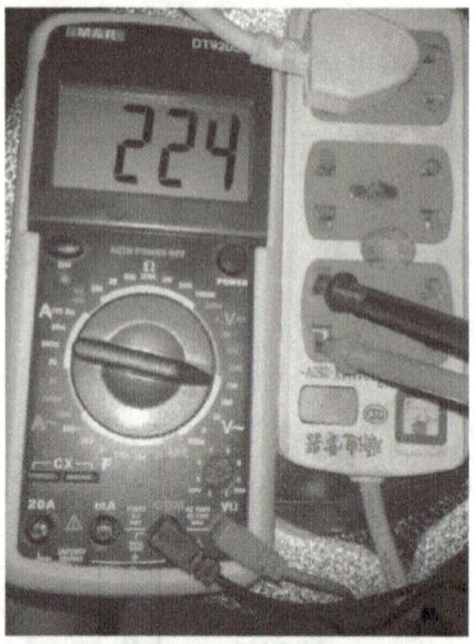
		测量电流	1）断开电路 2）黑表笔插入公共端插孔，红表笔插入 10A 电流或小电流测试插孔 3）将转换开关打至交流电流档或直流电流档，并选择合适的量程 4）断开被测电路，将数字式万用表与被测电路串联，被测电路中电流从一端流入红表笔，经黑表笔流出，再流入被测电路另一端 5）接通电路 6）读出液晶显示器数字	
3	读数		测量结果为液晶显示器显示数字加上转换开关对应的量程单位	

注意事项

1）使用数字式万用表测量前，应校对转换开关位置及两表笔所插的插孔，无误后再进行测量。

2）如果液晶显示器只显示“1”，表示超出量程，转换开关应置于更高量程。

3）测量前若无法估计被测量大小，应先用最高量程档测量，再根据测量结果选择合适的量程档。

4）严禁在测量高电压或大电流过程中拨动转换开关，以防止产生电弧，烧毁开关触点。

5）由于数字式万用表的频率特性较差，故只能测量 45~500Hz 范围内的正弦波电量的有效值。

6）若将电源开关拨至“ON”位置，液晶显示器无显示，应检查电池是否失效，或熔断器是否熔断。若显示欠电压信号“←”，需更换新电池。

知识拓展

“课程”新内容

根据企业岗位的需求变化，学生应具备的知识结构、职业技能、职业素养也会随之发生变化，因此需要及时更新课程内容，使知识技能点的深度、难度、广度与企业实际需求相匹配。根据智能制造领域的最新发展，需要将企业的新技术、新设备、新材料、新工艺等方面的内容纳入教材。根据国家职业技能标准和专业教学标准及企业岗位的变化重构课程内容，可保证教材的科学性、规范性、创新性。学生通过电气测量技术的学习，应掌握电工仪表与测量的基本知识，学会电流、电压、电阻、电功率、电能的测量，并熟练使用模拟式万用表，数字式万用表及常用电子仪器，养成“执着专注、精益求精、一丝不苟、追求卓越”的工匠精神和爱岗敬业、严谨细致的职业态度。

学习任务 2.8　直流电位差计的使用

任务目标

1）理解直流电位差计的工作原理。

2）熟练使用直流电位差计测量未知电压。

电位差计可分为直流电位差计和交流电位差计。直流电位差计用于测量直流电压，交流电位差计用于测量工频到声频的正弦交流电压。两个同频率正弦交流电压相等时，要求其幅值和相位均相等，因此交流电位差计的电路要复杂一些，并且至少有两个可调量。本节主要介绍直流电位差计。

1. 认识直流电位差计

（1）直流电位差计的基本概念　直流电位差计是利用电压补偿原理精确测量直流电压和电动势的仪器。如果配用标准电阻，还可以精确测量电流和电阻，它也常用于非电学参量（如压力、温度、位移等）的电测量中，是电磁测量中的常用仪器之一。

（2）直流电位差计的分类　直流电位差计的种类很多，常见的有板式电位差计（见图 2-8-1）和箱式电位差计（见图 2-8-2）。板式电位差计具有结构简单、直观、便于分析讨论等优点，但它的电阻丝不可能完全均匀，长度

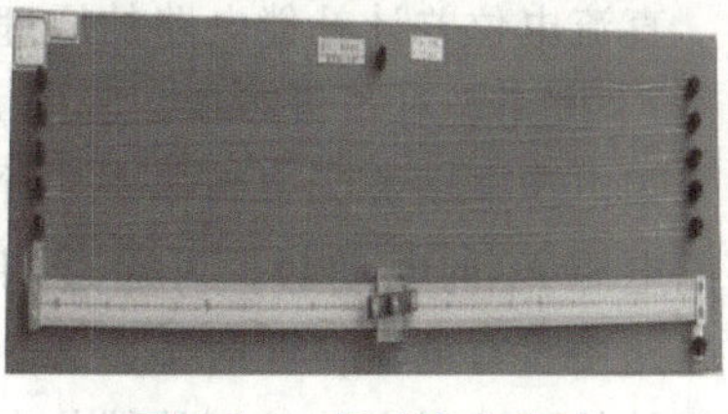

图 2-8-1　板式电位差计

也不十分准确，存在一定的测量误差，且体积大，使用不便。箱式电位差计可以克服板式电位差计的缺点，其准确度更高，更为实用。

箱式电位差计分为传统式和数字式两种，数字式电位差计是传统式电位差计的更新换代产品，它将先进的数字化、智能化技术同传统工艺相结合，在使用功能上完全覆盖传统式电位差计，可对热电偶、传感器和变送器等一次仪表输出的毫伏信号进行精密检测，也可作为标准毫伏信号源直接校验多种变送器及仪表。

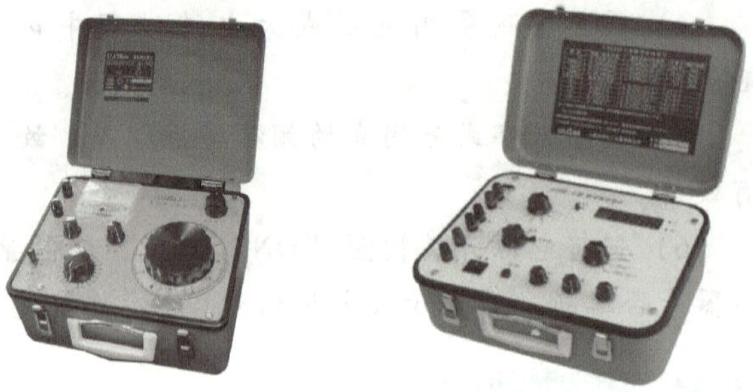

a) 传统式　　b) 数字式

图 2-8-2　箱式电位差计

(3) 直流电位差计的结构　直流电位差计虽然造型各异，但结构大致相似。以 UJ33a 型直流电位差计为例，其结构如图 2-8-3 所示。

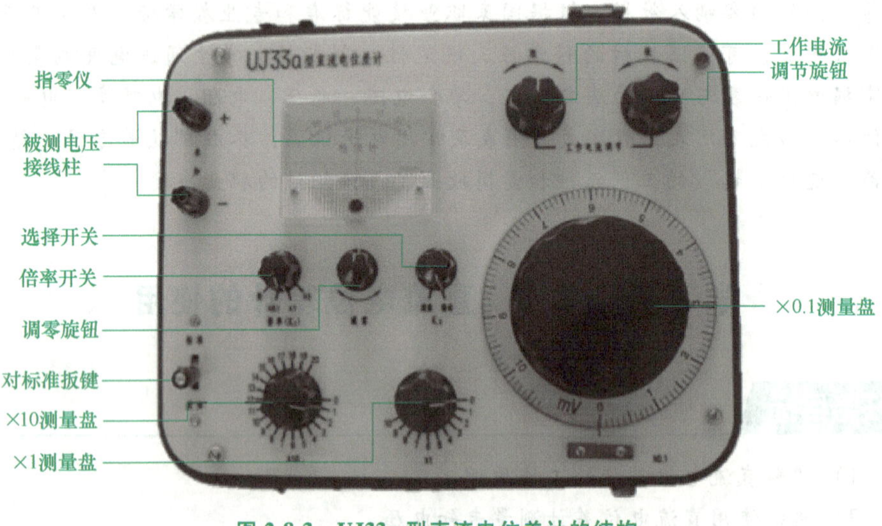

图 2-8-3　UJ33a 型直流电位差计的结构

2. 直流电位差计的工作原理和使用步骤

(1) 补偿原理　补偿原理就是利用一个电动势去抵消另一个电动势，在直流电路中，电源电动势在数值上等于电源开路时两电极的端电压。因此，在测量电动势时只要没有电流通过电源，则测量到的电源的端电压，即为电源的电动势。如果直接用电压表去测量电源的端电压，由于电压表通过电流反映电压，需要有电流通过，而电源具有内阻，因而不能得到准确的电动势数值，所测得的电压值总是小于电压真值。为了准确地测量电压，必须使分流到测量支路上的电流等于零，直流电位差计就是由此而设计的。

直流电位差计补偿电路的原理可用图 2-8-4 来说明。两个电源 E 和 E_x 按正极对正极布置，其中 E 为可调的标准电源电动势，E_x 为未知电源电动势，中间串联一个检流计 G 接成闭合回路。如果要测电源 E_x 的电动势，可通过调节电源 E，使检流计读数为零，即电路中没有电流，此时 $E_x=E$，E_x 两端的电压和 E 两端的电压相互补偿，这时电路处于补偿状态。若已知补偿状态下 E 的大小，

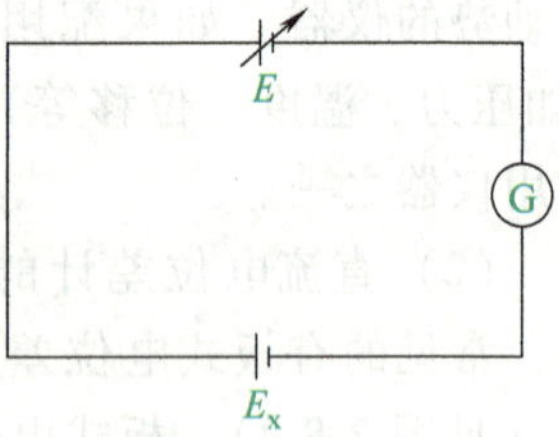

图 2-8-4　补偿电路

就可确定 E_x，这种利用补偿原理测电压的方法称为补偿法，该电路称为补偿电路。

（2）直流电位差计的工作原理　根据补偿法测量直流电压的实验装置称为直流电位差计，其工作原理可分别用图 2-8-5 和图 2-8-6 来说明。图 2-8-5 所示为直流电位差计定标原理图，其中 ABCD 为辅助工作回路，由电源 E、限流电阻 R、粗细均匀电阻丝 AB 串联成一个闭合回路。MN 为补偿电路，由待测电源 E_n 和检流计 G 组成。电阻箱 R 用来调节回路工作电流 I 的大小，通过调节 I 可以调整每段单位长度电阻丝上直流电压降 V_0 的大小，M、N 为电阻丝 AB 上的两个活动触点，可以在电阻丝上移动，以便从 AB 上取适当的直流电压来与测量支路上的电压补偿，它相当于补偿电路中的 E_n，提供了一个可变直流电源。当回路接通时，根据欧姆定律可知，电阻丝 AB 上任意两点间的电压与两点间的距离成正比。因此，可以改变 MN 的间距，使检流计 G 读数为 0，此时 MN 两点间的电压就等于待测电动势 E_x。要测量电动势（电位差）E_x，必须分两步进行。

1）直流电位差计的标准化。利用标准电源 E_n 高准确度的特点，使得工作回路中的工作电流 I 能准确地达到某一标定值 I_0，这一调整过程叫直流电位差计的标准化，也叫直流电位差计的定标。

按图 2-8-5 所示连线，移动滑动触头 M、N，将 M、N 之间的长度固定在 L_{MN} 上，调节工作电路中的电阻 R，使流过检流计 G 的电流为零，此时

$$E_n = U_{MN} = I_0 R_{MN} = I_0 \frac{\rho}{S} L_{MN}$$

在工作过程中，ABCD 中工作电流保持不变，因电阻 R_{AB} 是均匀电阻丝，令

$$V_0 = I_0 \frac{\rho}{S} \tag{2-1}$$

那么有

$$E_n = V_0 L_{MN} \tag{2-2}$$

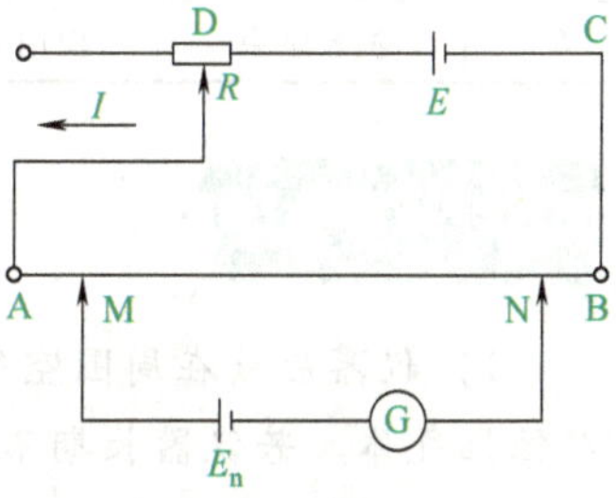

图 2-8-5　直流电位差计定标原理图

很明显 V_0 是电阻丝 R_{AB} 上单位长度的电压降，称为工作电流标准化系数，单位是 V/m。在实际操作中，只要确定 V_0，也就完成了定标过程。

由式（2-2）可知，当 V_0 保持不变（即 ABCD 中工作电流保持不变）时，可以用电阻丝 MN 两点间的长度 L_{MN}（力学量）来反映待测电动势 E_x（电学量）的大小。为此，必须确定 V_0 的数值。为使读数方便起见，可取 V_0 为 1.0V/m 等数值。由于 $V_0 = I_0 \frac{\rho}{S}$，而且电阻丝阻值稳定，所以只有调节 ABCD 中工作电流 I_0 的大小，才能得到所需的 V_0 值。

2）测量待测电动势 E_x。测量待测电动势 E_x 的过程与定标的过程正好相反。

当定标结束后，按图 2-8-6 所示连线，调节 M′、N′之间长度 $L'_{M'N'}$，使 M′、N′两点间电压 $U'_{M'N'}$ 等于待测电动势 E_x，达到补偿，此时流过检流计 G 的电流为零。即

$$E_x = U'_{M'N'} = I_0 \frac{\rho}{S} L'_{M'N'}$$

结合式（2-2）得

$$E_x = V_0 L'_{M'N'} \tag{2-3}$$

这样就测出了待测电压 E_x。

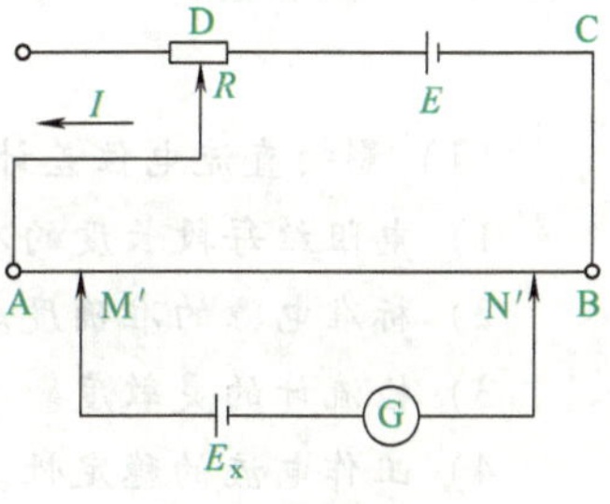

图 2-8-6　直流电位差计测量原理图

（3）使用步骤　直流电位差计的使用步骤见表 2-8-1。

表 2-8-1　直流电位差计的使用步骤

序号	步骤	操作方法
1	准备	打开后盖，按极性装入 6 节 1.5V 的 1 号干电池和 3 节 9V 的 6F22 叠层电池。打开上盖，将倍率开关由“断”旋到所需倍率，此时直流电位差计工作电源和指零仪电源同时接通，预热 5min
2	调零	将选择开关旋至“测量”，调节调零旋钮，使指零仪指针指向“0”
3	对标准	将对标准扳键推向“标准”，调节工作电流调节旋钮，使指零仪指针指向“0”，对标准工作即告完毕 松开扳键，此时扳键自动复位，改变量程时必须重新对标准
4	测量	被测电压按极性从被测电压接线柱接入，适当选择倍率，将扳键扳向“未知”，并调节“×10”“×1”和“×0.1”三个测量盘，使指零仪指针指向“0”，则被测电压 U_x 为 U_x=测量盘示值×倍率 测量完毕，应将扳键复位
5	信号输出	选择开关旋至“输出”，将倍率开关旋至所需位置，调节测量盘，当将扳键扳向“未知”时，被测电压接线柱两端会输出所需电压，即 $U_{输出}$=测量盘示值×倍率
6	测量结束	使用完毕，应将倍率开关旋至“断”位置

注意事项

1）仪器应放在周围空气温度 5~35℃、相对湿度小于 80% 的室内，空气中不应含有腐蚀性气体。若仪器长期不用，应将干电池取出。

2）仪器若无法进行对标准，则应考虑 1 号干电池寿命已到。可打开仪器底部电池盒盖，依正负极性放入 6 节新的 1 号干电池。新装入的电池，使用时为了使其工作电流稳定，装入后应放电 20~30min，此外也可能是 6F22 电池寿命已到，同样可予以调换。

3）使用中，如发现指零仪（即检流计）灵敏度显著下降或没有偏转，可能是 6F22 电池寿命已到引起，可打开仪器底部左边电池盒盖，插入新的 6F22 电池，进行更换。

4）长期搁置的仪器再次使用时，应将各开关、旋钮旋转几次，减少接触部分的氧化影响，使仪器工作可靠。

知识拓展

直流电位差计的优缺点

（1）影响直流电位差计测量准确度的因素

1）电阻丝每段长度的准确性和粗细的均匀性。

2）标准电源的准确度。

3）检流计的灵敏度。

4）工作电流的稳定性。

（2）直流电位差计测量直流电压的优点

1）准确度高，仅依赖于标准电阻、检流计、标准电源，如果电阻丝很均匀准确，标准电源的电动势准确稳定，检流计很灵敏，则可作为标准仪器来校验电表。

2）测量范围宽广，灵敏度高，可测量小电压或电压的微小变化。

3）内阻高，不影响待测电路。直流电位差计避免了电压表测量电压时总要从待测电路上分流的缺点。由于采用补偿原理，测量时不影响待测电路的原来状态。用电压表测量电压时总要从待测电路上分出一部分电流，从而改变了待测电路的原来状态，电压表内阻越低，这种影响就越大。而用直流电位差计测量时，补偿回路中电流几乎为零（检流计灵敏度越高，越接近于零），对待测电路的影响可以忽略不计。

（3）直流电位差计的缺点　直流电位差计在测量过程中，其工作条件易发生变化，所以测量时为保证工作电流标准化，每次测量都必须经过定标和测量两个步骤，且每次为达到补偿都要进行细致的调节，所以操作烦琐、费时。

项目小结

1）磁电系仪表的核心是磁电系测量机构，也称为磁电系表头。磁电系测量机构主要由固定的磁路系统和可动的线圈组成。

2）常见的磁电系仪表有磁电系电流表和磁电系电压表两种。

3）实际使用的直流电流表一般由磁电系测量机构与分流电阻并联组成。

4）磁电系测量机构的主要参数有两个：满刻度电流 I_c 和内阻 R_c。一般情况下，满刻度电流和内阻成反比。

5）实际使用的直流电压表一般由磁电系测量机构与分压电阻串联组成。

6）要使直流电压表量程扩大 m 倍，需要串联的分压电阻 R_V 是磁电系测量机构内阻 R_c 的（$m-1$）倍。

7）磁电系检流计是一种专门用来检测微小电流（或电压）的高灵敏度仪表。

8）电磁系测量机构由固定的线圈和可动的软磁铁片组成，根据其结构形式的不同，可以分为吸引型、排斥型和排斥-吸引型三种。

9）由于电流表的内阻一般都很小，所以电流互感器在正常工作状态下接近于变压器的短路状态。由于电压表的内阻一般都很大，所以电压互感器在正常工作状态下接近于变压器的开路状态。

10）直流电位差计是利用补偿原理精确测量直流电压和电动势的仪器。如果配用标准电阻，还可以精确测量电流和电阻，它也常用于非电学参量（如压力、温度、位移等）的电测量，是电磁测量中常用仪器之一。

项目 3 电阻的测量

知识目标

1）了解直流单臂电桥、直流双臂电桥、绝缘电阻表、接地电阻测量仪的结构组成。
2）理解直流单臂电桥、直流双臂电桥、绝缘电阻表的工作原理。
3）掌握电阻的测量方法。

能力目标

1）能使用直流单臂电桥、直流双臂电桥测量电阻。
2）能掌握接地电阻测量仪的使用方法。
3）能熟练使用绝缘电阻表测量接地绝缘电阻。

素养目标

1）具备科学、严谨、细致、敬业的职业素养及规范操作的意识。
2）具有科学的思维习惯，具备善于解决问题的能力。

项目导入

电阻、电容、电感等是组成电子电路的最基本元件，它们的质量和性能直接影响电子电路的性能。因此，它们的参数的测量，在电气测量中具有重要的作用。本项目主要介绍最简单的电路参数——电阻的测量。电阻是电子电路中一种非常重要的元件。电阻的测量在电气测量中也具有非常重要的作用，如测量电路的通断、判断电气设备和电路的故障所在等。测量电阻的方法有很多，为减少测量误差，要选用适当的测量方法，本项目通过 5 个学习任务来介绍电阻的测量方法。

学习任务 3.1 电阻的测量方法

任务目标

1）了解电阻的分类。
2）掌握电阻测量的方法。
3）选择合适的方法进行电阻的测量。

电子电路中的电阻值在 1μΩ（$1\times10^{-6}\Omega$）~ 1MΩ（$1\times10^{6}\Omega$）的范围内。通常将电阻按其阻值大小分成三类，即小电阻（1Ω 以下）、中电阻（1Ω ~ 100kΩ）和大电阻（100kΩ 以上）。

测量电阻的方法很多，常用的分类方法如下。

1. 按获取测量结果方式分类

（1）直接测量法　直接测量法是采用直读式仪表测量电阻的方法。仪表标度尺是以电阻的单位（欧或兆欧）为刻度的，根据仪表指针在标度尺上的指示，可以直接读取测量结果。如用万用表的欧姆档或绝缘电阻表等测量电阻，都是直接测量法。

（2）比较测量法　采用比较仪器将被测电阻与标准电阻进行比较的方法即比较测量法。在比较仪器中有检流计，接通电路之后，当检流计指零时，可以根据已知的标准电阻值获取被测电阻的阻值。如用直流电桥测量电阻就属于比较测量法。

（3）间接测量法　间接测量法是通过测量与电阻有关的电量，再根据公式计算出被测电阻值的一种方法。如伏安法测电阻就属于间接测量法。

2. 按被测电阻阻值的大小分类

（1）小电阻的测量　在测量小电阻时，一般选用毫伏表，用间接测量法也可以测量在工作状态下的小电阻，使用的设备也比较简单，但测量误差较大。如果要求测量准确度比较高时，则可选用开尔文电桥测量小电阻，但所需的设备成本较高，操作也比较麻烦。

（2）中电阻的测量　中等电阻的测量，最方便的方法使用欧姆表进行测量，它可以直接读数，但这种方法的测量误差较大。中电阻的测量也可以选用伏安表测量，它能测出工作状态下的中电阻值，但测量误差仍比较大。若需精密测量可选用单臂（惠斯通）电桥，但设备费用较高，操作也比较麻烦。

（3）大电阻的测量　在测量大电阻时可选用绝缘电阻表测量。用绝缘电阻表测量大电阻，可以直接读数，但测量误差较大。若进行精密测量则可选用检流计法，它可以分别测出绝缘体的体积电阻和表面电阻，测量结果比较准确，但这种方法操作麻烦，而且不适用于室外测量。

知识拓展

电路中除了电阻之外，还有电容和电感等参数，测量电路中的电容和电感通常采用谐振法或电桥法。

（1）谐振法　电感和电容组成谐振电路时，谐振频率由电感和电容决定。测量谐振频率可求得电感或电容值。由于电感和电容的损耗电阻会影响测量结果，所以要间接测得谐振回路的损耗（或 q 值），修正对频率的影响后得到较精确的结果（见图 3-1-1）。

（2）电桥法　将被测电感或电容作为电桥的一个桥臂，改变补偿臂的值，使电桥平衡，从而测得电感或电容的值。同样，要考虑电感或电容的损耗对测量带来的误差，补偿臂也要再多加一个补偿电阻（见图 3-1-2）。

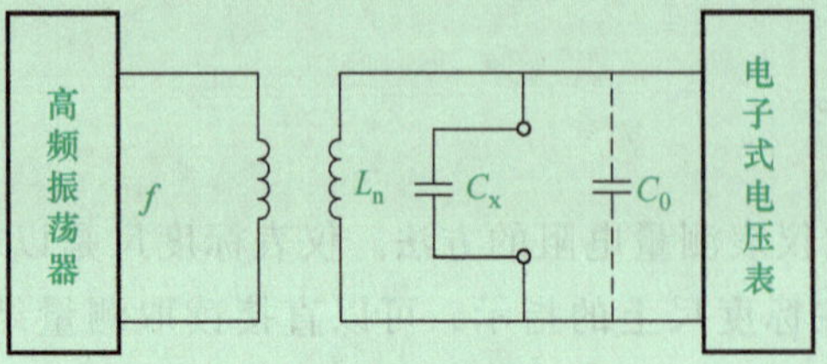

图 3-1-1　谐振法测电容

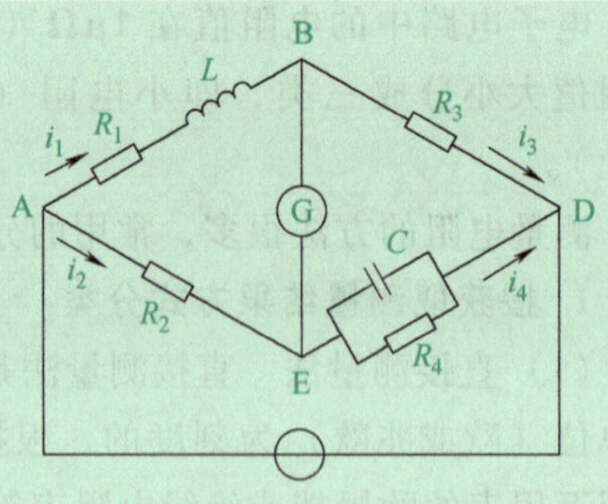

图 3-1-2　电桥法测电感

学习任务 3.2　直流单臂电桥的使用

任务目标

1）认识直流单臂电桥的面板。
2）理解直流单臂电桥测量电阻的工作原理。
3）熟练使用直流单臂电桥测量电阻。

电桥是一种常用的比较式仪表，它是用准确度很高的元件（如标准电阻器、电感器、电容器）作为标准量，然后用比较的方法测量电阻、电感、电容等电路参数，所以，电桥测量的准确度很高。电桥的种类很多，可分为交流电桥和直流电桥。直流电桥又分为单臂电桥和双臂电桥两种。下面主要介绍直流单臂电桥的结构、工作原理和使用方法。

1. 认识直流单臂电桥

（1）直流单臂电桥的外形　如图 3-2-1 所示为常见直流单臂电桥的外形。

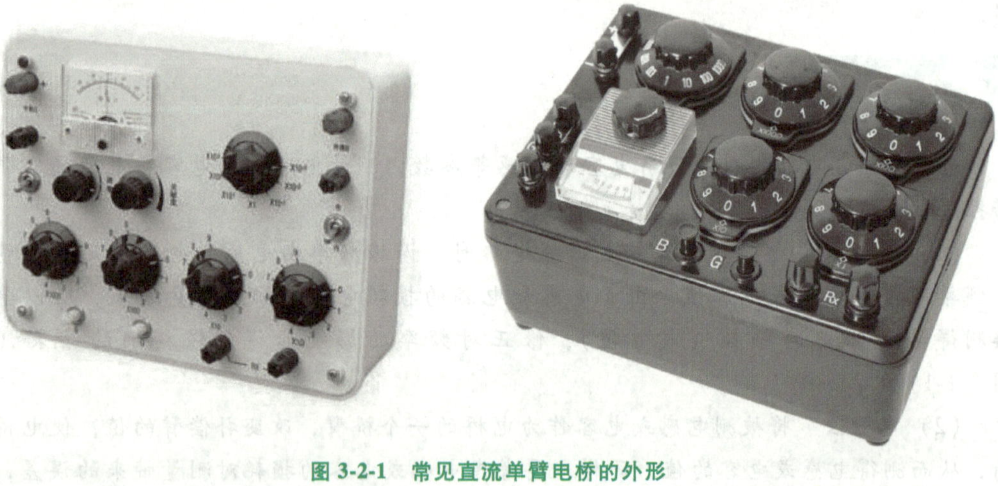

图 3-2-1　常见直流单臂电桥的外形

（2）直流单臂电桥的面板　如图 3-2-2 所示为直流单臂电桥的面板。

2. 直流单臂电桥的工作原理

直流单臂电桥是一种专门用来测量中值电阻的精密测量仪器。其原理图如图 3-2-3 所示，

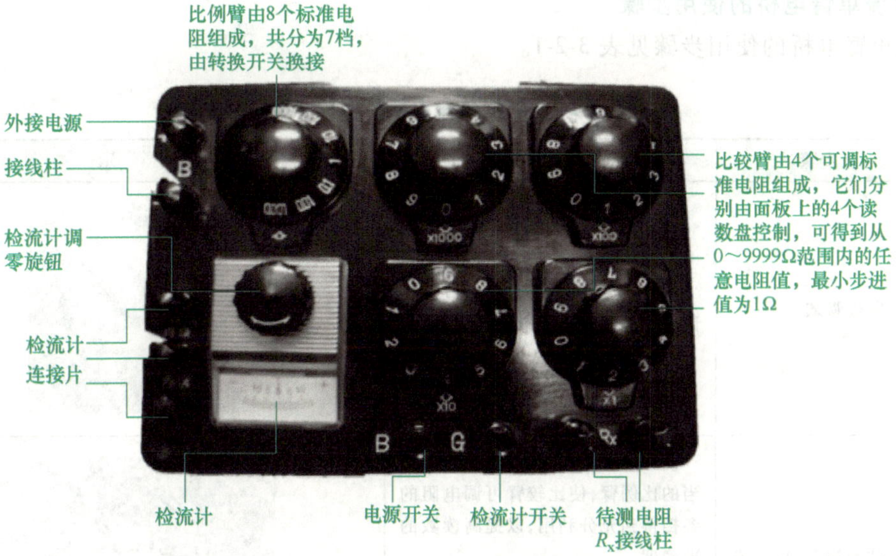

图 3-2-2　直流单臂电桥的面板

R_x、R_2、R_3、R_4 分别组成电桥的 4 个臂。其中，R_x 为被测臂、R_2 和 R_3 为比例臂、R_4 为比较臂。G 为检流计。

当接通开关后，调节标准电阻 R_2、R_3、R_4，使检流计 G 的指示为零，此时，C 点电位与 D 点电位相等，即 $U_{CD}=0$，这种状态称为电桥的平衡状态。

电桥平衡时有

$$U_{AC}=U_{AD}，\ U_{CB}=U_{DB}$$

即

$$I_1R_x=I_4R_4，\ I_2R_2=I_3R_3$$

由于电桥平衡时 $I_G=0$，则有 $I_1=I_2$，$I_4=I_3$，由此可得

$$R_xR_3=R_2R_4$$

即

$$R_x=\frac{R_2}{R_3}R_4$$

直流单臂电桥的工作原理电路如图 3-2-4 所示。

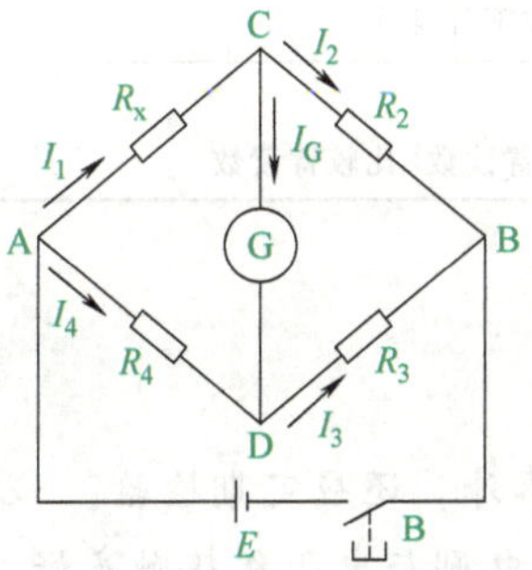

图 3-2-3　直流单臂电桥的原理图

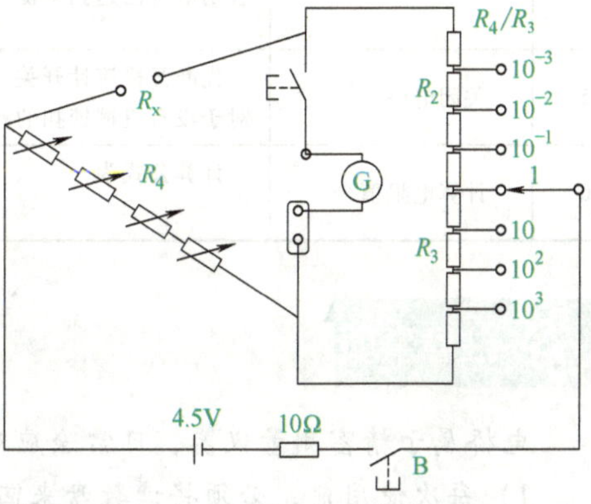

图 3-2-4　直流单臂电桥工作原理电路

3. 直流单臂电桥的使用步骤

直流单臂电桥的使用步骤见表 3-2-1。

表 3-2-1　直流单臂电桥的使用步骤

序号	步骤	操作方法	图　示
1	电桥调试	打开检流计机械锁扣，调节检流计调零旋钮使指针指在零刻度线	
2	估测被测电阻，选择比例臂	使用万用表估测电阻值选择适当的比例臂，使比较臂可调电阻的各档得到充分利用，以提高读数的准确度 估测电阻值为几千欧时，比例臂应选×1 档；估测电阻值为几十欧时，比例臂选×0.01 档；估测电阻值为几欧时，比例臂选×0.001 档	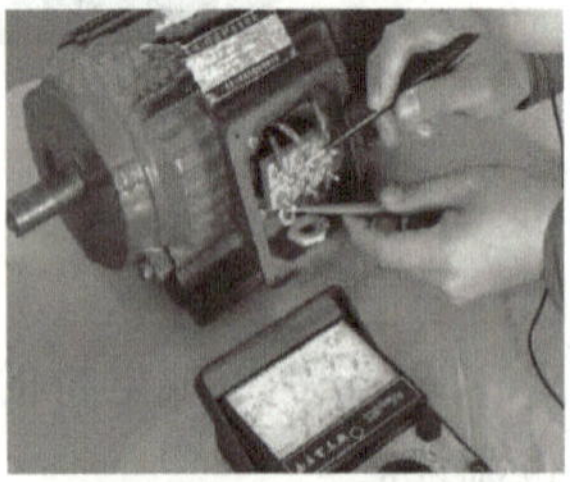
3	接入待测电阻	把被测电阻接到待测电阻 R_x 接线柱间并拧紧，以减小接触电阻 被测电阻的连接点处应去除氧化层，并擦拭干净 采用导线连接时，应选用较粗较短的导线连接	
4	接通电路，调节电桥比较臂使之平衡	测量时，先接通电源开关，再接通检流计开关，使电桥电路接通 若检流计指针向“+”方向偏转，应增大比较臂电阻，反之则应减小比较臂电阻。如此反复调节，直至检流计指针指在零刻度线为止，这表明电桥已达到平衡	
5	关闭电桥	先断开检流计开关，再断开电源开关。然后拆除被测电阻，最后锁上检流计机械锁扣。对于没有机械锁扣的检流计，应将开关“G”按下并锁住	
6	计算电阻值	计算公式为 被测电阻值 = 比例臂读数×比较臂读数	

注意事项

电桥属于精密测量仪器，日常除应对其加强维护保养外，还应定期检验。

1）每次使用前，必须将读数盘来回旋转几次，以使电刷与电阻丝接触良好。

2）电桥必须定期清洗开关和电刷的接触点，清洗周期可按使用的频繁情况来决定，通常1~3个月1次。清洗时先用绸布擦去接触点和电刷上的污物，然后用无水乙醇清洗，再涂上防水锈油。

3）电桥不应受阳光和发热体的直接照射或烘烤，使用完毕要盖好盖子，且存放处应有防潮措施。

4）在搬移时，应小心谨慎，轻拿轻放。搬移前应检查检流计的锁扣是否锁好，以及是否已将检流计短接。

5）注意不要让细小的金属物，特别是导线的断裂铜丝掉入电桥内，以免造成短路或降低其绝缘水平。

知识拓展

1. 直流单臂电桥的应用

直流单臂电桥也叫惠斯通电桥，但它不是惠斯通发明的，它是由英国发明家克里斯蒂在1833年发明的，但由于惠斯通第一个用它来测量电阻，所以被称为惠斯通电桥。直流单臂电桥结构虽然简单，但它的准确度和灵敏度却都比较高，在医学诊断和检测仪器中有广泛的应用。它的测量灵敏度在科学研究、生产应用中都具有重大意义。直流单臂电桥在当代科学测量中的应用非常广泛，同时也被广泛地应用在自动控制中。直流单臂电桥也广泛应用在称重检测元件上等方面。

2. 电桥的分类

（1）电桥按用途分

1）惠斯通电桥和开尔文电桥，主要用于测量电阻器的电阻值。

2）麦克斯韦电桥，用于测量电感器的电感量和电阻值。

3）文氏电桥，主要用于测量电容器的电容量及电阻值。

（2）电桥按测量范围分

1）小电阻测量适用开尔文电桥。

2）中电阻测量适用惠斯通电桥。

3）大电阻测量适用高电阻电桥。

（3）电桥按照桥臂数量分

1）单臂电桥。只有一个电阻是待求或未知或变化的。

2）双臂电桥。有两个电阻是待求或未知或变化的。

学习任务3.3 直流双臂电桥的使用

任务目标

1）认识直流双臂电桥的面板。

2）了解直流双臂电桥测量电阻的工作原理。

3）熟练使用直流双臂电桥测量电阻。

在电气测量中，常要测量小电阻的阻值，如测量金属材料的电阻率、分流器的电阻值和一些低阻值的线圈电阻等。在测量这种小电阻时，连接线的电阻、接头的接触电阻可能与被测电阻值同属一个数量级，若用直流单臂电桥来测量，则无法排除连接线的电阻和接触电阻的影响，势必造成很大的测量误差，所以要用专门测量小电阻的仪器——直流双臂电桥来测量。下面主要介绍直流双臂电桥的结构、工作原理和使用方法。

1. 认识直流双臂电桥

直流双臂电桥又称开尔文电桥，可以消除连接线的电阻和接触电阻的影响，是一种专门用来测量小电阻的精密测量仪器。直流双臂电桥的优点是使用方便，可外接高灵敏度指示仪表及大容量电源，且接线简单、方便，读数清晰。

图 3-3-1 常见直流双臂电桥的外观

（1）认识直流双臂电桥的外观 图 3-3-1 所示为常见直流双臂电桥的外观。

（2）认识直流单臂电桥的面板 图 3-3-2 所示为 QJ44 型直流双臂电桥的面板。

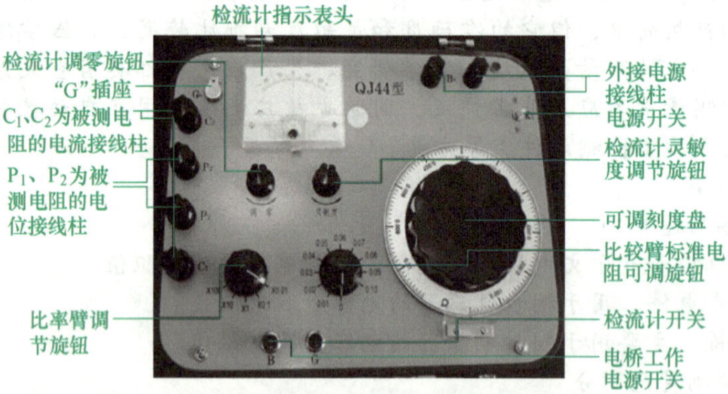

图 3-3-2 QJ44 型直流双臂电桥的面板

1）QJ44 型直流双臂电桥的比率臂调节旋钮有“×100”“×10”“×1”“×0.1”和“×0.01”5 个档位，可调刻度盘由一个十进盘和一个滑线盘组成。

2）电桥上的检流计有一个调零旋钮、一个灵敏度调节旋钮和一个中心零位的指示表头，指示表头上备有机械调零装置。在测量前，需预先将检流计调零，当检流计接通电源后，若指针不在中间零位，应调节检流计调零旋钮，调整指针至中间零位。

3）在检流计和电源回路中设有可锁住的开关。电桥有外接检流计装置，供外接高灵敏度检流计使用。

4）仪器上有 6 个接线柱，4 个大接线柱接被测电阻，两个小接线柱接外接电源。“G”插座供外接检流计使用，当外接检流计插入该插座时，内部检流计即断开。

2. 直流双臂电桥的工作原理

直流双臂电桥的工作原理电路如图 3-3-3 所示，图中 R_x 是被测电阻，R_n 是比较用的可调电阻。R_x 和 R_n 各有两对接线柱，C_1 和 C_2、Cn_1 和 Cn_2 是它们的电流接线柱，P_1 和 P_2、Pn_1 和 Pn_2 是它们的电位接线柱。接线时必须使被测电阻 R_x 连接在电位接线柱 P_1 和 P_2 之间，电流接线柱在电位接线柱的外侧，否则就不能排除和减少连接线的电阻与接触电阻对测量结果的影响。比较用可调电阻的电流接线柱 Cn_2 与被测电阻的电流接线柱 C_2 用电阻为 r 的粗导线连接起来。R_1、R_1'、R_2 和 R_2'是桥臂电阻，其阻值均在 10Ω 以上，在结构上把 R_1 和 R_1'以及 R_2 和 R_2'做成同轴调节电阻，以便改变 R_1 或 R_2'的同时，R_1'和 R_2'也会随之变化，并能始终保持

$$\frac{R_1'}{R_1}=\frac{R_2'}{R_2}$$

测量时接上 R_x，调节各桥臂电阻使电桥平衡。此时，因为 $I_g=0$，可得到被测电阻 R_x 为

$$R_x=\frac{R_2}{R_1}R_n$$

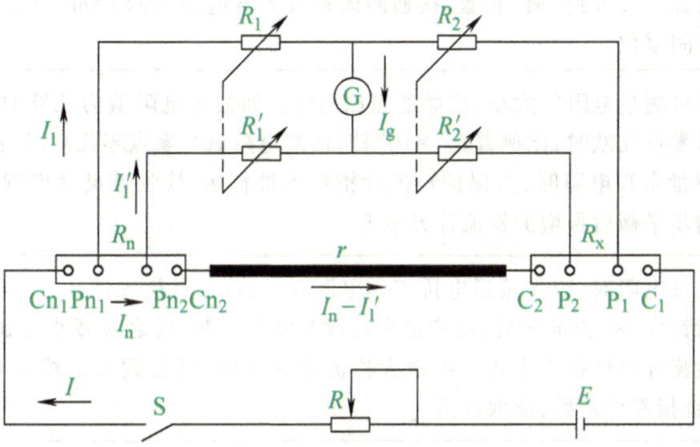

图 3-3-3　直流双臂电桥的工作原理电路

可见，被测电阻 R_x 仅与桥臂电阻 R_2 和 R_1 的比值及比较用可调电阻 R_n 对应，而与粗导线电阻 r 无关。比值 R_2/R_1 称为直流双臂电桥的倍率。

所以电桥平衡时有

$$被测电阻值=倍率读数\times比较用可调电阻读数$$

因此，为了保证测量的准确性，连接 R_x 和 R_n 电流接线柱的导线应尽量选用导电性能良好且短而粗的导线。

只要保证 $R_1'/R_1=R_2'/R_2$，以及保证 R_1、R_1'、R_2 和 R_2'均大于 10Ω，r 又很小，且接线正确，直流双臂电桥就可较好地消除或减小连接线的电阻与接触电阻的影响。因此，用直流双臂电桥测量小电阻时，能得到较准确的测量结果。

3. 直流双臂电桥的使用步骤

直流双臂电桥的使用步骤见表 3-3-1。

表 3-3-1　直流双臂电桥的使用步骤

序号	步骤	操作方法
1	准备	在外壳底部的电池盒内，装入 4~6 节 1.5V 一号电池和 3 节 6F22 电池，此时电桥就能正常工作。如用外接 1.5~2V 直流电源时，电池盒内的 1.5V 电池应预先全部取出
2	机械调零	将电桥放平，并进行机械调零
3	连接电阻	连接好被测电阻。被测电阻有电流接线柱和电位接线柱，要与电桥上相应的接线柱相连接。电位接线柱总是在电流接线柱内侧，两个电位接线柱之间的电阻就是被测电阻 如果被测电阻（如一根导线）没有电流接线柱和电位接线柱，则可以自行引出电流接线柱和电位接线柱，然后与电桥上相应的接线柱相连接

（续）

序号	步骤	操作方法
3	连接电阻	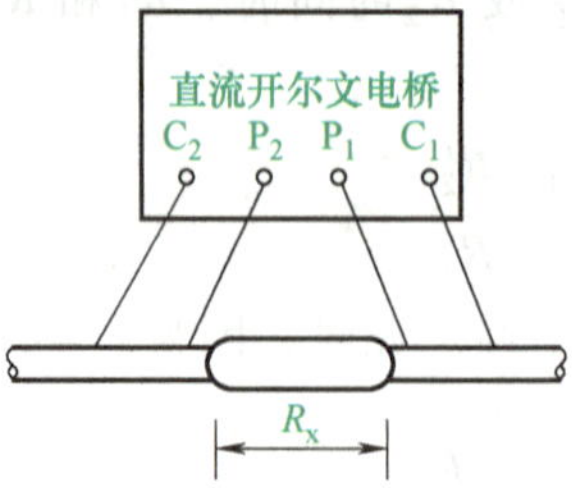 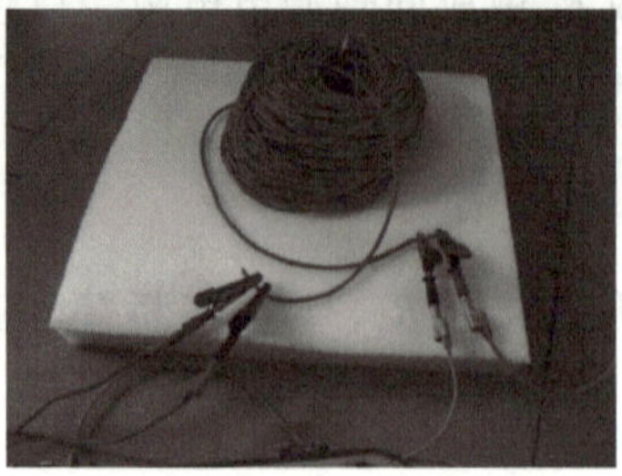
4	检流计调零	将电源开关扳到“通”位置，接通晶体管放大器电源，等待 5min 后，调节检流计调零旋钮，使指针指在中间零位
5	选择比例臂	估计被测量电阻值大小，选择适当比例臂。如估测电阻值为几欧时，比例臂选“×100”档；估测电阻值为零点几欧时，比例臂选“×10”档；估测电阻值为零点零几欧时，比例臂选“×1”档等 在测量未知电阻时，为保护检流计指针不被打坏，检流计灵敏度调节旋钮应放在最低位置，使用电桥初步平衡后再增加检流计灵敏度
6	测量	在测量电阻时，应先接通电桥工作电源开关，再接通检流计开关，观察检流计指针偏转情况，若检流计指针向“+”方向偏转，则应加大可调刻度盘读数，反之应减小可调刻度盘读数，如此反复调节，直至检流计指针指零为止。再增大检流计灵敏度，反复调节滑线电阻使指针指零，直到灵敏度最高，指针指零稳定后，读取数值
7	关闭电桥	电桥使用完毕后，先断开检流计开关，再断开电源开关，然后拆除被测电阻，最后锁上检流计锁扣
8	计算电阻值	被测电阻值=倍率数×(步进读数+滑线读数)

注意事项

1）在测电感电路的直流电阻时，应先接通电桥工作电源开关，再接通检流计开关，断开时，应先断开检流计开关，后断开电桥工作电源开关。严禁在检流计开关没有断开时，先断开电桥工作电源开关，以免由于被测设备存在大电感而瞬间感应出自感电动势对电桥反击，烧坏检流计。

2）测量 0.1Ω 以下阻值时，电桥工作电源应间歇使用。

3）在测量 0.1Ω 以下阻值时，C_1、P_1、P_2、C_2 接线柱到被测电阻之间的连接导线电阻应为 0.005~0.01Ω；测量其他阻值时，连接导线电阻可不大于 0.05Ω。

4）电桥使用完毕后，电桥工作电源与检流计开关应松开。电源开关应扳到“断”位置，避免浪费晶体管放大器电源。

5）如电桥长期搁置不用，应将电池取出。并且在接触处可能产生氧化，造成接触不良，为保证接触良好，应再涂上一个无酸性凡士林薄层，予以保护。

6）电桥应贮放在环境温度 5~45℃、相对湿度小于 30% 的条件下，室内空气中不应含有腐蚀仪器的气体和有害杂质。

7）仪器应保持清洁，并避免直接暴晒和剧烈振动。

8）仪器在使用中，如发现检流计灵敏度显著下降，可能是电池寿命已毕引起，应更换新的电池。

知识拓展

直流双臂电桥的应用

直流双臂电桥又称为开尔文电桥，1862 年，英国科学家威廉·汤姆逊在研究利用单臂电桥测量小电阻遇到困难时，发现引起测量产生较大误差的原因是连接线的电阻和连接点处的接触电阻。这些电阻值可能远大于待测电阻值。因此，他提出了一种双臂结构的电桥，被称为汤姆逊电桥，后因他晋封为开尔文勋爵，故又称开尔文电桥。

直流双臂电桥内置有检流计，并能内附工作电源，适宜工矿企业、科研单位的实验室及室内、车间现场或野外工作场所对直流小电阻做精确测量，是电线电缆行业规程指定产品，用于对金属棒、板料、电缆、导线等金属导体的电阻值的测定，对电流汇流排、金属壳体等焊接质量的检查，对低阻标准器、直流分流器、功率型电阻器等的校验和调整，对开关、电器、接触电阻的测定，对各类型电机、变压器绕组的直流电阻测量，电刷、开关的接触电阻的测量，以及用于升温试验等。

学习任务 3.4　绝缘电阻表的使用

任务目标

1）认识绝缘电阻表的结构。
2）理解绝缘电阻表的工作原理。
3）熟练使用绝缘电阻表测量绝缘电阻。

1. 认识绝缘电阻表

绝缘电阻表又称"兆欧表"，是专门用来检测电气设备、供电线路的绝缘电阻的一种便携式仪表。电气设备的绝缘性能关系到电气设备的正常运行和操作人员的人身安全。为了防止绝缘材料由于发热、受潮、污染、老化等原因造成的损坏，以及为便于检查修复后的设备绝缘性能是否达到规定的要求，都需要经常测量绝缘电阻。下面主要介绍绝缘电阻表的结构、工作原理和使用方法。

（1）认识绝缘电阻表　常见的绝缘电阻表有手摇式绝缘电阻表和数字式绝缘电阻表，如图 3-4-1 所示。

（2）认识绝缘电阻表的组成　绝缘电阻表虽然造型各异，但组成大致相似，图 3-4-2 所示为绝缘电阻表的组成。

2. 绝缘电阻表的工作原理

（1）内部结构　绝缘电阻表一般由手摇直流发电机、磁电系比率表以及测量线路组成。

a) 手摇式　　b) 数字式

图 3-4-1　常见的绝缘电阻表

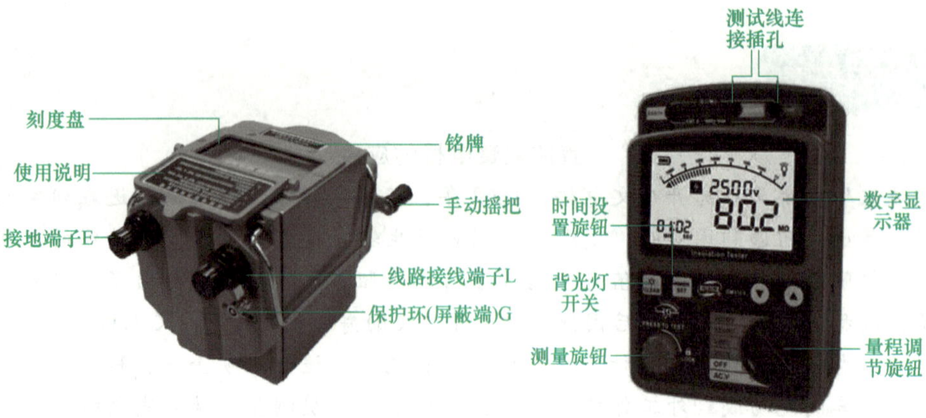

图 3-4-2　绝缘电阻表的组成

1）手摇直流发电机。手摇直流发电机一般由直流发电机、摇动手柄、传动齿轮等组成。这种发电机的容量很小，但在标准转速（120r/min）下会产生较高的电压。常见的电压等级有 100V、250V、500V、1000V、2500V 等。

2）磁电系比率表。一般由磁路部分、电路部分、指针等组成，其结构如图 3-4-3 所示。

磁路部分由永久磁铁、极掌、带缺口的圆柱形铁心等构成。电路部分由两个可动的线圈（称之为动圈）构成。两个动圈彼此相交成一固定夹角，连同指针固定在同一轴上。电流是通过导流丝导入动圈中的，两个动圈内部的电流方向相反。此外，动圈内是带缺口的圆柱形铁心，所以磁路气隙内的磁场是不均匀的。因此，磁电系比率表是一种特殊形式的磁电系测量机构。

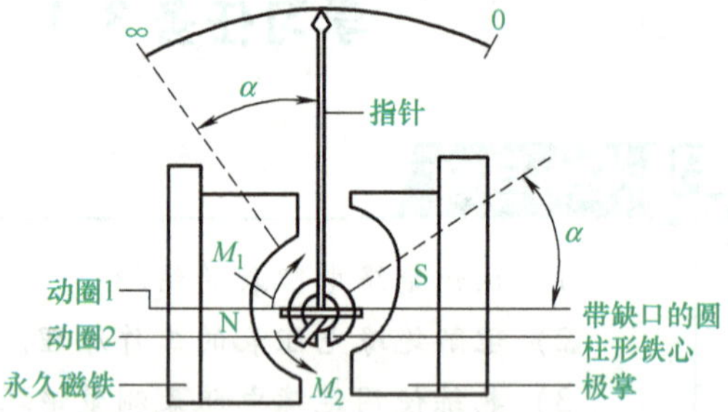

图 3-4-3　磁电系比率表的结构

测量时，磁电系比率表两个动圈中的电流（I_1、I_2）方向相反，产生两个方向相反的转动力矩，若 I_1 产生的为转动力矩，则 I_2 产生的为反作用力矩。当两个力矩平衡时，指针将停留在某一个位置上，相应的偏转角为 α。偏转角 α 的大小由两个动圈的电流之比决定，α 与测量电路中的电源电压无关。

（2）工作原理　绝缘电阻表的内部构造如图 3-4-4 所示。

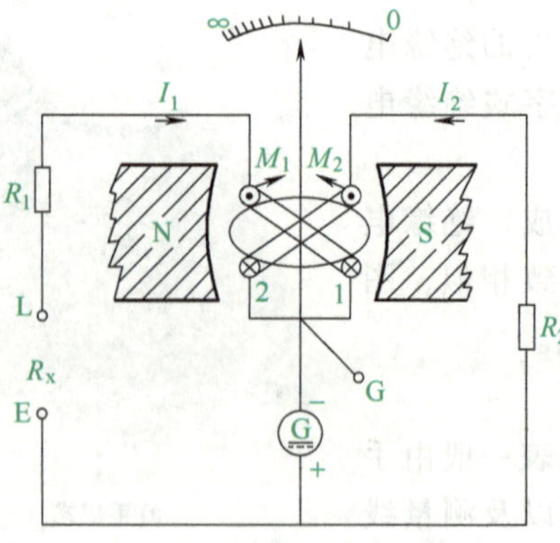

图 3-4-4　绝缘电阻表的内部构造

绝缘电阻测量

被测电阻 R_x 接在“L”与“E”接线端子之间。摇动直流发电机的手柄，发电机两端产生较高的直流电压，动圈 1 和动圈 2 同时通电。通过动圈 1 的电流 I_1 与气隙磁场相互作用产生转动力矩 M_1；通过动圈 2 的电流 I_2 与气隙磁场相互作用产生反作用力矩 M_2，M_1 与 M_2 方向相反。由于气隙磁场是不均匀的，所以转动力矩 M_1 不仅与动圈 1 的电流 I_1 成正比，而且还与动圈 1 所处的位置（用指针偏转角 α 表示）有关。绝缘电阻表指针的偏转角 α 只取决于两个动圈电流的比值，而与其他因素无关。所以绝缘电阻表能够克服手摇直流发电机电压不太稳定时会对仪表指针偏转角产生影响的缺点。由于 I_2 的大小一般不变，而 $I_1=\dfrac{U}{R_1+R_x}$，随被测电阻 R_x 的改变而变化，所以可动部分的偏转角 α 能直接反映被测绝缘电阻的数值。

1）由于绝缘电阻表没有游丝，不能产生用于复位的反作用力矩，所以绝缘电阻表在不工作时指针会停留在任意位置（即不定位），而不是回到零，这跟其他指针式仪表是有区别的。

2）当 $R_x \to 0$ 时，I_1 最大，绝缘电阻表的指针在转动力矩和反作用力矩的作用下偏转到最大位置，即“0”位置。当 $R_x \to \infty$ 时，$I_1 \to 0$，指针在反作用力矩的作用下偏转到最小位置，即“∞”位置。

3. 绝缘电阻表的使用

（1）绝缘电阻表的选择　绝缘电阻表的常用规格按额定电压分有 250V、500V、1000V、2500V 和 5000V 等。选用绝缘电阻表主要应考虑它的额定电压及其测量范围。若选择不当，会导致测量不准确，甚至损坏被测设备或线路。

选择绝缘电阻表的原则有两条，一是其额定电压一定要与被测设备或线路的工作电压相适应。二是绝缘电阻表的测量范围要与被测绝缘电阻的范围相符合，以免引起大的读数误差。

1）额定电压的选择。因为绝缘电阻表在使用时，实际加在绝缘电阻上的电压低于手摇直流发电机发出的电压，所以选用绝缘电阻表的电压范围时，绝缘电阻表电压应高于被测物的额定电压，并应不损坏被测物，这样才能测试出被测物是否能在额定电压下达到必要的绝缘电阻值。不同额定电压绝缘电阻表的使用范围见表 3-4-1。

表 3-4-1　不同额定电压绝缘电阻表的使用范围

被测物	被测物的额定电压/V	绝缘电阻表的电压/V
线圈的绝缘电阻	<500	500
	≥500	1000
发电机绕组的绝缘电阻	<380	1000
电力变压器、电动机绕组的绝缘电阻	≥500	1000~2500
电气设备绝缘	<500	500~1000
	≥500	2500
绝缘子、母线、刀开关	—	2500~5000

2）测量范围的选择　被测绝缘电阻的阻值与所选绝缘电阻表的测量范围不要相差太远，尽量避免读数时使用到表盘下限的或上限的刻度密集处，因为这些位置会使读数产生较大的误差。在常温（20℃）时，测量低电压电气设备绝缘一般可选用 0~200MΩ 的绝缘电阻表；测量高压电气设备或电缆绝缘，可选用 0~2000MΩ 的绝缘电阻表；测量特高压电气设备、电缆或瓷套管等，可选用 0~4000MΩ 或 0~10000MΩ 的绝缘电阻表。

注意事项

有些绝缘电阻表的下限读数不是从零开始，而是从 1MΩ 或 2MΩ 开始的，一般不应该用此种绝缘电阻表去测量很低的绝缘电阻，也特别不适合在空气潮湿的地方去测定低压设备的绝缘电阻，以免被测绝缘电阻值很低，以致读不出读数，或误认为被测绝缘电阻值为零而得出错误结论。

（2）绝缘电阻表的使用步骤。绝缘电阻表的使用步骤见表 3-4-2。

表 3-4-2 绝缘电阻表的使用步骤

序号	步骤	操作方法		图示
1	测量使用前的检查	开路试验	在绝缘电阻表未接通被测设备之前，摇动手柄使发电机达到 120r/min 的额定转速，观察指针是否指在“∞”的位置	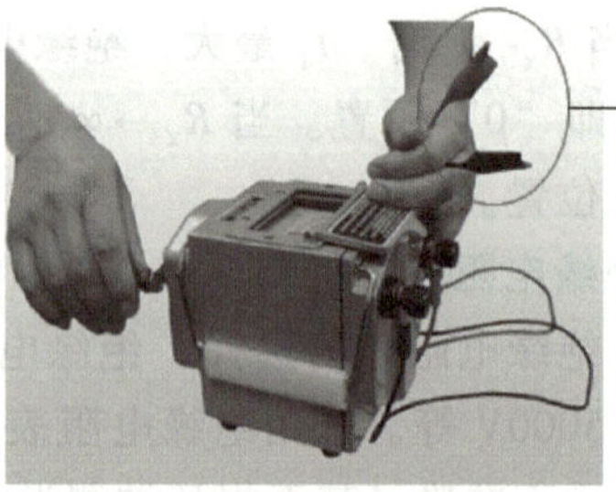
		短路试验	将端钮 L 和 E 短接，瞬间摇动手柄，观察指针是否指在“0”的位置	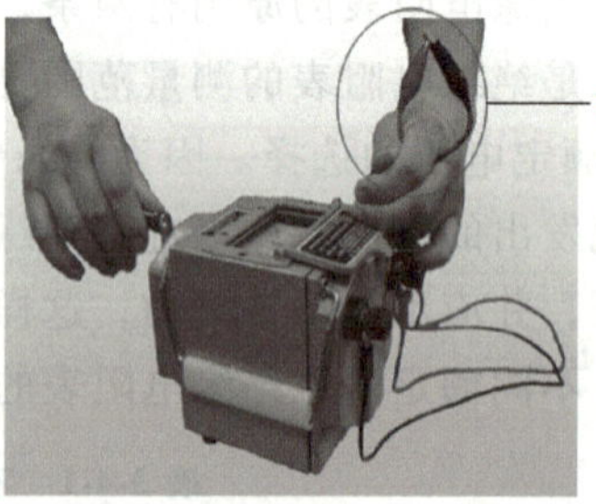
2	接线	接线必须正确无误，绝缘电阻表有三个接线柱，即 E（接地）、L（线路）和 G（称为保护环或屏蔽端子）。保护环的作用是消除外壳表面 L 与 E 接线柱间的漏电和被测绝缘物表面漏电的影响 测量电气设备对地绝缘电阻时，L 用单根导线接设备的被测部位，E 用单根导线接设备外壳		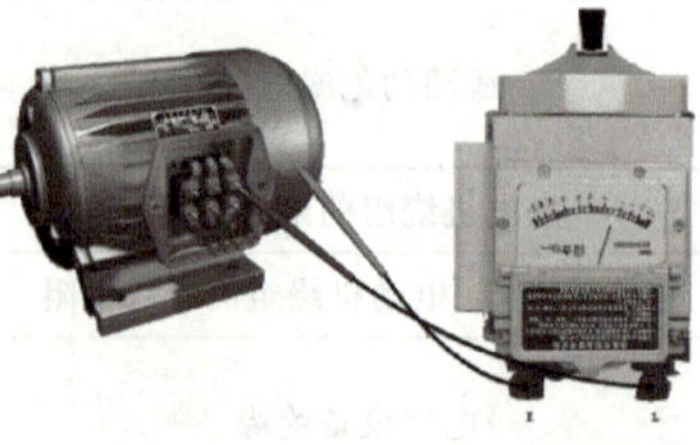
		测电气设备内两绕组之间的绝缘电阻时，应将 L 和 E 分别接两绕组的接线端		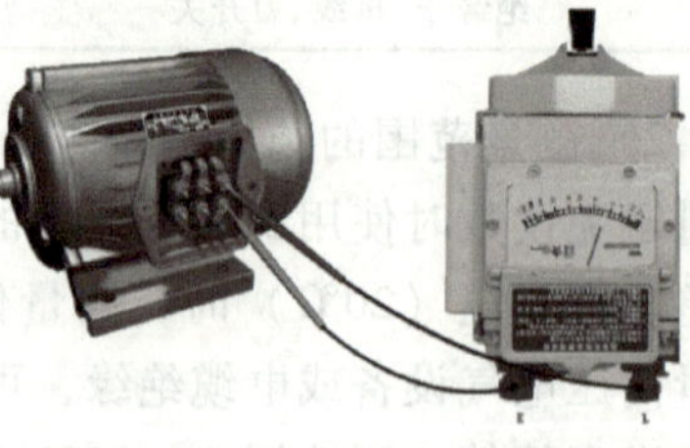

（续）

序号	步骤	操作方法	图　示
2	接线	当测量电缆的绝缘电阻时，为消除因表面漏电产生的误差，“L”接线芯，“E”接外壳，“G”接线芯与外壳之间的绝缘层。“L”“E”“G”与被测电缆的连接线必须用单根线，且应绝缘良好，不得绞合，表面也不得与被测物体接触	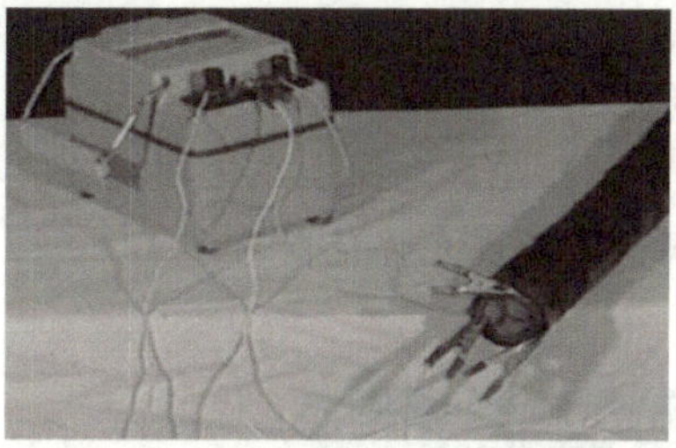
3	测量	摇动手柄的转速要均匀，一般规定为120r/min，允许有±20%的变化，最多不应超过±25%。通常都要摇动 1min 后，待指针稳定下来再读数。如被测电路中有电容时，先持续摇动一段时间，让绝缘电阻表对电容充电，指针稳定后再读数，测完后先拆去接线，再停止摇动。若测量中发现指针指零，应立即停止摇动手柄	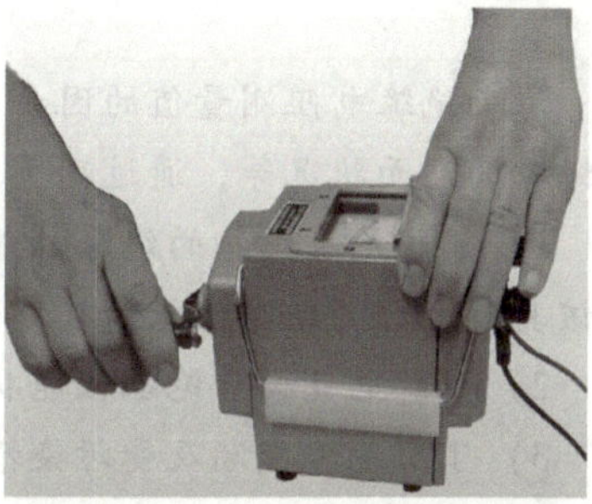
4	读数	正确读取被测绝缘电阻值大小。同时还应记录测量时的温度、湿度、被测设备的状况等，以便于分析测量结果	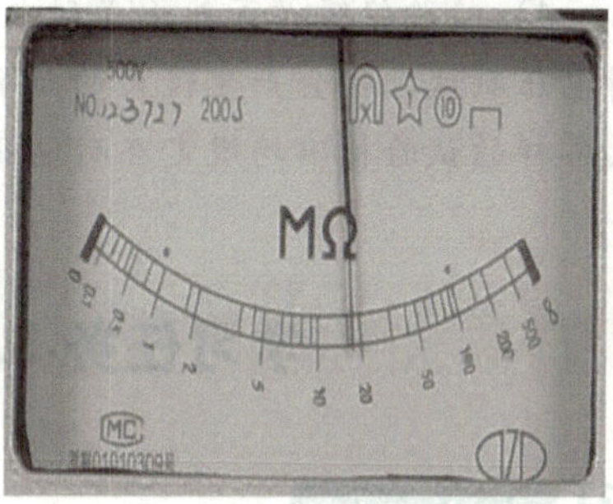
5	拆线	测量完毕，一面降低手柄转速，一面将被测设备对地短接放电，最后再停止绝缘电阻表的转动，设备充分放电后进行导线的拆除	

注意事项

1）在使用绝缘电阻表测量绝缘电阻之前，应检查被测电气设备和电路是否已全部切断电源。绝对不允许设备和线路带电时用绝缘电阻表去测量。

2）测量前，应对设备和线路先行放电，以免设备或线路的电容放电危及人身安全和损坏绝缘电阻表，这样还可以减少测量误差，同时注意将被测试点擦拭干净。

3）绝缘电阻表必须水平放置于平稳牢固的地方，以免在摇动时因抖动和倾斜产生测量误差。

4）禁止在有雷电时或附近有高压导体的设备上测量绝缘电阻。只有在设备不带电又不可能受其他电源感应而带电的情况下才可测量。

5）绝缘电阻表未停止转动以前，切勿用手去触及设备的测量部分或绝缘电阻表接线柱。拆线时也不可直接去触及引线的裸露部分。

6）测量读数后，应先将被测物对地放电后再拆接线，以避免遭受被测物内的剩余电荷电击。

7）绝缘电阻表应定期校验。校验方法是直接测量有确定值的标准电阻，检查其测量误差是否在允许范围内。

知识拓展

测量绝缘电阻的目的

影响绝缘电阻测量值的因素有温度、湿度、测量电压、作用时间、绕组中残存电荷和绝缘的表面状况等，通过测量电气设备的绝缘电阻，可以达到如下目的：

1）了解绝缘结构的绝缘性能。由优质绝缘材料组成的合理的绝缘结构或绝缘系统，应该具有良好的绝缘性能和较高的绝缘电阻值。

2）了解电气设备绝缘性能状况。电气设备绝缘处理不佳，其绝缘性能将明显下降。

3）了解绝缘受潮及受污染情况。当电气设备的绝缘受潮及受污染后，其绝缘电阻通常会明显下降。

4）检验绝缘是否能承受耐电压试验。若在电气设备的绝缘电阻低于某一限值时进行耐电压测试，将会产生较大的试验电流，造成热击穿而损坏电气设备的绝缘。因此，各式各样的试验标准均规定在耐电压试验前，先测量绝缘电阻。

学习任务 3.5　接地电阻测量仪的使用

任务目标

1）认识接地电阻测量仪的结构。

2）理解接地电阻测量仪的工作原理。

3）熟练使用接地电阻测量仪测量电阻。

接地电阻测量仪是一种专门用于测量各种接地装置的接地电阻值的仪表，常用于电力、邮电、铁路、通信、矿山等部门测量各种装置的接地电阻以及测量低电阻导体的电阻值，还可以测量土壤电阻率及地电压。

接地体安装

所谓接地，就是把电气设备和装置的某些部分通过接地装置与大地进行可靠的连接。接地装置包括接地线和接地体，接地体是埋入大地中的金属导体，接地线是连接电气设备和接地体的导线。接地电阻包括接地线电阻、接地体的电阻、接地体与土壤之间的接触电阻和接地体与大地零电位点之间的土壤电阻。

为了保证电气设备正常运行和人身安全，接地电阻必须符合一定的技术要求，这就需要使用接地电阻测量仪对接地电阻进行测量。下面主要介绍接地电阻测量仪的结构、工作原理和使用方法。

1. 认识接地电阻测量仪

（1）认识接地电阻测量仪　常用的接地电阻测量仪有指针式接地电阻测量仪和数字式接地电阻测量仪，如图 3-5-1 所示。

a) 指针式接地电阻测量仪

b) 数字式接地电阻测量仪

图 3-5-1　常用的接地电阻测量仪

（2）认识接地电阻测量仪的结构　接地电阻测量仪主要由手摇交流发电机、电流互感器、电位器以及检流计组成。其附件有两根接地探针（其中 P′叫电位探针，C′叫电流探针）和三根连接线（长 5m 的一根用于连接被测接地极，长 20m 的一根用于连接电位探针，长 40m 的一根用于连接电流探针）。图 3-5-2 所示为 ZC-8 型接地电阻测量仪的结构和附件。

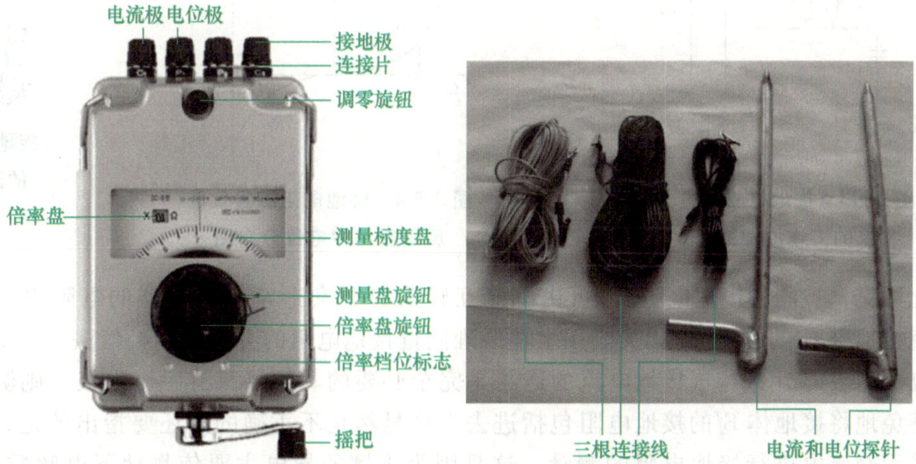

图 3-5-2　ZC-8 型接地电阻测量仪的结构和附件

2. 接地电阻测量仪的工作原理

ZC-8 型接地电阻测量仪是按补偿法的原理制成的。内附手摇交流发电机作为电源，其工作原理如图 3-5-3 所示。TA 是电流互感器，F 是手摇交流发电机，Z 是机械整流器或相敏整流放大器，S 是量程转换开关，G 是检流计，R_S 是电位器。该表具有 3 个接地端子，它们分别是接地端子 E（E 端子是由电位辅助端子 P_2 和电流辅助端子 C_2 在仪表内部短接而成）、电位端子 P_1 以及电流端子 C_1。各端子分别按规定的距离通过探针插入地中，测量接于 E、P 两端子之间的土壤电阻。为了扩大量程，电路中接有两组不同的分流电阻 $R_1 \sim R_3$ 以及 $R_5 \sim R_8$，用以实现对电流互感器的二次电流 I_2 以及检流计支路的三档分流。分流电阻的切换利用量程转换开关 S 完成，对应于转换开关有三个档位，它们分别是 0~1Ω、1~10Ω 和 10~100Ω。

将图 3-5-3 所示的线路进行简化，画成实际测量时的原理图，如图 3-5-4 所示，图中 E′为接地体，P′为电位接地极，C′为电流接地极，它们各自连接 E、P_1、C_1 端子，P′和 C′分别插入距离接地体 20m 和 40m 的土壤中。假设手摇交流发电机 F 在某一时刻输出交流电，其左端为高电位，则此刻电流经电流互感器的一次侧→端子 E→接地体 E′→大地→电流接地极 C′→端子 C_1，再回到手摇交流发电机右端，构成一个闭合回路。在 E′的接地电阻 R_x 上形成的电压降为 IR_x，电压降 IR_x 随着与 E'距离的增加而急剧下降，在 P′处降为零。同样，P′和 C′之间也会产生电压降，其值为 IR_C，电位分布如图 3-5-4 所示。电流互感器的二次电流为 KI（K 是互感器的电流比 I_2/I_1），该电流经过电位器 S 点的压降为 KIR_S。借助调节电位器的活动触点 W，使检流计指示为零，此时，P′、S 两点间的电压为零，即

$$IR_x = KIR_S$$

$$R_x = KR_S$$

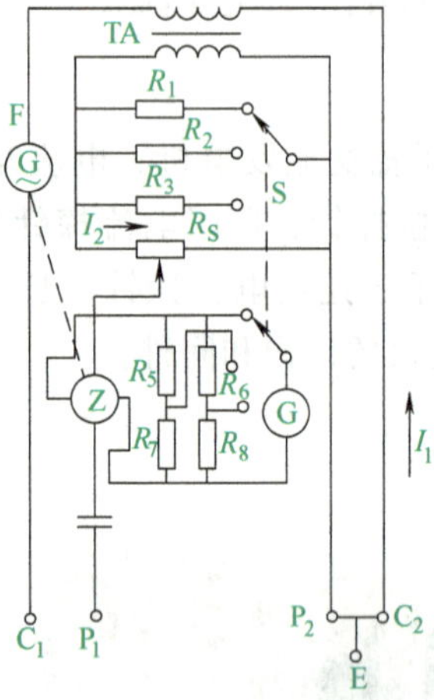

图 3-5-3　接地电阻测量仪的工作原理图

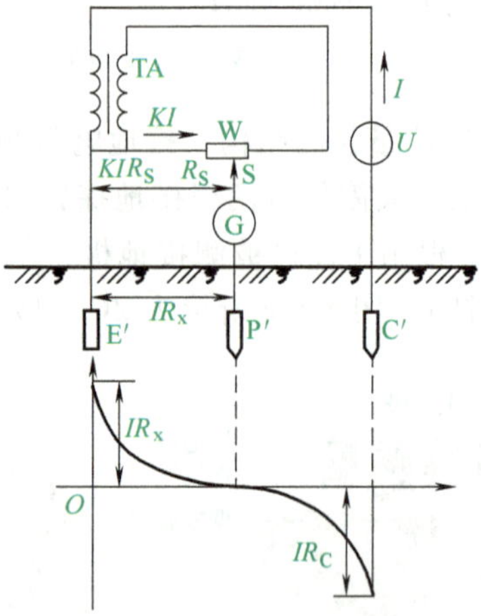

图 3-5-4　接地电阻测量仪的原理电路和电位分布图

接地电阻的测量

由此可见，被测的接地电阻 R_x 可由电流互感器的电流比 K 和电位器的电阻 R_S 所决定，而与电流接地极 C′的电阻 R_C 无关。用上述原理测量接地电阻的方法称为补偿法。需要指出的是，电流接地极 C′用来构成接地电流的通路是完全必要的。如果只有一个电极，则测量结果将不可避免地将接地体 E′的接地电阻包括进去，这显然是不正确的。还要指出的是，人们一般都是采用交流电进行接地电阻的测量，这是因为土壤的导电主要依靠地下电解质的作用，如果采用直流电就会引起化学极化作用，以致严重地歪曲测量结果。

3. 接地电阻测量仪的使用步骤

接地电阻测量仪的使用步骤见表 3-5-1。

表 3-5-1　接地电阻测量仪的使用步骤

序号	步骤	操作方法
1	测量前的准备	1）使用前先将设备与接地线断开，将仪表放平，然后进行机械调零 2）将接线处打磨光滑，去掉锈蚀 3）对仪表进行短路试验：E、P_1、C_1 端子短路，摇动手柄，调整调零旋钮使指针指零 4）测量接地电阻，应选择在土壤电导率最低且干燥的时期

（续）

序号	步骤	操作方法	
2	接线	将两根探针分别插入地中，电位探针 P′插在距被测接地装置 E′不小于 20m 处，电流探针 C′插在距被测接地装置 E′不小于 40m 处，三者成一直线 再用导线将 E′、P′、C′连接在仪器的相应 E、P_1、C_1 端子上。两根探针都需垂直插入地下 400mm 以上	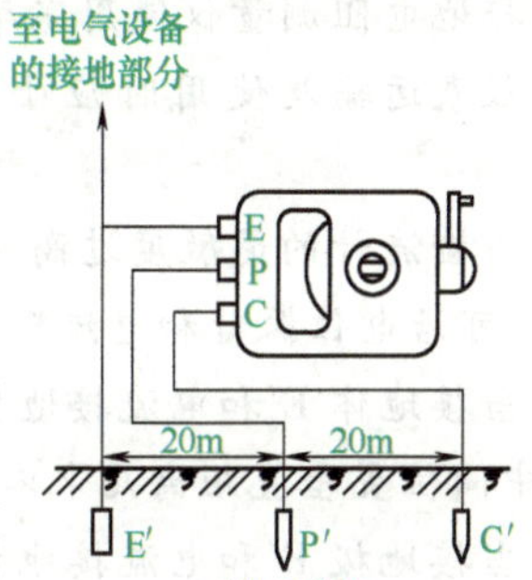 三端子接线 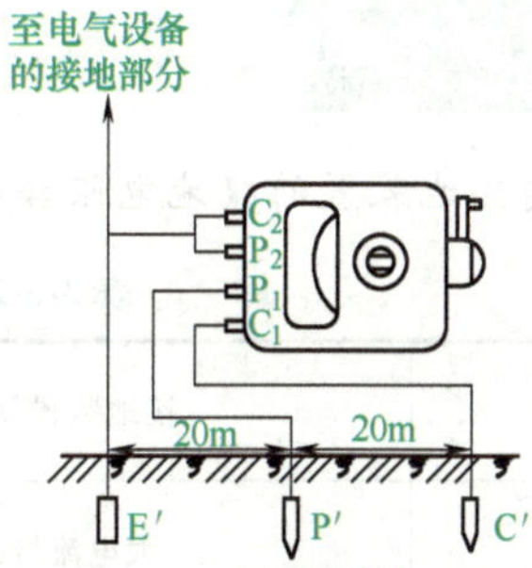 四端子接线 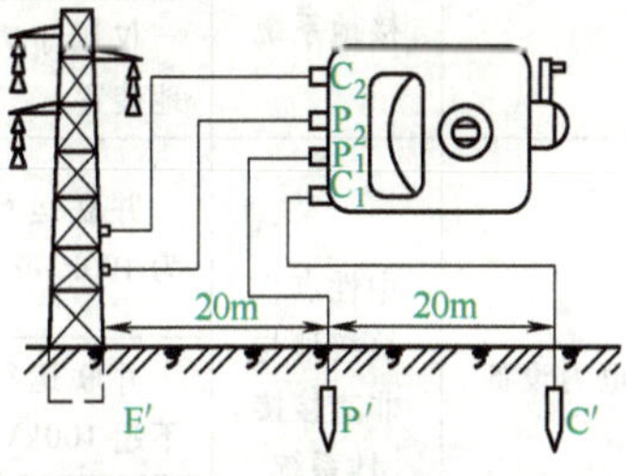 小电阻的接线
3	测量	将接地电阻测量仪的倍率旋钮置于最大倍数位置，一面缓慢转动手柄，一面调节测量标度盘，使检流计的指针接近中心红线位置，当检流计接近平衡时，再加快发电机手柄的转速使之达到 120r/min，使检流计指针居中，稳定地指在中心红线位置；这时，用测量标度盘（表头）的读数乘以倍率旋钮的定位倍数，即为接地装置的接地电阻值	
4	读数	接地电阻=倍率×表头读数 例如，粗调档位旋钮的定位倍数是 10，表头上的读数为 0.4，所测接地装置的接地电阻即为 $0.4\times10\Omega=4\Omega$	
5	拆线	测量完毕后，将探针拔出后擦干净，导线整理好以便下次使用，并将接地线与接地体重新连接好	

注意事项

1）接地电阻测量仪使用完毕后，应将仪表存放于干燥、避光、无振动的场合。

2）仪表运输及使用时应小心轻放，避免振动，以防轴尖的宝石轴承受损而影响指示。

3）当检流计的灵敏度过高时，可将电位探针插入土壤中浅一些。当检流计的灵敏度不够时，可沿电位探针和电流探针注水湿润。

4）当接地体 E′和电流接地极 C′之间距离大于 40m 时，电位接地极 P′的位置可插在 E′与 C′中间位置垂直距离几米以外，其测量误差可忽略不计。

5）当接地极 E′和电流接地极 C′之间距离小于 40m 时，则应将电位接地极 P′插于 E′与 C′的直线中间位置。

知识拓展

各类接地装置的接地电阻合格值见表 3-5-2。

表 3-5-2　各类接地装置的接地电阻合格值

<table>
<tr><th>种类</th><th colspan="2">接地装置使用条件</th><th>接地电阻/Ω</th><th>备注</th></tr>
<tr><td rowspan="3">1kV 及以上的电力设备</td><td colspan="2">大电流接地系统</td><td>0.5</td><td>一般应符合 $R \le 2000/I$，当 $I >$ 4000A 时，可采用 $R \le 0.5\Omega$</td></tr>
<tr><td rowspan="2">小电流接地系统</td><td>高、低压电气设备共用的接地装置</td><td>4</td><td>$R \le 120/I$</td></tr>
<tr><td>仅用于高压电气设备的接地装置</td><td>10</td><td>$R \le 250/I$</td></tr>
<tr><td rowspan="3">低压电力设备</td><td rowspan="3">中性点直接接地与非直接接地系统</td><td>并联运行电气设备的总量为 100kV · A 时</td><td>4</td><td>在采用保护接零的低压电力网中，指的是变压器的接地电阻，而用电设备只进行接零，不进行接地</td></tr>
<tr><td>并联运行电气设备的总量不超 100kV · A 时</td><td>10</td><td rowspan="2">在电力设备接地装置的接地电阻允许达到 10Ω 的低压电力网中，每一重复接地装置的接地电阻不应超过 30Ω，但重复接地不应小于 3 处</td></tr>
<tr><td>配电线路中性线每一重复接地装置</td><td>10</td></tr>
</table>

项目小结

1）直流单臂电桥又称惠斯通电桥，是一种专门用来测量电阻的精密测量仪器。

2）使用直流单臂电桥测量电阻时，先接通电源开关，再接通检流计开关，测量完成，先断开检流计开关，再断开电源开关。

3）直流双臂电桥又称开尔文电桥可以消除连接线的电阻和接触电阻的影响，是一种专门用来测量小电阻的电桥。

4）绝缘电阻表是专门用来检测电气设备、供电线路的绝缘电阻的一种便携式仪表。

5）绝缘电阻表一般由手摇直流发电机、磁电系比率表以及测量线路组成。

6）选择绝缘电阻表时，一是其额定电压一定要与被测电气设备或线路的工作电压相适应。二是绝缘电阻表的测量范围要与被测绝缘电阻的范围相符合，以免引起大的读数误差。

7）接地电阻测量仪是一种专门用于直接测量各种接地装置的接地电阻值的仪表。

8）接地电阻测量仪主要由手摇交流发电机、电流互感器、电位器以及检流计组成。

项目4 电功率的测量

知识目标

1）掌握电动系测量机构的构造，深刻理解电动系测量机构的工作原理。

2）了解电动系仪表的特点、电动系功率表的结构及工作原理。

3）掌握单相有功功率、单相无功功率、三相有功功率、三相无功功率的测量方法。

能力目标

1）能使用电动系仪表测量。

2）能学会使用功率表，并能随时进行维护。

3）能熟练使用单相功率表和三相功率表。

素养目标

1）具有良好的人际交往与团队协作能力。

2）具备企业安全意识、创新意识、质量意识和服务意识。

项目导入

电动系仪表是一种交、直流两用仪表，其准确度较高，频率范围宽，除能测量电流、电压外，还能测量功率、功率因数等。下面就来介绍电动系功率表的结构及使用方法。

学习任务4.1 电动系仪表的使用

任务目标

1）熟悉电动系测量机构的组成和工作原理。

2）理解电动系仪表的结构和特点。

3）掌握电动系仪表的使用方法。

1. 认识电动系测量机构

(1) 结构　电动系仪表的核心是电动系测量机构。电动系测量机构主要由固定线圈（简称定圈）和可动线圈（简称动圈）组成，定圈分为两部分，平行排列，这样使得定圈产生的磁场比较均匀；动圈与转轴固定连接，一起放置在定圈的两部分之间。其结构如图 4-1-1 所示。

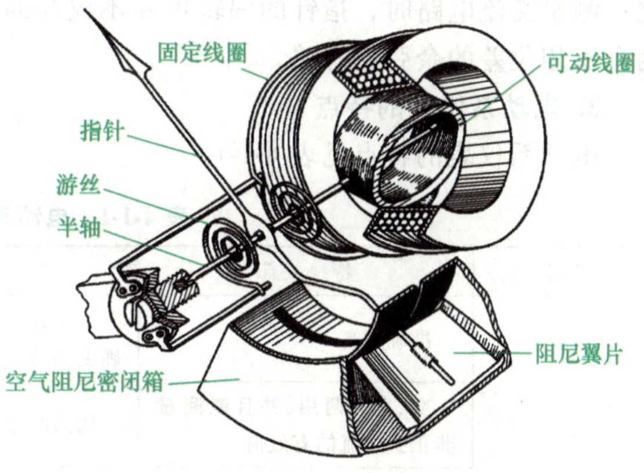

图 4-1-1　电动系测量机构的结构

电动系测量机构的反作用力矩由游丝产生，阻尼力矩由空气阻尼器产生。

(2) 工作原理　电动系测量机构是利用两个通电线圈之间会产生电动力作用的原理制成的，如图 4-1-2 所示。

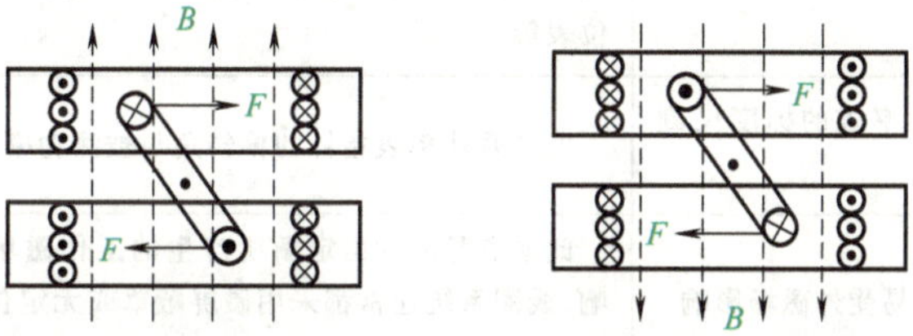

a) 动圈在定圈磁场中受到电磁力的作用产生转动力矩　b) 两线圈中电流方向同时改变后动圈受力方向不变

图 4-1-2　电动系测量机构的工作原理图

当定圈中通过电流 I_1 时，将产生磁场 B。同时动圈中通过电流 I_2，动圈中的电流受到定圈产生的磁场的作用，产生转动力矩，就会带动可动部分发生偏转。

转动力矩 M 与电流 I_1 和 I_2 的乘积成正比，即

$$M \propto I_1 I_2$$

当用于交流电路的测量时，转动力矩 M 不仅与电流 I_1 和 I_2 的乘积有关，还与定圈中电流 I_1 与动圈中电流 I_2 之间的相位差的余弦值有关。即

$$M \propto I_1 I_2 \cos\varphi$$

式中，I_1、I_2 分别为定圈、动圈中电流的有效值；φ 为定圈中电流 I_1 与动圈中电流 I_2 之间的相位差。

当可动部分达到平衡位置时，此时偏转角为 α，游丝反作用力矩为

$$M_f = D\alpha$$

式中，D 为反作用系数。

根据 $M_f = M$，当用于直流电路的测量时有

$$\alpha \propto I_1 I_2$$

当用于交流电路的测量时有

$$\alpha \propto I_1 I_2 \cos\varphi$$

由此可知，电动系测量机构测量直流电路时，指针的偏转角 α 与线圈中电流的乘积成正

比；测量交流电路时，指针的偏转角 α 不仅与通过两个线圈电流的有效值 I_1 和 I_2 有关，还与两电流相位差的余弦值有关。

2. 电动系仪表的特点

电动系仪表的特点见表 4-1-1。

表 4-1-1 电动系仪表的特点

项目	特点	原因
优点	准确度高	由于这种仪表内没有铁磁物质，不存在磁滞误差，故较电磁系仪表准确度高，可达 0.1 级
	交、直流两用，并且能测量非正弦电流的有效值	通入两个线圈的电流同时改变方向时，其转动力矩的方向不变
	能构成多种仪表测量多种参数	将测量机构中的定圈和动圈串联起来，由于此时 $I_1=I_2=I$，$\varphi=0$，故有 $\alpha=KI^2$，在标度尺上按电流刻度，就得到电动系仪表。如将定圈和动圈与分压电阻串联，当分压电阻一定时，$\alpha=KU^2$，然后在标度尺上按电压刻度，就得到电动系电压表。另外，还能组成电动系功率表、电动系相位表等
	电动系功率表的标度尺刻度均匀	电动系功率表指针的偏转角与被测功率成正比
缺点	仪表读数易受外磁场影响	此缺点是因为由定圈所产生的工作磁场很弱，为了消除外磁场的影响，线圈系统通常都采用磁屏蔽罩或无定位结构，也可直接采用铁磁电动系测量机构
	本身消耗功率大	这是因为仪表内的磁场完全由通电线圈产生
	过载能力小	由于动圈的电流要经过游丝，如果电流太大，游丝易失去弹性或烧断
	电动系电流表、电压表的标度尺刻度不均匀	这是由于其指针偏转角与被测电流或电压的二次方成正比，电动系电流表、电压表的标度尺刻度具有二次方律的特性

知识拓展

1. 铁磁电动系仪表

铁磁电动系仪表是由铁磁材料构成定圈磁路的机械式指示电表。除磁路外，铁磁电动系仪表的工作原理与电动系仪表相同；测量机构（见图 4-1-3）的磁路与磁电系仪表相似，只是永久磁铁被绕有线圈（定圈）的电磁铁所取代。

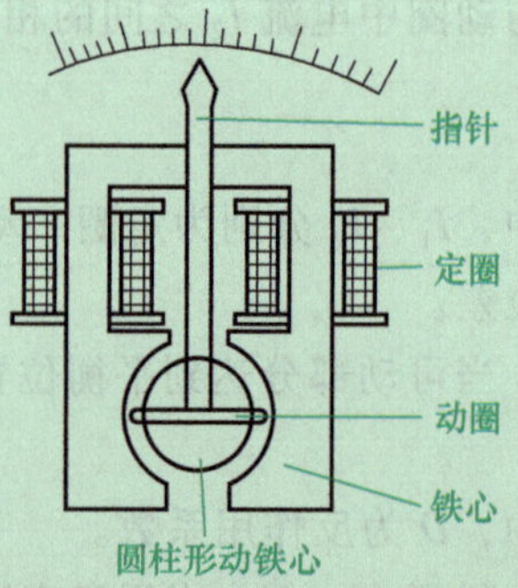

图 4-1-3 铁磁电动系测量机构

电磁铁的铁心通常用硅钢片叠成，以减小用于交流情况下的铁损耗。测量机构的定圈也可以绕在动圈内的铁心上。铁磁电动系仪表与电动系仪表的特性和用途相同，而且由于在磁路中引入铁磁材料，因此漏磁少，磁通利用率高，可加大转动力矩，且外磁场影响小。磁路如采用坡莫合金冲片，可制成精密电表。

2. 电动系电流表和电压表

（1）电动系电流表　图 4-1-4 所示为最简单的电动系电流表原理。电流表指针的偏转

角正比于被测电路的二次方，即

$$\alpha \propto I^2$$

所以，电动系电流表标度尺的刻度具有二次方规律，其起始部分刻度较密，而靠近最大量程的部分刻度较疏。电动系电流表通常做成双量程的便携式仪表。

(2) 电动系电压表　图4-1-5所示为最简单的电动系电压表原理。当附加电阻一定时，通过测量机构的电流与仪表两端的电压成正比。电动系电压表通常做成多量程的便携式仪表。

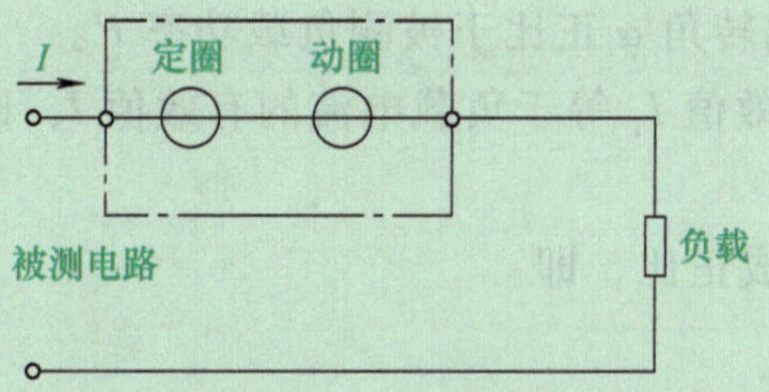

图4-1-4　电动系电流表原理图

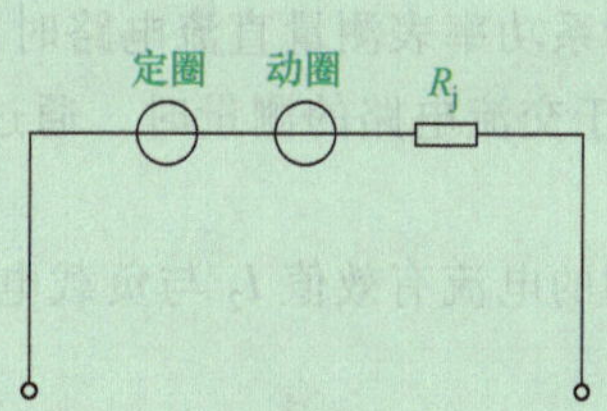

图4-1-5　电动系电压表原理图

学习任务4.2　电动系功率表的使用

任务目标

1) 理解单相电动系功率表的组成和工作原理。
2) 熟练使用单相电动系功率表测量功率。

要测量功率，在直流电路中应能反映被测电路电压和电流的乘积，在交流电路中除了应能反映这个乘积外，还应能反映被测电路的功率因数 λ。电动系测量机构能够满足上述要求，所以现在大多数的功率表为电动系功率表。

1. 认识电动系功率表

(1) 结构　电动系功率表由电动系测量机构和分压电阻组成，如图4-2-1所示。

将匝数少、导线粗的定圈与负载串联，则通过定圈的电流等于负载电流，因此，定圈又称为功率表的电流线圈。而匝数多、导线细的动圈与分压电阻 R_j 串联后再与负载并联，加在该支路两端的电压等于负载电压，所以动圈又称为功率表的电压线圈。电动系功率表图形符号如图4-2-2所示。

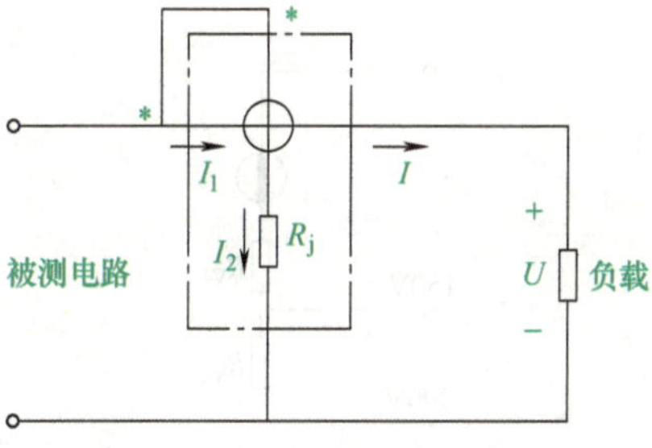

图4-2-1　电动系功率表电路图

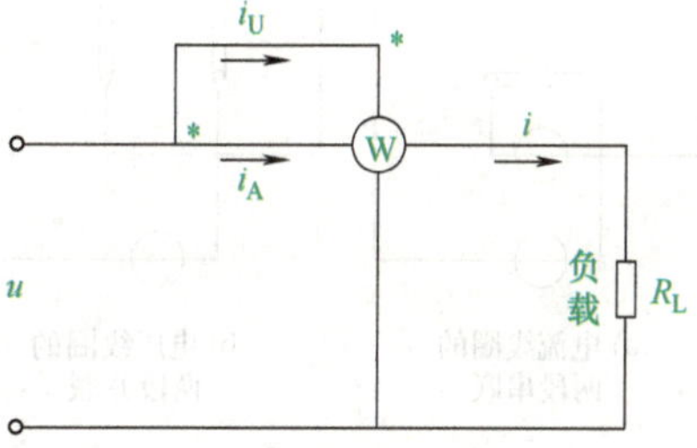

图4-2-2　电动系功率表图形符号

（2）工作原理

1）用于直流电路的测量时，通过定圈电流的 I_1 与被测电路的电流 I 相等，即

$$I_1 = I$$

而动圈中的电流 I_2 可由欧姆定律确定，即

$$I_2 = \frac{U}{R_2}$$

对于一个已制成的功率表来说，R_2是一个常数，由于 $M \propto I_1 I_2$，可以得出

$$\alpha \propto UI = P$$

即电动系功率表测量直流电路时，可动部分的偏转角 α 正比于被测负载功率 P。

2）用于交流电路的测量时，通过定圈电流的有效值 I_1 等于负载电流的有效值 I，即

$$I_1 = I$$

而通过动圈的电流有效值 I_2 与负载电压的有效值 U 成正比，即

$$I_2 = \frac{U}{Z_2}$$

式中，Z_2 为电压支路的复阻抗。

由于电压支路中附加电阻 R_j的阻值总是比较大，在工作频率不太高时，动圈的感抗相比之下可以忽略不计。

由于 $\alpha \propto I_1 I_2 \cos\varphi$ 可以得出

$$\alpha \propto UI\cos\varphi = P$$

即电动系功率表测量交流电路时，可动部分的偏转角 α 正比于被测负载功率 P。虽然这一结论是在正弦交流电路的情况下得出的，但它对非正弦交流电路同样适用。

（3）电动系功率表的量程及扩大　便携式电动系功率表通常是多量程的，一般有两个电流量程和两个或三个电压量程。功率量程主要由电流量程和电压量程来决定。所以，扩大功率量程要通过扩大电流量程和电压量程来实现。

1）电流量程的扩大可由电流线圈的两个完全相同的绕组采用串联或并联的方法来实现，如图 4-2-3 所示。当金属片按照图 4-2-3a 所示连接时，两段线圈串联，电流量程为 I_m；当金属片按照图 4-2-3b 所示连接时，两段线圈并联，电流量程为 $2I_m$。电动系功率表的电流量程是可以成倍改变的。

2）电压量程的扩大可利用与电压线圈串联不同阻值分压电阻的方法来实现，如图 4-2-4 所示。

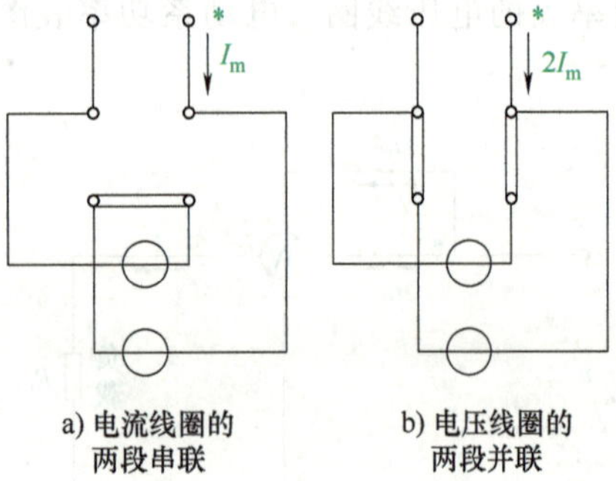

图 4-2-3　用金属片改变电动系功率表的电流量程

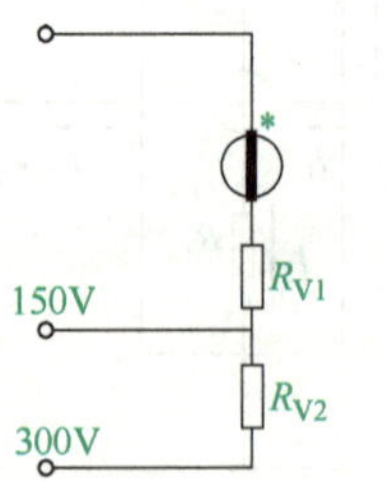

图 4-2-4　电动系功率表电压量程的扩大

2. 认识 D26-W 型单相电动系功率表

（1）面板结构　D26-W 型单相电动系功率表是一种便携式仪表，如图 4-2-5 所示，它可测量直流及交流（50Hz）电路中的电流、电压和有功功率。

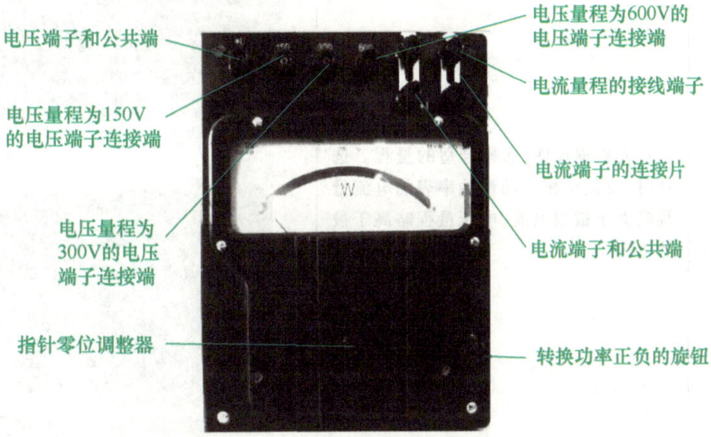

图 4-2-5　D26-W 型单相电动系功率表

（2）表盘与刻度　D26-W 型单相电动系功率表的表盘与刻度如图 4-2-6 所示。

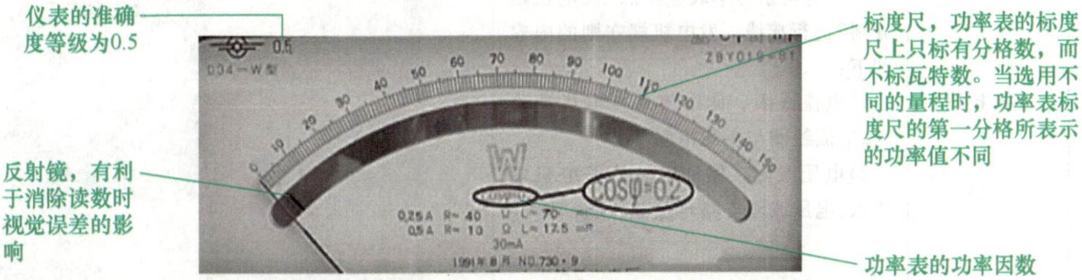

图 4-2-6　D26-W 型单相电动系功率表的表盘与刻度

3. D26-W 型单相电动系功率表的使用步骤

（1）使用步骤　单相电动系功率表的使用步骤见表 4-2-1。

表 4-2-1　单相电动系功率表的使用步骤

序号	步骤	操作方法	图　示
1	机械调零	测量前，先检查指针是否指零，当指针偏离零刻度线时，用螺钉旋具轻轻旋转零位调节器使之指向零刻度线	

（续）

序号	步骤	操作方法	图　示
2	选择量程	首先根据预估，选择合适的量程。选择时，要使单相电动系功率表的电流量程略大于被测电流，电压量程略高于被测电压	
3	正确接线	单相电动系功率表应按照“发电机端守则”进行接线。发电机端守则的内容如下： 1）电流线圈。使电流从发电机端流入，电流线圈与负载串联 2）电压线圈。保证电流从发电机端流入，电压线圈支路与负载并联	
4	读数	1）分格常数 C。每一分格所表示的瓦特数，即 $C=\frac{U_N I_N}{a_m}$ 式中，U_N 为功率表的电压量程；I_N 为功率表的电流量程；a_m 为功率表标度尺满刻度的格数 2）被测功率为 $P=Ca$ 式中，a 为指针偏转的格数	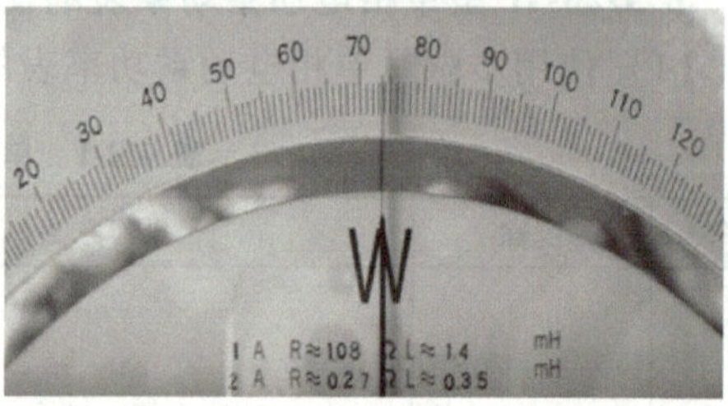

若电压量程为 300V，电流量程为 1A，则功率量程为

$$P_N=1\times300\text{W}=300\text{W}$$

若电压量程为 300V，电流量程为 1A，标度尺满刻度格数为 150 格，用它测量负载消耗的功率时，指针偏转了 74 格，此时想求负载消耗的实际功率，应先求功率表的分格常数，即

$$C=\frac{U_N I_N}{a_m}=\frac{300\times1}{150}\text{W/格}=2\text{W/格}$$

被测功率为

$$P = Ca = 2\times74\text{W} = 148\text{W}$$

（2）注意事项　单相电动系功率表按照“发电机端守则”接线，为了保证单相电动系功率表本身对测量结果的影响更小，所以接线方式有以下两种：

1）电压线圈前接方式（见图 4-2-7）。由于电压线圈接在电流线圈的前面，所以单相电动系功率表电压支路两端的电压就等于负载电压加上电流线圈的电压，所以单相电动系功率表的读数中增加了电流线圈的损耗，这就产生了测量误差。只有负载电阻比单相电动系功率表电流线圈电阻大得多时，测量结果才准确。所以，这种接线方式适用于负载电阻比单相电动系功率表电流线圈电阻大得多的情况。

2）电压线圈后接方式（见图 4-2-8）。由于电流线圈接在电压线圈支路的前面，所以通过电流线圈的电流就包括了负载电流和电压支路的电流，这样单相电动系功率表的读数中增加了电压线圈支路的功率损耗。只有负载电阻比单相电动系功率表电压线圈支路电阻小得多时，测量结果才准确。因此，这种接线方式适用于负载电阻比单相电动系功率表电压线圈支路电阻小得多的情况。

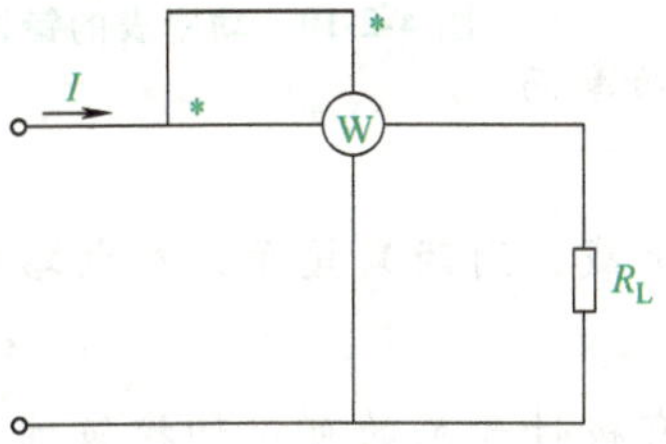

图 4-2-7　电压线圈前接方式

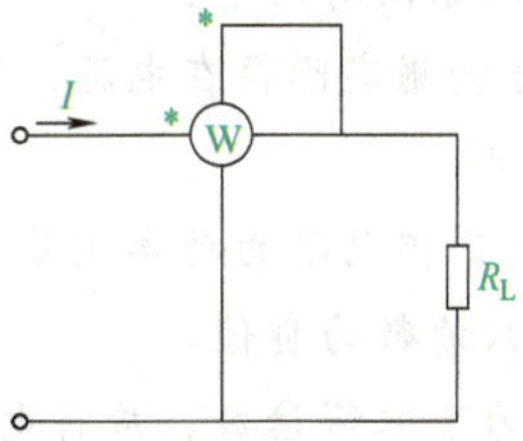

图 4-2-8　电压线圈后接方式

为保证单相电动系功率表安全可靠地运行，常将电流表、电压表与单相电动系功率表联合使用，如图 4-2-9 所示。

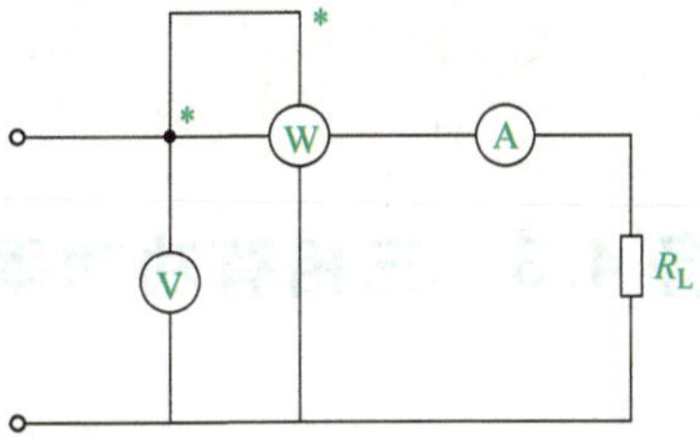

图 4-2-9　单相电动系功率表与电流表、电压表联合使用

小提示

不论采用电压线圈前接方式还是电压线圈后接方式，其目的都是为了尽量减小测量误差，使测量结果更为准确。尽管如此，功率表的读数误差仍会由于仪表内部损耗的影响而有所增大。在一般工程测量中，被测功率要比仪表本身损耗大得多，因此，仪表内部功率损耗对测量结果的影响可以不予以考虑。此时，由于功率表电流线圈的损耗通常比电压线圈支路的损耗小，以采用电压线圈前接方式为宜。但是，若被测功率很小时，就不能忽略仪表本身的功率损耗了。此时应根据仪表的功率损耗值对读数进行校正，或采取一定的补偿措施。

知识拓展

功率表指针反偏现象及处理

电动系功率表的转动力矩与该表电压线圈、电流线圈的电流方向有关，如果其中一个线圈的电流方向接反了，转动力矩就会改变方向，这时不但不能读数，甚至会将指针打弯，如图 4-2-10 所示。

为了防止这一点，功率表的接线端子旁都标有“ * ”或“+”和“-”的标志，功率表接线时，应使电流线圈和电压线圈的“ * ”端接到同一极性上，以保证两个线圈的电流方向一致，而且由“+”到“-”，这就是所谓功率表接线的“发电机端守则”。

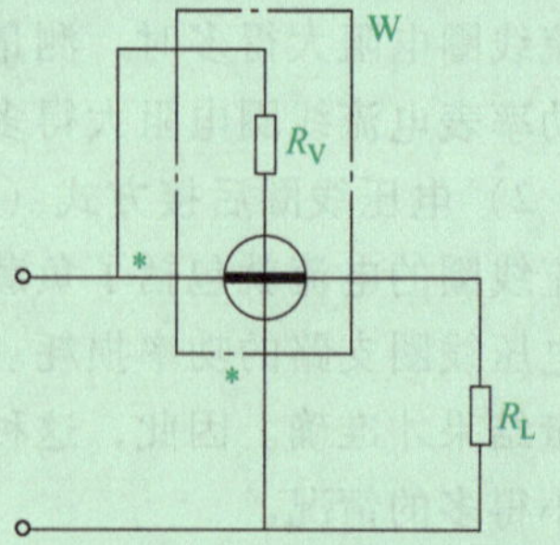

图 4-2-10　功率表的错误接线

在功率表正确接线的情况下测量也可能发生指针反转。这种现象的原因有两个：

1）负载侧实际存在电源，并且负载支路不是消耗功率而是发出功率。

2）在三相电路的功率测量中，对于 $\cos\varphi<0.5$ 的负载，则两只接于三相电路的功率表必有一只读数为负值。

这时为了取得读数，应将电流端子的极性反接，有极性开关的可以切换极性开关位置，并在其读数前面加负号。

所以，测量单相功率时，若仪表反转，把仪表的电流线圈反接且测量结果加负号即可。测量三相功率时，若一个仪表反转，三相功率就应当是两表之差，这一点应十分注意。

学习任务 4.3　三相有功功率的测量

任务目标

1）掌握一表法测量三相有功功率的适合范围、接线和读数方法。
2）掌握两表法测量三相有功功率的适合范围、接线和读数方法。
3）掌握三表法测量三相有功功率的适合范围、接线和读数方法。

由于工程上广泛采用三相交流电，三相交流电路功率的测量就成了很重要的工作。测量三相有功功率可以用单相功率表，也可用三相功率表。应灵活选择测量有功功率的方法和仪表。

1. 用单相功率表测量三相功率

三相交流电路按其电源和负载的连接方式不同，有三相三线制和三相四线制两种系统，而每一种系统在运行时又有如下几种情况。

三相电路
- 对称电路：电源对称，负载对称
- 不对称电路
  - 简单不对称：电源对称、负载不对称
  - 复杂不对称：电源、负载均不对称

根据三相电路的特点，单相功率表有几种测量三相有功功率的方法，见表 4-3-1。

小提示

两表法接线规则

1）两个功率表的电流线圈分别串联在任意两相线上，使通过线圈的电流为线电流，电流线圈的发电机端必须接到电源一侧。

2）两个功率表电压线圈的发电机端分别接到该表电流线圈所在的相线上，另一端则共同接到没有接功率表的电流线圈的第三相上。

表 4-3-1　单相功率表测量三相有功功率

测量方法	适用范围	测量结果	接线图
一表法	三相对称负载的有功功率	$P=3P_1$	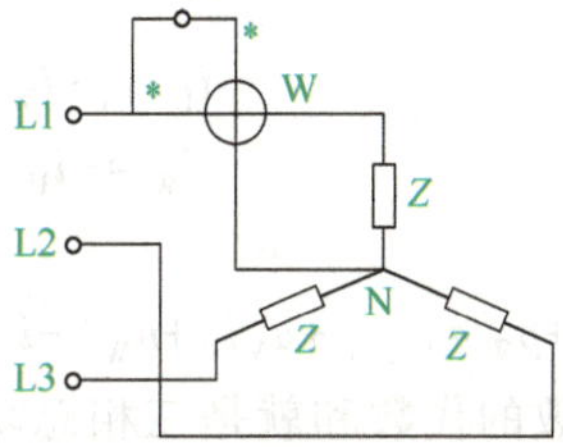a) 对称负载星形联结 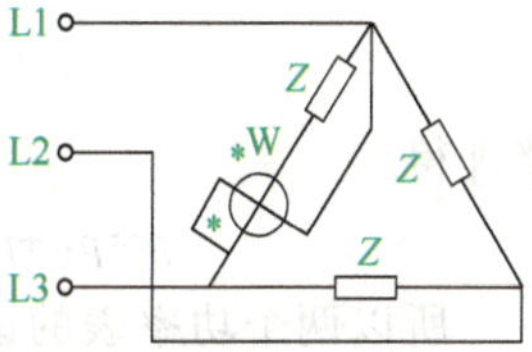b) 对称负载三角形联结
二表法	三相三线制电路的有功功率	$P=P_1+P_2$	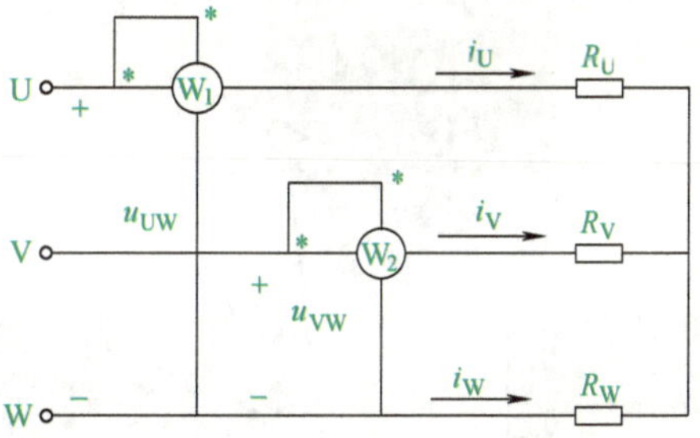
三表法	三相四线制不对称负载的有功功率	$P=P_1+P_2+P_3$	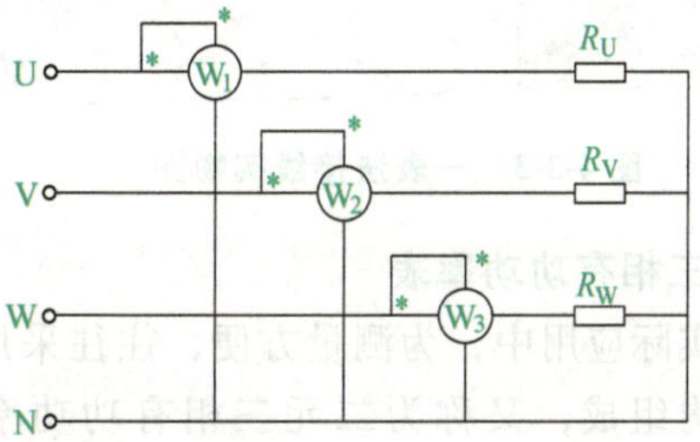

2. 二表法测量三相功率的工作原理

对三相三线制电路，可以用图 4-3-1 所示的二表法接线测量三相功率。测量电路的接法是将两个功率表的电流线圈串联到任意两相中，电压线圈的同名端接到其电流线圈所串联的线上，电压线圈的非同名端接到另一相没有串联功率表的相线上。

显然，除了图 4-3-1 所示的接线方式，还可采用图 4-3-2 所示的接线方式。

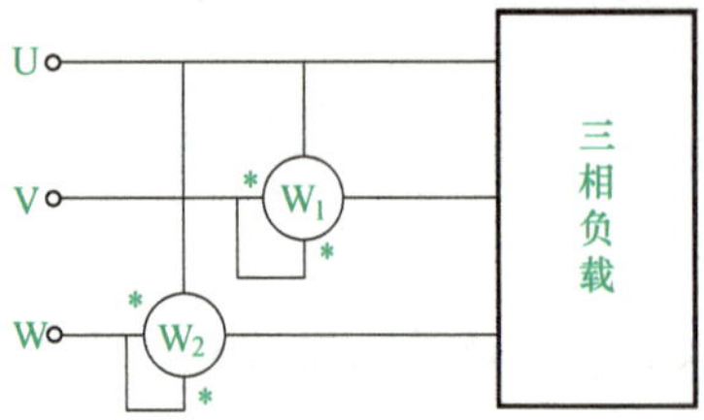

图 4-3-1　二表法接线（1）

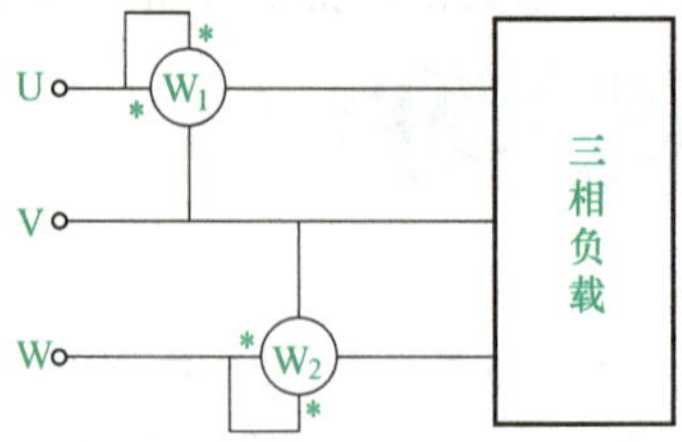

图 4-3-2　二表法接线（2）

二表法中若 W_1 的读数为 P_1，W_2 的读数为 P_2，可以证明三相总功率为

$$P=P_1+P_2$$

设负载是星形联结，三相功率的总瞬时功率为

$$p=p_U+p_V+p_W=u_Ui_U+u_Vi_V+u_Wi_W$$

由基尔霍夫电流定律可得

$$i_U+i_V+i_W=0$$

$$i_W=-i_U-i_V$$

整理得

$$p=p_U+p_V+p_W=u_Ui_U+u_Vi_V+u_W(-i_U-i_V)=i_Uu_{UW}+i_Vu_{VW}=p_1+p_2$$

所以两个功率表的读数的代数和就是三相总功率。由于三角形联结负载可以变为星形联结，故结论仍成立。

具体接线实物图如图 4-3-3 和图 4-3-4 所示。

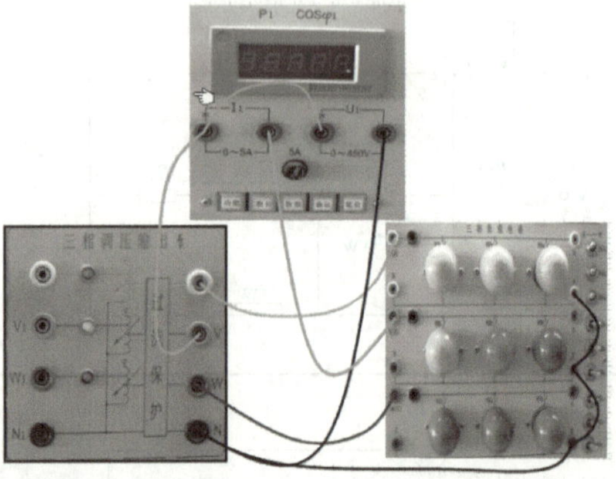

图 4-3-3　一表法接线实物图

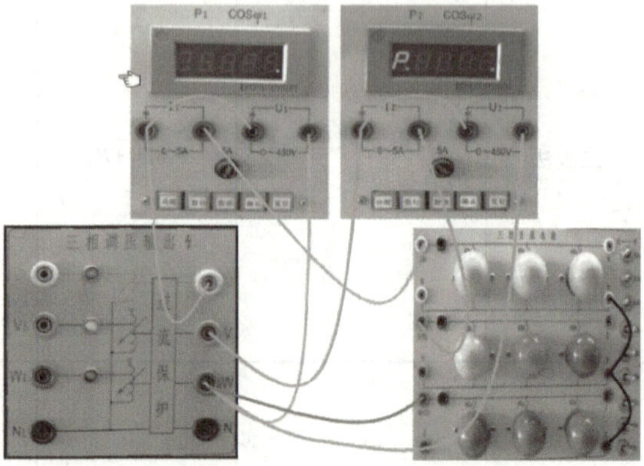

图 4-3-4　二表法接线实物图

3. 三相有功功率表

在实际应用中，为测量方便，往往采用三相有功功率表。它由两个单相电动系功率表的测量机构组成，又称为二元三相有功功率表。例如 D33-W 型三相有功功率表，如图 4-3-5 所示。

它的原理和二表法测三相功率的原理完全相同。接线也与二表法测三相功率相同，如图 4-3-6 所示。

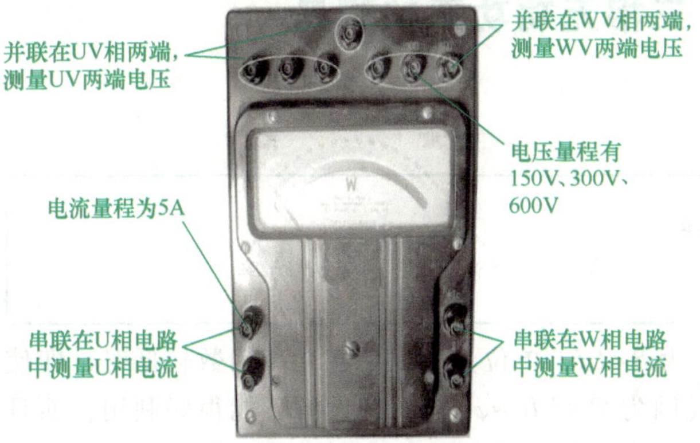

图 4-3-5　D33-W 型三相有功功率表外形

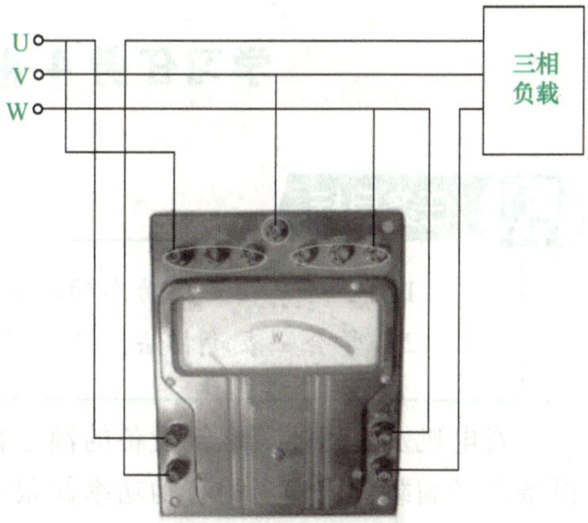

图 4-3-6　D33-W 型三相有功功率表接线

知识拓展

铁磁电动系三相功率表

铁磁电动系三相功率表通常采用铁磁电动系测量机构，并做成两组，如图 4-3-7 所示。

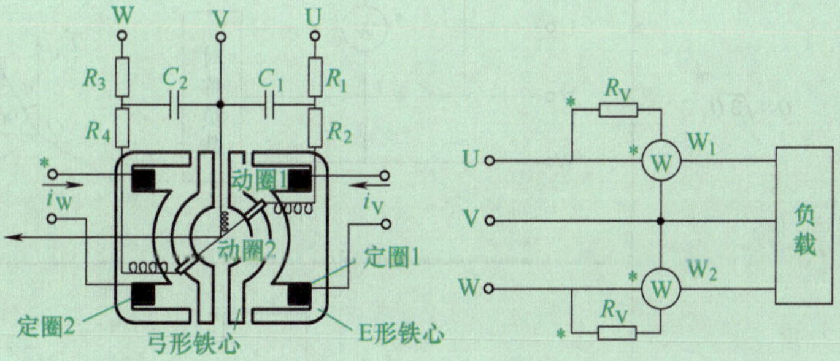

图 4-3-7　铁磁电动系三相功率表的结构及接线

铁磁电动系三相功率表由两组结构完全相同的元件构成，右侧元件由定圈 1、动圈 1 构成，磁路系统由 E 形铁心和弓形铁心构成，R_1 和 R_2 串联后成为动圈的分压电阻，C_1 为补偿电容，用来补偿由于电压线圈的电感以及铁损耗所引起的误差。左侧元件在结构上与右侧元件完全相同，但为了减小外磁场的影响，定圈 2 的绕向应与定圈 1 的绕向相反。

电压支路分压电阻的接法与一般电动系功率表不同，它们靠近电压支路的发电机端，若以 R_V 表示 R_1、R_2 和 R_3、R_4，其测量电路如图 4-3-7 所示。这样接线的好处是两个动圈的一端直接接在公共的 V 相上，它们之间的电位差很小，绝缘要求低，便于制造。

除电动系功率表和铁磁电动系功率表外，近年发展很快的还有变换器式功率表和数字式功率表。

学习任务 4.4　三相无功功率的测量

任务目标

1）了解三相无功功率的测量方法。

2）学会一表跨相法、二表跨相法、三表跨相法测量三相无功功率。

发电机及变压器等电气设备的额定容量为 $S=UI$，单位为伏安。在功率因数较低时，即使设备已经满载，但输出的有功功率却很小（因为 $P=UI\cos\varphi$），不仅设备不能很好利用，而且增加了线路损失。因此提高功率因数是挖掘电力系统潜能的一项重要措施。电力工业中，在发电机、配电设备上进行无功功率的测量，可以进一步了解设备的运行情况，以便改进调度工作，降低线路损失和提高设备利用率。测量三相无功功率主要有如下方法。

1. 用单相功率表测量三相无功功率（见表 4-4-1）

表 4-4-1　用单相功率表测量三相无功功率

测量方法	适用范围	测量结果	接线图和相量图
一表跨相法	三相电路完全对称	$Q=\sqrt{3}Q_1$	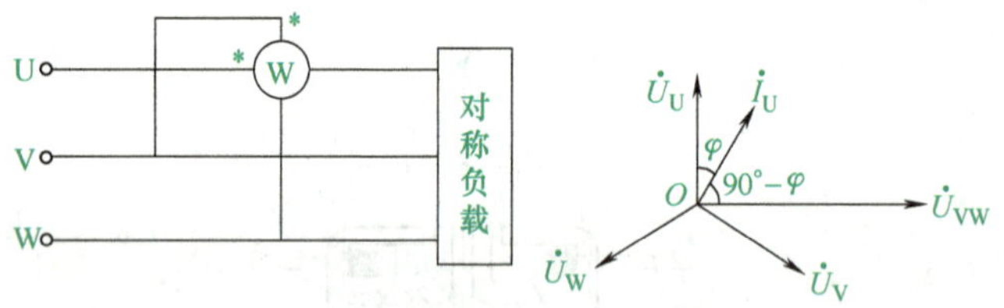
二表跨相法	三相电路对称	$Q=\frac{\sqrt{3}}{2}(Q_1+Q_2)$	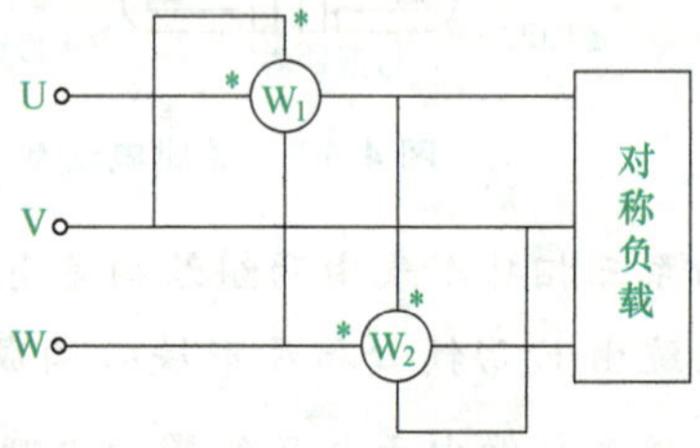
三表跨相法	三电源电压对称，而负载对称或不对称的情况	$Q=\frac{1}{\sqrt{3}}(Q_1+Q_2+Q_3)$	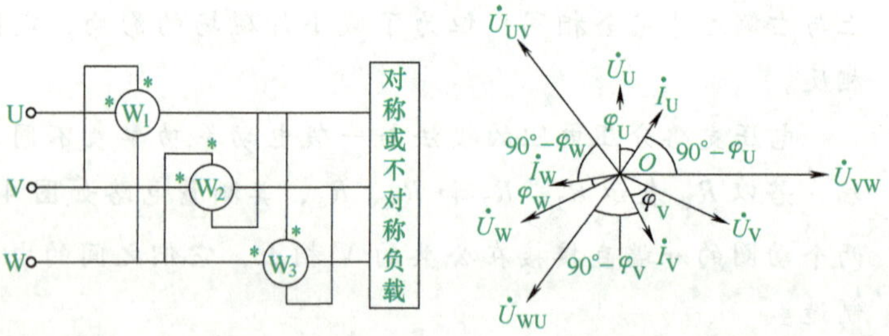

2. 三相无功功率测量的工作原理

（1）一表跨相法　已知 $Q=UI\sin\varphi=UI\cos(90°-\varphi)$，如果设法使电压 U 与电流 I 之间的相

位差等于（90°−φ），那么功率表就能够用来测量无功功率了。由相量图看出，当三相电路完全对称时，线电压 U_{VW} 与电流 I_U 之间存在的相位差等于（90°−φ）。所以，只要按照表 4-4-1 中接线图所示的接线方式进行接线，则功率表的读数就是

$$Q_1=U_{VW}I_U\cos(90°-\varphi)=UI\sin\varphi$$

只要把 Q_1 乘以$\sqrt{3}$，则得三相无功功率为

$$Q=\sqrt{3}Q_1=\sqrt{3}UI\sin\varphi$$

（2）二表跨相法　在三相电路对称的情况下，二表跨相法每个功率表的读数 Q_1 和 Q_2 与一表跨相法一样，都等于

$$Q_1=Q_2=UI\sin\varphi$$

则三相无功功率为

$$Q=\frac{\sqrt{3}}{2}(Q_1+Q_2)=\frac{\sqrt{3}}{2}(2UI\sin\varphi)=\sqrt{3}UI\sin\varphi$$

（3）三表跨相法　由表 4-4-1 的接线图可知，三个功率表的读数 Q_1、Q_2、Q_3 也各不相同，它们分别是

$$Q_1=U_{VW}I_U\cos(90°-\varphi_U)=\sqrt{3}U_UI_U\sin\varphi_U$$
$$Q_2=U_{WU}I_V\cos(90°-\varphi_V)=\sqrt{3}U_VI_V\sin\varphi_V$$
$$Q_3=U_{UV}I_W\cos(90°-\varphi_W)=\sqrt{3}U_WI_W\sin\varphi_W$$

式中，由于电源电压对称，所以有 $U_{VW}=\sqrt{3}U_U$，$U_{WU}=U_V$，以及 $U_{UV}=\sqrt{3}U_W$，三个功率表读数之和为

$$Q_1+Q_2+Q_3=\sqrt{3}(U_UI_U\sin\varphi_U+U_VI_V\sin\varphi_V+U_WI_W\sin\varphi_W)$$

因此有

$$Q=\frac{1}{\sqrt{3}}(Q_1+Q_2+Q_3)$$

这就是说三相电路的无功功率等于三个功率表读数和的 $1/\sqrt{3}$。

三表跨相法适用于电源电压对称、负载对称或不对称的三相三线制和三相四线制电路中。

知识拓展

铁磁电动系三相无功功率表

安装式三相无功功率表都采用铁磁电动系测量机构，并按二表跨相法（或二表人工中性点法）的原理制成。仪表的基本结构与铁磁电动系二元件三相有功功率表相同，即把两个单相功率表的测量机构组合在一起，仪表的总转动力矩为每个元件转动力矩的代数和。为读数方便，标度尺直接按三相无功功率进行刻度。

按二表跨相法原理制成的 1D5-VAR 型三相无功功率表（见图 4-4-1）只适用于三相三线制负载对称的电路。

按二表人工中性点法原理制成的 1D1-VAR 型三相无功功率表（见图 4-4-2）适用于三相三线制负载对称或不对称的电路。

图 4-4-1 1D5-VAR 型三相无功功率表

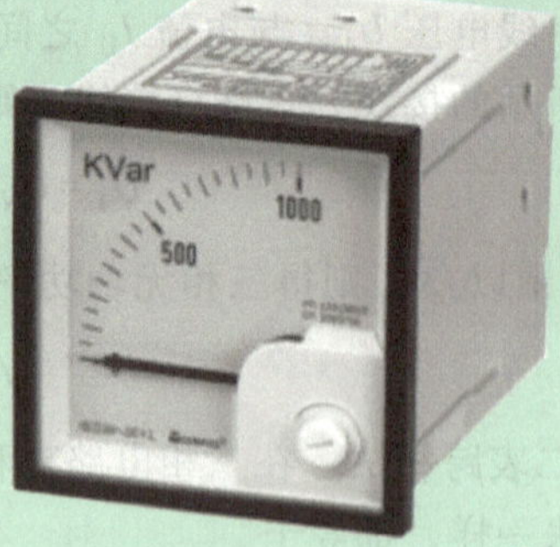

图 4-4-2 1D1-VAR 型三相无功功率表

项目小结

1）电动系测量机构由固定线圈和可动线圈两部分组成。电动系测量机构利用的是两个通电线圈之间产生的电动力。

2）电动系仪表的优点为准确度高，交、直流两用，能测量非正弦电流的有效值，并且能构成多种仪表测量多种参数。此外，电动系功率表的标度尺刻度均匀。缺点为仪表读数易受外磁场影响，本身消耗功率大，过载能力小，电动系电流表、电压表的标度尺刻度不均匀。

3）电动系功率表由电动系测量机构和分压电阻组成。测量机构中定圈匝数少、导线粗，与负载串联，又称为电流线圈；动圈匝数多、导线细，与负载并联，又称为电压线圈。

4）电动系功率表可将电流线圈分成两段，利用两段线圈的串联或并联的方法来扩大电流量程，并可在电压线圈上串联不同阻值分压电阻来扩大电压量程。

5）选择电动系功率表原则：电流量程要略大于被测电流，电压量程要略高于被测电压。电动系功率表的接线遵从“发电机端守则”。读数时，要先通过公式 $C=\dfrac{U_N I_N}{a_m}$ 求出分格常数 C，然后通过 $P=Ca$ 计算出所测量的功率。

6）用单相功率表测量三相有功功率时有一表法、二表法和三表法。

7）三相功率表的工作原理和二表法测三相功率的工作原理相同，接线也相同。

8）利用单相功率表测量三相无功功率有一表跨相法、两表跨相法和三表跨相法。

项目 5 电能的测量

知识目标

1）掌握感应系电能表的构造，了解单相电能表的接线情况。
2）了解三相有功电能表的面板及面板上各部分的作用。
3）掌握三相四线电能表和三相三线电能表的组成及使用。
4）掌握电子式电能表的组成、原理及使用方法。

能力目标

1）能使用单相电能表测量电能。
2）能掌握三相电能表的使用方法。
3）能使用电子式电能表测量单相功率和三相功率。

素养目标

1）具备专业安全意识、规范意识、标准意识和质量意识。
2）具备精益求精的工作作风和严谨求实的劳动态度。

项目导入

电能的测量是电工测量中的一个普遍存在的内容，每个用电的用户都需要测量电能。显然，生产生活中使用电能通常是要缴费的，只有先计量电能后才能确定缴费的多少，并使公民自觉节约用电，达到节能的目的，这在构建低碳节约型社会过程中是非常必要的。

学习任务 5.1 感应系电能表的应用

任务目标

1）掌握感应系电能表的构造，并理解各部分的功能。
2）掌握单相电能表的接线。

电能表是一种专门测量工农业生产、家庭照明等在一段时间里所耗用电能的仪表。电能表分为单相和三相两种，三相电能表又分为有功电能表和无功电能表。单相电能表用于单相用电器和照明电路，三相电能表用于三相动力电路或其他三相电路。

1. 认识感应系仪表

（1）面板　下面以 DD201 型单相感应系电能表为例来介绍一下电能表的面板，如图 5-1-1 所示。

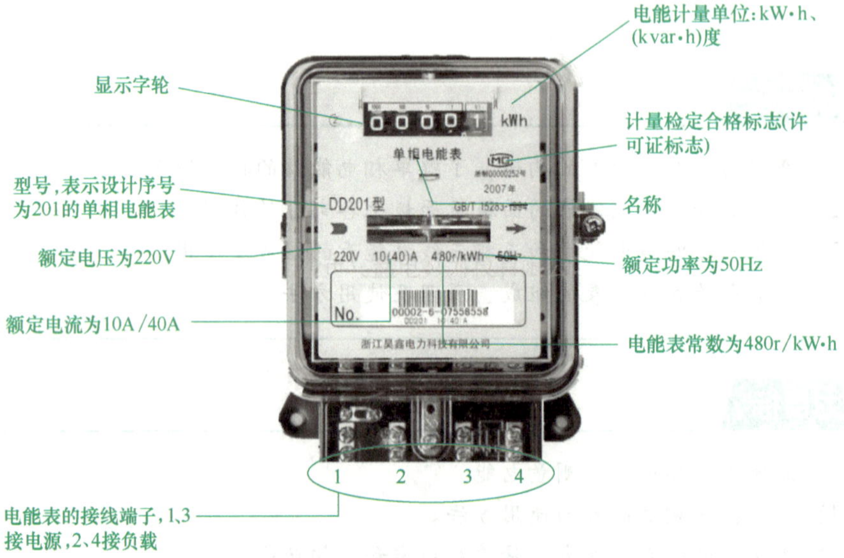

图 5-1-1　单相感应系电能表的面板

（2）基本结构　单相感应系电能表的基本结构如图 5-1-2 所示，其主要组成部分及其作用见表 5-1-1。

表 5-1-1　单相感应系电能表主要组成部分及其作用

组成结构名称	组成元件	作　用
驱动元件	电压元件和电流元件	电压元件：E 形铁心和电压线圈（很细，匝数多，与负载并联，反映负载电压 U） 电流元件：U 形铁心和电流线圈（很粗，匝数少，与负载串联，反映负载电流 I）
转动元件	铝盘和转轴	转轴上装有蜗杆，用来传递铝盘转数。仪表工作时，驱动元件产生的转动力矩将驱使铝盘转动
制动元件	永久磁铁	用来在铝盘转动时产生制动力矩，使铝盘的转速与被测功率成正比
计度器	齿轮、滚轮以及计数器等	计度器用来计算铝盘的转数，实现累计电能的目的。通过显示字轮直接显示出被测电能的数值，如图 5-1-3 所示

（3）基本原理　当交流电通过单相感应系电能表的电压线圈时，在电压元件铁心中产生一个交变磁通 Φ_V，这一磁通经过伸入铝盘下部的回磁板穿过铝盘构成磁回路，并在铝盘上产生涡流 i_V。交流电流通过电流线圈时，会在电流元件铁心中产生一个交变磁通 Φ_A，这一磁通通过铁心柱的一端穿出铝盘，又经过铁心柱的另一端穿入铝盘，从而构成闭合的磁路。电压线圈和电流线圈产生的是两个交变磁通，这两个交变磁通及其产生的涡流相互作用，产生电磁力矩。这个电磁力矩（即转动力矩）推动铝盘转动。同时这两个磁通产生的涡流也与制动

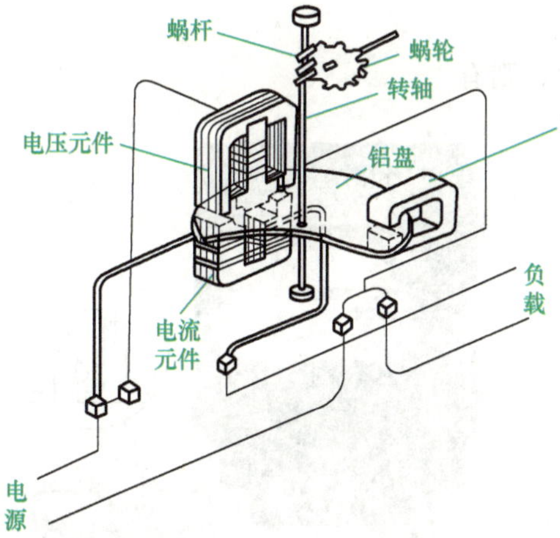

图 5-1-2　单相感应系电能表的基本结构

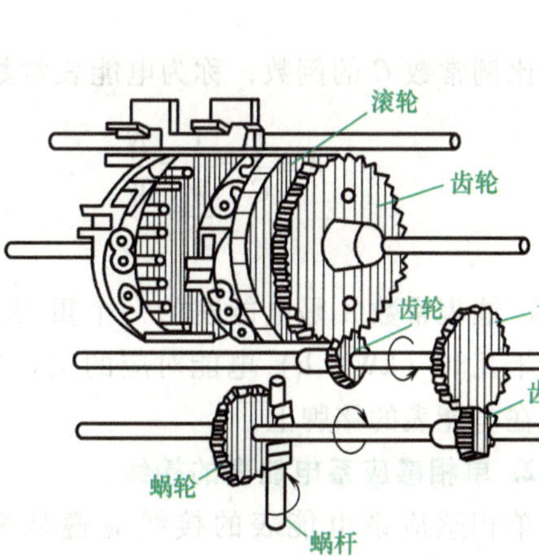

图 5-1-3　计度器的结构

元件（永久磁铁）产生的磁场相互作用产生制动力矩，制动力矩的大小是随铝盘转速的增大而增大的，与铝盘转速成正比。只有制动力矩与转动力矩平衡时，铝盘才能匀速转动。

电能表的铝盘向什么方向转动，电能表中的磁通和涡流又是如何作用产生转动力矩的呢？通过图 5-1-4 可以得到答案，图中，Φ_V 为电压线圈穿过铝盘产生的磁通，它与电压线圈的电压仍成正比，方向由里向外，根据右手螺旋定则可以判断出产生的涡流 i_V 的方向。Φ_A 为电流线圈产生的磁通，其大小与电流线圈中的 i 成正比，方向如图 5-1-5 所示，同样，也可以判断出 Φ_A 产生的涡流 i_1 和 i_1' 方向。

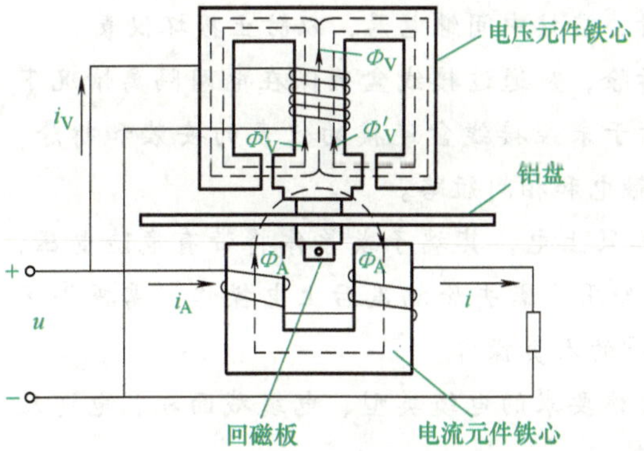

图 5-1-4　单相感应系电能表的电路和磁路

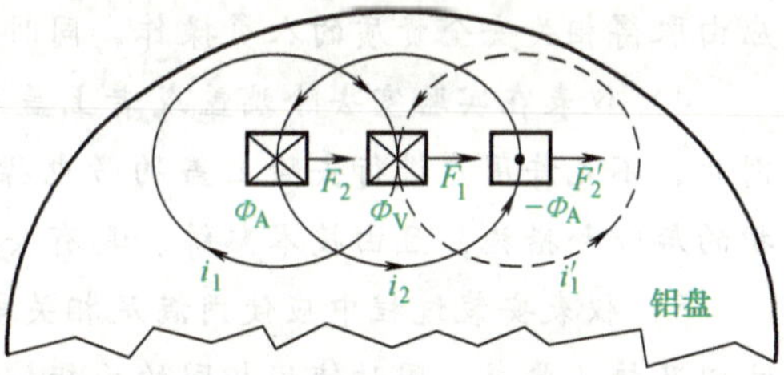

图 5-1-5　铝盘上的磁通和涡流

铝盘的转速与负载的功率成正比，负载功率越大，铝盘转速越快，即

$$P = Cn$$

式中，P 为负载功率；n 为铝盘的转速；C 为比例常数。

如果转动时间为 t，且保持功率不变，则

$$P_t = CN_t$$

式中，P_t 为在时间 t 内消耗的电能，用 W 表示；N_t 为铝盘在时间 t 内的转数，用 N 表示。

则被测负载在时间 t 内所消耗的电能为

$$W = CN$$

比例常数 C 的倒数，称为电能表常数，用 A 表示，则有

$$A = \frac{1}{C} = \frac{1}{\frac{W}{N}} = \frac{N}{W}$$

电能表常数 A 是电能表的一个重要参数，它表示每千瓦时（kW · h）电能对应的铝盘转数，通常标注在电能表的铭牌上。

2. 单相感应系电能表的接线

单相感应系电能表的接线应遵从发电机端守则，即电流线圈与负载串联，电压线圈与负载并联，两线圈的发电机端应接电源的同一极性端。单相感应系电能表都有专门的接线盒，盒内有 4 个端子，连接时按 1、3 接电源，2、4 接负载的原则，如图 5-1-6 所示。

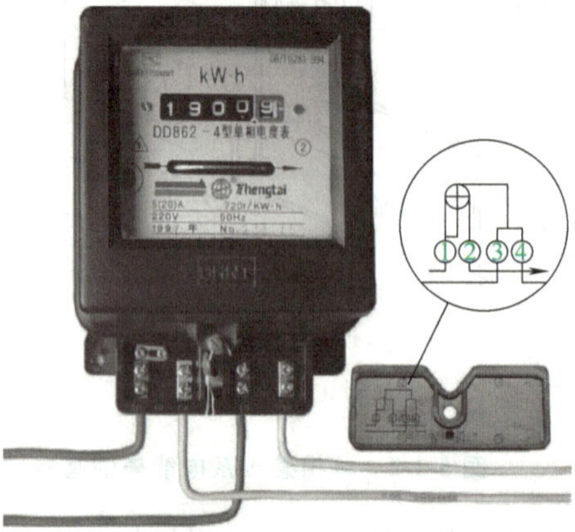

图 5-1-6　单相感应系电能表的接线方式

> **小提示**
>
> 使用单相感应系电能表注意事项：
>
> 1）安装时应将端子拧紧，并且将仪表挂在坚固耐火、不易振动的屏上。
>
> 2）当外接负载超过辅助端子的输出能力时，应接中间继电器，以防止损坏仪表。
>
> 3）对于通过接线盒连接的仪表的安装和拆除，应通过接线盒确保在电网隔离情况下进行，且由取得相关安全资质的人员操作；对于未经接线盒连接的仪表的安装和拆除，应由取得相关安全资质的人员操作，同时防止触电和相间短路。
>
> 4）仪表在实验室去除端盖或者上盖后，如果上电，其端子或导体将带有危险电压，因此，不允许用户进行去除上盖的带电操作；如用户需去除端盖后上电操作，需提供保护的屏障和措施，且由技术熟练、具有安全资质的人员操作。
>
> 5）仪表安装过程中应使用满足相关电气规格要求的电缆类型、电缆截面积、电缆尺寸以及接头要求，同时使用相同的力矩拧紧螺钉。
>
> 6）更换仪表电池时，需要使用与仪表原装电池相同规格的电池，同时电池的极性应安装正确。
>
> 7）仪表的以下电路为带危险电压电路，现场运行中需根据相关安全规范进行防护：
>
> ① 直接连接仪表的电压回路。
>
> ② 中性线回路。
>
> ③ 直接连接仪表的电流回路。
>
> ④ 中继/控制开关以及报警输出的电压回路。
>
> ⑤ 连接到电源电路的辅助电源回路。
>
> 8）接线后应将端盖铅封，建议将面盖铅封。

3. 电能表的安装

1）通常要求电能表与配电装置装在一处。安装电能表的木板正面及四周边缘应涂漆防潮。木板应为实板，且厚度不应小于 20mm。木板必须坚实干燥，不应有裂缝，拼接处要紧密平整。

2）电能表应安装在配电装置的左方或下方。安装高度应在 0.6～1.8m 范围内（电能表的水平中心线距地面尺寸）。

3）电能表要安装在干燥、无振动和无腐蚀气体的场所。

4）不同电价的用电线路应分别装表，同一电价的用电线路应合并装表。

5）电能表安装要牢固垂直。每只表除挂表螺钉外，至少应有一只定位螺钉，使表中心线向各方向倾斜度不大于 1°，否则会影响电能表的准确度。

4. 电能表简单的故障处理

电能表简单的故障处理见表 5-1-2。

表 5-1-2　电能表简单的故障处理

故障现象	原　因	处　理
无显示	无电源供电	1）用万用表查看线路是否有电压，建议在电压表端子排上测量 2）电能表的电压是否按电能表面板上所标定的额定电压接入
不计量或者少计量	计量电路工作不正常	1）检查接入电压是否正确，电能表接线是否符合要求 2）可用现场校验仪对电能表精度进行检测 3）可通过估算用户电器的用电负荷，并对照比较电能表显示的功率，如相差不大，电能表计量应该没什么问题，此时检查接线盒或计量柜内的端子排上电流短接线是否取下（此现象在新装表或更换电能表后出现）

知识拓展

电能表的发展历史

最早的电能表是 1881 年根据电解原理制成的，尽管这种电能表每个有几十千克，十分笨重，又无精度的保证，但是，当时仍然被作为科技界的一项重大发明而受到人们的重视和赞扬，并且很快在工程上进行应用。随着科学技术的发展，1888 年，由于交流电的发现和应用，感应系电能表诞生了。感应系电能表具有结构简单、操作安全、价廉、耐用、又便于维修和批量生产等一系列优点。

我国感应系电能表是在 20 世纪 50 年代从参照外国电能表开始生产的，经过多年的努力，我国的电能表的制造已具备一定的水平和规模，在 20 世纪 80~90 年代开始了对长寿命电能表、机电一体化电能表（半电子式电能表）、全电子式电能表、多功能全电子式电能表、预付费电能表、复费率电能表、最大需量表、损耗电能表等的研制生产，20 世纪 90 年代一些电子式电能表相继问世，使电能表的发展又向前推进一步。2000 年开始，我国开始大力发展智能电能表，智能电能表是一种新型全电子式电能表，具有电能计量、信息存储、信息处理、实时监测、自动控制、信息交互等功能，支持双向计量、阶梯电价、分时电价、峰谷电价等实际需要，也是实现分布式电能计量、双向互动服务、智能家居、智能小区的技术基础。因此可以预见，将来电能表的发展必将是以智能化作为最终目标，成为覆盖全国的智能化电网的系统终端。

学习任务5.2　三相有功电能表的应用

任务目标

1）了解三相有功电能表的面板及其作用。
2）掌握三相四线有功电能表的组成及使用。
3）掌握三相三线有功电能表的组成及使用。

电能表和功率表在测量负载功率这一点上是完全相同的，只不过电能的测量还需增加计度器，以计算功率的使用时间。因此，对三相电路有功功率测量的各种方法和理论，同样适用于三相有功电能的测量。

生产实际中的三相有功电能测量，一般都采用三相有功电能表。三相有功电能表是根据二表法或三表法的原理，把两个或三个单相有功电能表的测量机构组合在一只表壳内。下面主要介绍常用的三相四线有功电能表和三相三线有功电能表。

1. 认识三相四线有功电能表

（1）认识DT862-4型三相四线有功电能表　三相四线有功电能表的型号有很多，下面以DT862-4型三相四线有功电能表为例来介绍，如图5-2-1所示。

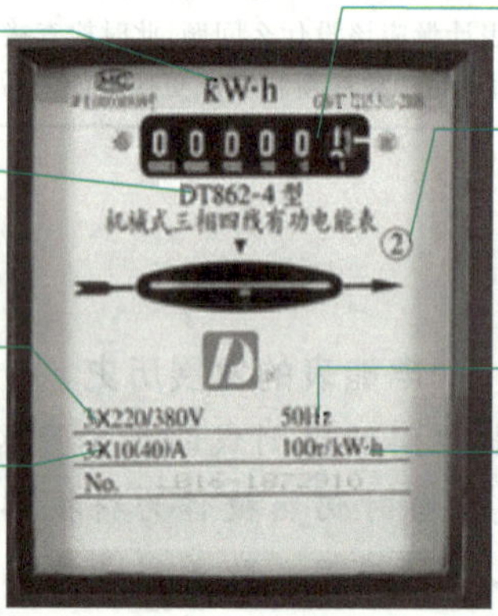

图5-2-1　DT862-4型三相四线有功电能表

（2）结构及工作原理　三相四线有功电能表由三个单相有功电能表的测量机构组合而成，是按三表法测量功率的原理制成的。常见的是具有三个驱动元件和两个铝盘结构的三相四线有功电能表。它的特点是两组驱动元件共同作用在一个铝盘上，另一组驱动元件单独作用在另一个铝盘上。也有采用三驱动元件单铝盘结构的电能表，铝盘越小，可动部分越轻，电能表体积也越小，但误差也越大。

（3）使用

1）接线。三相四线有功电能表有直接接入和带电流互感器接入两种方式。直接接入式如图5-2-2所示。

当负载电流大于80A时，应该配合电流互感器使用（见图5-2-3），接线时必须区分好电源的相线、中性线及相序；还必须区分好电流互感器一、二次绕组的同名端，以便正确连接。否则会导致三相四线有功电能表慢走或倒走、计量误差及出现短路事故等。其实物接线图如图5-2-4所示。

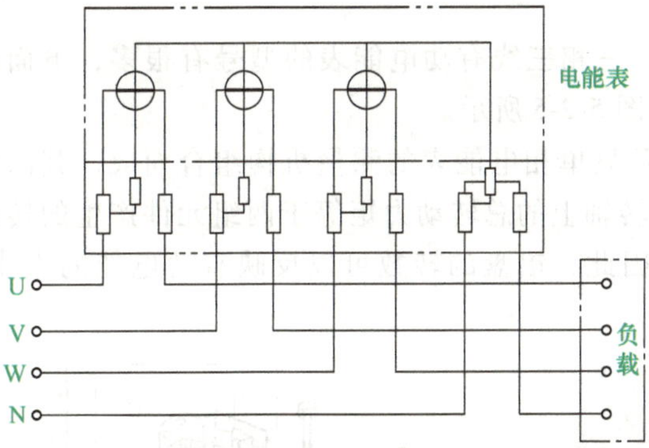

图 5-2-2　直接接入式

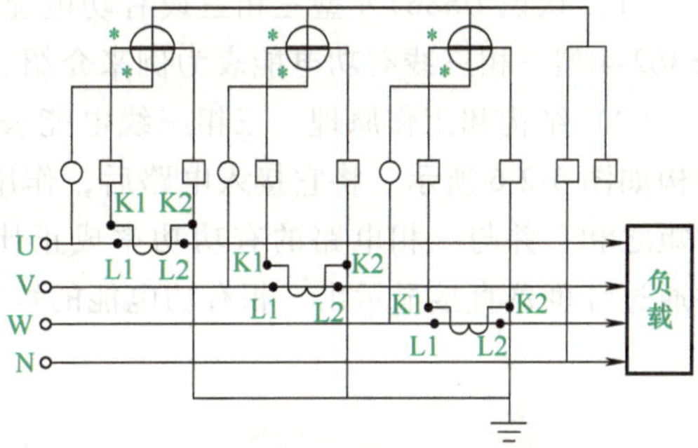

图 5-2-3　带电流互感器接入式

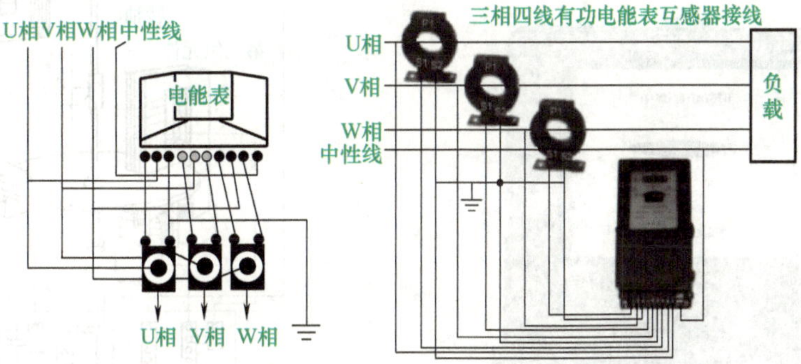

图 5-2-4　三相四线有功电能表的实物接线图

2）接线判定。接线的正误，可以用快速检查法判别。当负载在正常状态下，先测记下铝盘在 x 分钟内的转数 N_1，再把相应的电压元件的电源断开，并测记此时铝盘在 x 分钟内的转数 N_2，对比 N_1 和 N_2 的值则可判定接线的正误。当电能表接线正确时，依次断开每个驱动元件电压，则 N_2 转数为 N_1 的 1/3。

3）读数。

① 如果三相四线有功电能表是最右边没有红色读数框的，那黑色读数框的都是整数，只是在最右边（即个位数）的“计数轮”的右边带有刻度，而这个刻度就是小数点后的读数；如果是最右边带有红色读数框的，那红色读数框所显示的就是小数点后的读数。

② 如果电能表输出是不带电流互感器的，那表上显示的读数就是用户实际用电的计量读数，如果是带有电流互感器的，那要看电流互感器的规格了，比如用的是 100/5 的电流互感器，那它的倍率为 20（即 100 除以 5），如果是 200/5 的电流互感器，即倍率为 40，如果是 500/5 的电流互感器，那倍率就是 100。以此类推，把电能表上显示的读数再乘以这个倍率，就是实际使用的电能数，即

$$实际使用电能=实际读数\times倍率$$

③ 互感器如果不只绕一匝，那么

$$实际使用电能=互感器倍率\div互感器匝数\times实际读数$$

式中，互感器匝数为电流互感器内圈导线的条数，不指外圈。

一般计量收费时，大多不计小数位的读数。

2. 认识三相三线有功电能表

（1）认识 DS862-4 型三相三线有功电能表　三相三线有功电能表的型号有很多，下面以 DS862-4 型三相三线有功电能表为例来介绍，如图 5-2-5 所示。

（2）结构和工作原理　三相三线电能表由两只单相电能表的测量机构组合而成，其内部结构如图 5-2-6 所示。将它接入电路后，作用在转轴上的总转动力矩等于两组元件产生的转动力矩之和，并与三相电路的有功功率成正比。因此，铝盘的转数可以反映有功电能的大小，并通过计度器直接显示出三相有功电能的数值。

图 5-2-5　DS862-4 型三相三线有功电能表

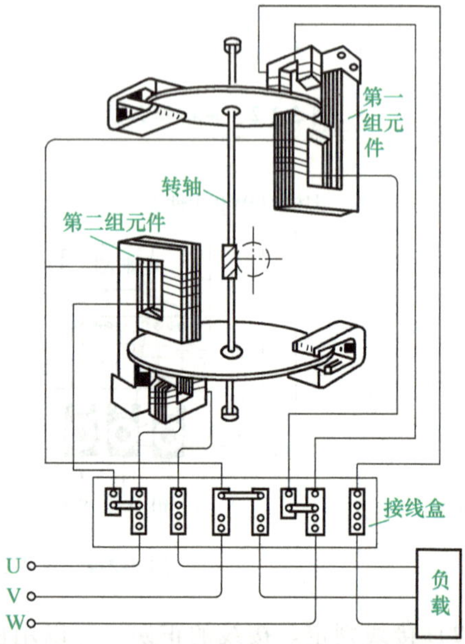

图 5-2-6　三相三线有功电能表内部结构图

三相三线有功电能表是根据二表法测量功率的原理制成的。国产 DS15、DS18 和 DS862 等型号的有功电能表，都是这种工作原理。

（3）使用

三相三线有功电能表有直接接入式和带电流互感器接入式两种方式。当其负荷电流小于等于 80A 时，宜采用直接接入式，如图 5-2-7 所示。

当负荷电流大于 80A 时，宜采用带电流互感器接入式，其接线如图 5-2-8 所示，实物图如图 5-2-9 所示。

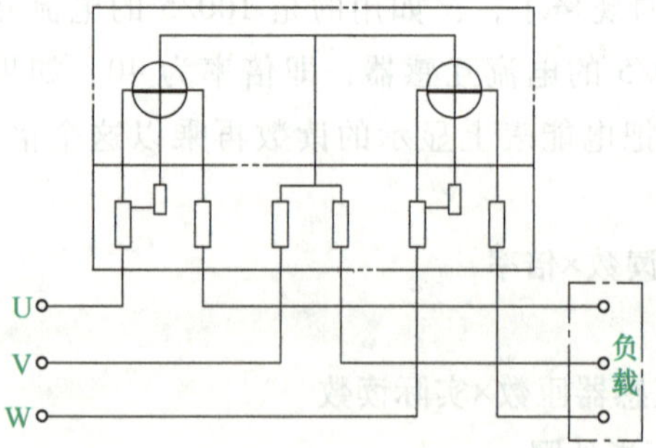

图 5-2-7　三相三线有功电能表直接接入式

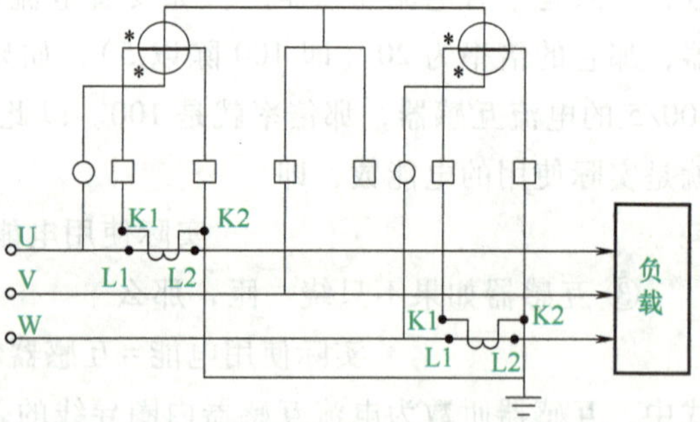

图 5-2-8　三相三线有功电能表带电流互感器接入式

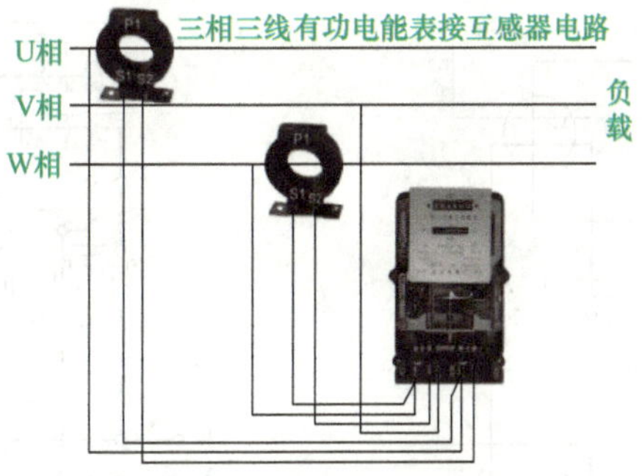

图 5-2-9 三相三线有功电能表的实物接线图

小提示

电能表的接线和功率表一样，必须遵守发电机端守则。通常情况下，电能表的发电机端已在内部接好，接线图印在接线盒盖的里面。使用时，只要按照接线图进行接线，一般不会发生铝盘反转的情况。

若接线正确但指针仍然反转，则可能是因为：

1）装在双侧电源联络盘上的电能表，当一段母线向另一段母线输出电能改变为另一段母线向这段母线输出电能时。

2）用两个单相电能表测量三相三线有功负载，当 $\cos j<0.5$ 时，其中一个单相电能表也会出现反转现象。

知识拓展

DX8 型三相无功电能表

（1）结构　三相无功电能表的结构与二元件三相有功电能表相似。有两组驱动元件、两组转动元件（或一组）、一组制动元件、一组计度器。只有一组转动元件的电能表误差较大，因为二组驱动元件的磁场和涡流会互相影响，其内部接线也与三相有功电能表不同。

（2）接线

1）第一组驱动元件的电流线圈串联 U 相，发电机端接电源一侧，另一端接负载。第二组驱动元件的电流线圈串联 W 相，发电机端接电源一侧，另一端接负载。

2）第一组电压线圈跨接 V、W 相，发电机端接 V 相，另一端串联附加电阻 R 后接 W 相。第二组电压线圈跨接 U、W 相，发电机端接 U 相，另一端串联附加电阻的 R 后接 W 相。

接入电路的方式有两种，当负载电流不大于 80A 时，采用直接接入式，如图 5-2-10 所示；当负载电流大于 80A 时，需要与电流互感器配套使用，如图 5-2-11 所示。

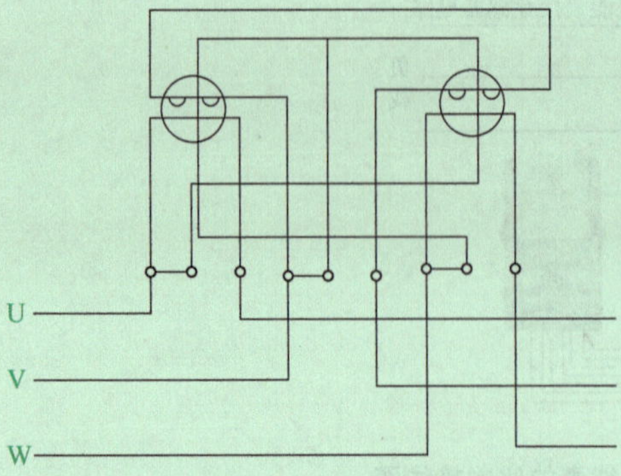

图 5-2-10　三相无功电能表直接接入

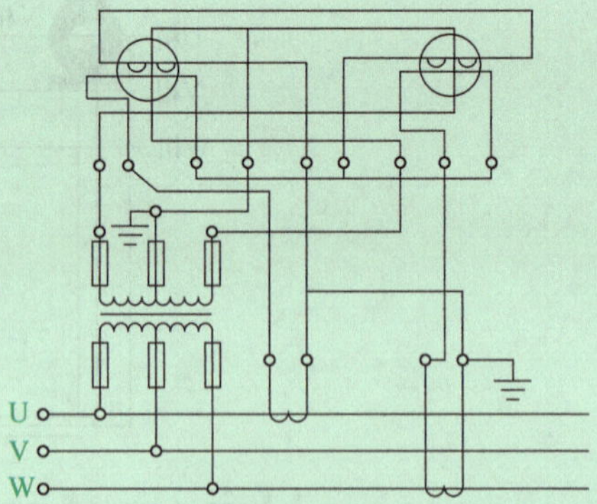

图 5-2-11　三相无功电能表带电流互感器接入

学习任务 5.3　电子式单相电能表的应用

任务目标

1）掌握电子式单相电能表的组成及原理。
2）掌握电子式单相电能表的使用。
3）掌握预付费电子式单相电能表的组成及使用方法。

随着电子技术的不断发展，人们在 20 世纪 70 年代末开始了电子式电能表的研制，至今已研制成功的有多功能的电子式电能表，半电子式和全电子式的卡式电能表，脉冲电能表，集中抄表的电能表，断电压、断电流计量电能的电能表，分时计费电能表，最大需量表，遥控电话抄表的电能表等。电子式电能表克服了感应系电能表的摩擦问题，大大地提高了仪表灵敏度，降低了仪表本身消耗的功率。

1. 认识电子式单相电能表

（1）面板介绍　下面以 DDS666 型电子式单相电能表为例来认识一下电子式单相电能表的面板，如图 5-3-1 所示。

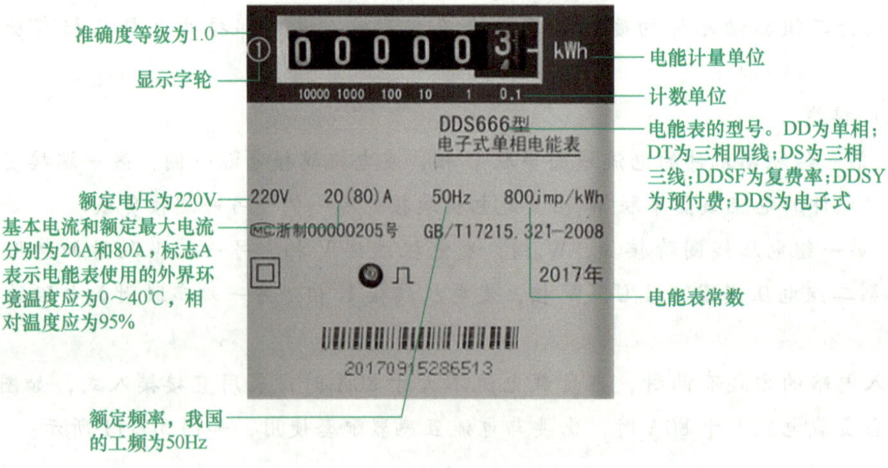

图 5-3-1　DDS666 型电子式单相电能表的面板

(2) 组成和工作原理　电子式单相电能表是在数字式功率表的基础上发展起来的，采用乘法器实现对电能的测量，其工作原理框图如图5-3-2所示。被测量的高电压u、大电流i经电压变换器和电流变换器转换后送至乘法器，乘法器完成电压和电流瞬时值相乘，输出一个与一段时间内的平均功率成正比的直流电压U，然后再利用电压/频率转换器，U被转换成相应的脉冲频率f，将该频率分频，并通过一段时间内计数器的计数，显示出相应的电能。

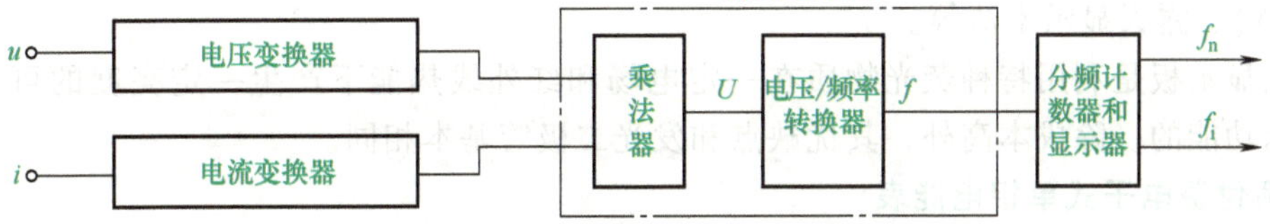

图5-3-2　电子式单相电能表工作原理框图

1) 变换器　电子式单相电能表中必须有电压和电流变换器。变换器的作用，一方面是将被测信号按一定的比例转换成低电压、小电流输入到乘法器中；另一方面是使乘法器和电网隔离，减小干扰。

① 电流变换器。要测量几安培乃至几十安培的交流电流，必须要将其转变为等效的小信号交流电压（或电流），否则无法测量。直接接入式的电子式单相电能表一般采用锰铜分流片；带电流互感器接入式的电子式单相电能表内部一般采用电流互感器二次侧串联，以达到前级电流互感器二次侧不带强电的要求。

② 电压变换器。和被测电流一样，上百伏（100V或220V）的被测电压也必须经分压器或电压互感器转变为等效的小电压信号，方可送入乘法器。电子式单相电能表内使用的分压器一般为电阻网络或电压互感器。

2) 乘法器。乘法器是电子式单相电能表的核心，它是一种能将两个互不相关的模拟信号进行相乘的电子电路，通常具有两个输入端和一个输出端，是一个三端网络。乘法器的输出信号与两个输入信号的乘积成正比。常用的乘法器有时分割乘法器、霍尔效应乘法器、热电变换型乘法器等。

3) 电压/频率转换器。电压/频率转换器的作用是将输入电压（电流）转换成与之成正比的频率输出。在模/数（A/D）转换中，电压/频率转换是常用的一种。

电压/频率转换器的主要特点是输出频率较低，选择高稳定性的R、C元件，可使其准确度长期保持在±0.1%的水平。

4) 分频计数器。在机电式单相电能表中，由光电转换器将电能信号转换成脉冲信号；而在电子式单相电能表中，电能信号转化成相应脉冲信号的工作是由乘法器及电压/频率转换器完成的。这两种脉冲信号在计数之前，需要先进行分频，以降低脉冲频率。这样做，一方面是为了便于取出电能计量单位的位数，另一方面是考虑到计数器长期计数的容量问题。

5) 显示器。目前常见的电子式单相电能表显示器件有三种：液晶显示器（LCD）、发光二极管（LED）和荧光显示板（FIP）。

液晶显示器是利用液晶在一定电场下发生光学偏振而产生不同透光率来实现显示功能的。它根据光学原理可分为透射式、反射式和半透半反射式；根据视角大小可分为TN型（视角为90°）和STN型（视角为160°）两种；根据工作温度范围可分为普遍型（0~65℃）和宽温型

(-30~85℃)。液晶显示器在静态直流电场下寿命很短(一般为几千小时),而在动态交变电场下寿命很长(可达20万小时);除具有长寿命的优点之外,还具有耗电小(小于10μA),在有一定采光度时显示对比强等优点。

发光二极管是利用特殊结构和材质的二极管在施加正向工作电压且具有一定工作电流时,发出某一特定波长的可见光来实现显示功能的。根据同一正向工作电流下的发光强度可将其分为普亮、高亮和超高亮三种。发光二极管颜色有红、绿、黄等多种,具有温度范围宽(-40~85℃)、在弱光背景下显示醒目和低成本等优点;缺点是寿命短(3万~5万小时)、耗电大(5~10mA)、露天显示不清等。

荧光显示板是利用特种荧光物质在一定电场和红外线热能下产生一定亮度的可见荧光来实现显示功能的。除成本高外,其优缺点和发光二极管基本相同。

2. 预付费电子式单相电能表

预付费电子式单相电能表(IC卡)的用途是计量额定频率为50Hz的交流单相有功电能并实现电能预购功能。

供电部门可通过计算机售电管理系统对用户预购电能进行管理,并经电卡传递给电能表。这种电能表具有自动计算用户消耗电能、停电时表内数据自动保护和最大负荷控制功能。

(1) 面板介绍 下面以DDSY256型预付费电子式单相电能表的面板为例,来认识面板上各个符号、元件代表的含义,如图5-3-3所示。

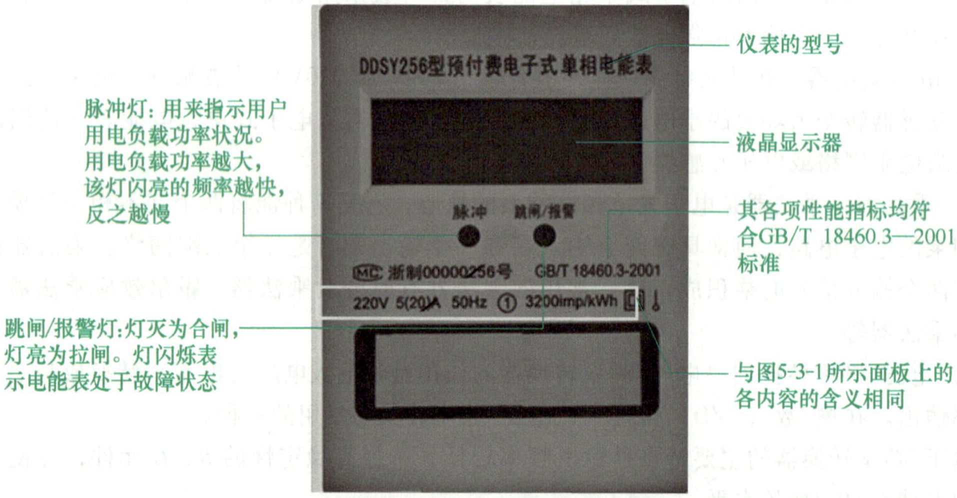

图5-3-3 DDSY256型预付费电子式单相电能表的面板

(2) 工作原理 预付费电子式单相电能表包括两个功能系统:测量系统和单片机处理系统。其工作原理是:

1) 由分压器完成电压取样,由取样电阻完成电流取样。

2) 取样后的电压和电流信号由乘法器转换为功率信号。

3) 经电压/频率变换后,由步进电动机驱动计度器工作,并将脉冲信号输入单片机系统。

4) 用户需在供电部门交款购电,所购电能在售电机上被写进用户电卡,由电卡传递给电能表,电卡经多次加密可以保证用户可靠地使用。

5）当所购电能用完后，表内继电器将自动切断供电回路。

（3）预付费电子式单相电能表的安装方法

1）表在出厂前经检验合格并加以铅封，即可安装使用。

2）安装表的底板应固定在坚固的耐火墙上，建议安装高度为 1.8m 左右。要求环境温度在-25~70℃，相对湿度不超过 85%，且周围空气中无腐蚀性气体。

3）应按照接线图接线，最好用铜线引入，其接线如图 5-3-4 所示。

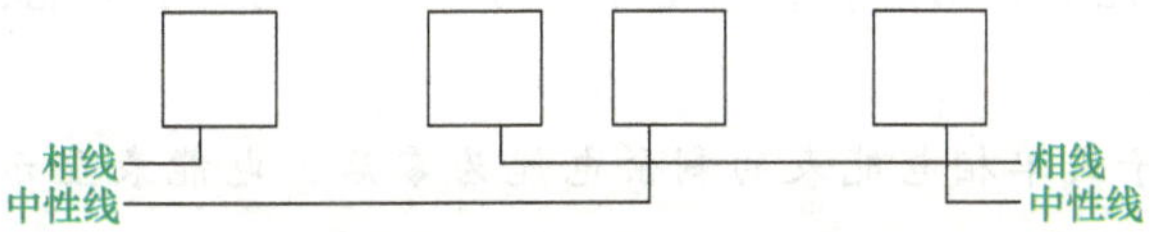

图 5-3-4　预付费电子式单相电能表接线图

（4）预付费电子式单相电能表使用方法　预付费电子式单相电能表在安装使用前，应由电力管理部门进行“清零”操作，清零方法为，按住“复位允许”按钮（电能表表盖第一个按钮）不动，插入“复位卡”，电能表“清零”后，购电报警电能设置为 30.0（kW·h），分闸报警电能设置为 3.0（kW·h）。

用户持电卡到售电部门购电，然后将电卡插入预付费电子式单相电能表的卡口，2s 之后拔出插入方向为电卡镀金触点的一面向左）。当电能表显示“-IC-”，稍后显示“××××”时，表示电能表已读入本次所购电能“××××（kW·h）”，如显示“Err”，表示未读取有效电能或读卡错误（失败），原因可能为用户号错、卡内电能无效、密码错、非本表用卡或插卡方向不对。

小提示

预付费电子式单相电能表 6 位数码管显示字样及含义

-IC-	本次所购电能提示符
100.0	本次所购电能（kW·h）
-IA-	累计使用电能提示符
300.0	累计使用电能（kW·h）
-IE-	剩余电能提示符
544.0	剩余电能（kW·h）
-　0.0	剩余电能为零（剩余电能已用完）
d　30.0	购电报警提示符，购电报警电能为 30（kW·h）
b　3.0	分闸报警提示符，分闸报警电能为 3（kW·h）
3A1600	表示电能表常数，这里指 1600imp/(kW·h)
ovLd	过载报警提示符，表示负荷已大于允许值
-×××	透支电能提示符，表示已透支××× kW·h 电能
ovFL	本次所购电能与表内剩余电能相加溢出

数据详细说明：

（1）剩余电能

1）当剩余电能小于“购电报警电能”时，预付费电子式单相电能表循环显示所有信息，提示用户购电。

2）当剩余电能小于分闸报警电能时，预付费电子式单相电能表分闸断电，用户可把电卡插入电能表，电能表合闸后，拔出电卡，可继续用完剩余电能，但为不影响持续用电，用户应尽快购电。

3）当预付费电子式单相电能表的剩余电能为零后，电能表显示“-0”，电能表分闸断电。

4）当预付费电子式单相电能表显示“-×××”时，表明已透支购电能，但可从下次所购电能中扣除。如电能表一直未分闸断电，应请电力管理部门检查处理。

（2）累计使用电能　用户购电后，表内的剩余电能递减，累计使用电能递增。累计使用电能和剩余电能之和小于或等于总所购电能。

（3）购电报警　剩余电能小于购电报警值时，预付费电子式单相电能表一直循环显示表内信息。

（4）分闸报警　预付费电子式单相电能表剩余电能小于分闸报警值时，将分闸断电。

（5）过载保护　预付费电子式单相电能表显示“ovLd”时，表明用户的用电器功率大于电能表允许功率，电能表不分闸断电，但用户应关闭部分电器，否则将有烧毁或损坏电能表的可能。

（6）用电控制　当预付费电子式单相电能表中剩余可用电能为零时，电能表自动分闸断电，此时购电插卡后，即可恢复供电。

用户电卡只能在自己的预付费电子式单相电能表上使用。电卡应妥善保存，切勿刻画，弯折，污染或浸泡。电卡丢失或损坏后，应及时到售电部门办理补卡。

注意：用户在使用预付费电子式单相电能表的控制分闸功能时，必须确定该表的使用环境不会因分闸断电而引起任何重大事故和人身伤亡。

知识拓展

智能式电能表

（1）面板介绍　下面以 DDZY33-Z 型电能表为例，来介绍一下智能电能表的面板，如图 5-3-5 所示。

（2）智能电能表的工作原理　智能电能表是电子式电能表的一种，其工作原理是表内的测量单元将输入的电压、电流信号转变为数字信号，再将数字信号交由表内数据处理单元进行计数，从而计算实际使用的电能量。

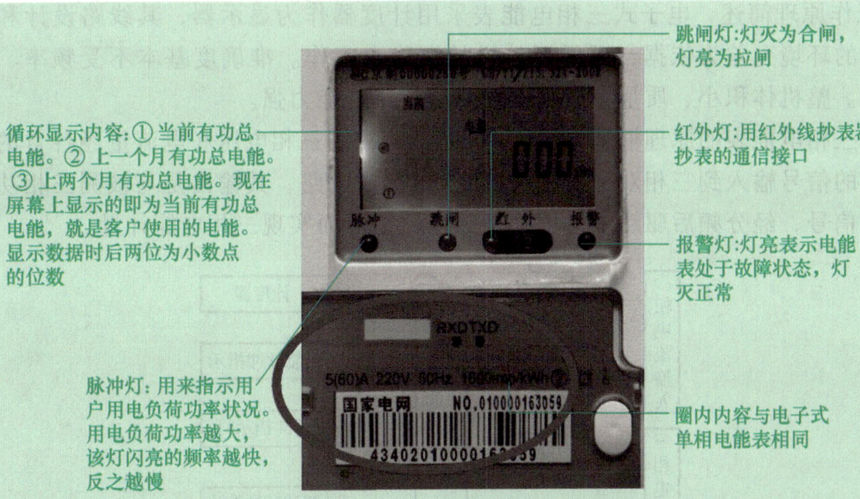

图 5-3-5　DDZY33-Z 型电能表面板

学习任务 5.4　电子式三相电能表的应用

任务目标

1）了解电子式三相电能表的面板和工作原理。

2）掌握电子式三相电能表的接线和使用方法。

电子式三相电能表采用了双向电能计量专用电路芯片及 SMT 制造工艺，测量准确度、稳定性等均得到了可靠保证。它主要用于计量三相有功电能，具有电能测试信号输出、电压或断相（两者选其一）指示及有功电能反向指示等功能。

1. 认识电子式三相电能表

（1）面板介绍　电子式三相电能表的型号有很多，下面以 DTS720 型三相四线电能表为例，来介绍一下，如图 5-4-1 所示。

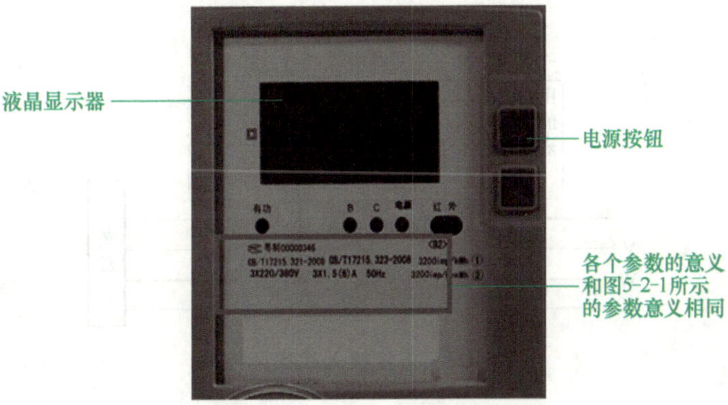

图 5-4-1　DTS720 型三相四线电能表面板

（2）工作原理简述　电子式三相电能表采用计度器作为显示器，其线路设计和元器件的选择以较大的环境允差为依据，可保证整机长期稳定工作。准确度基本不受频率、温度、电压变化影响。整机体积小、质量小、可靠性高、抗干扰能力强。

电子式三相电能表的原理框图如图 5-4-2 所示，被测三相电压和电流量经各自的取样电路变换成适当的信号输入到三相双向功率/电能专用集成电路，其输出是与被测三相功率成比例的频率脉冲信号，经分频后驱动步进电动机计度器，从而实现三相电能计量。

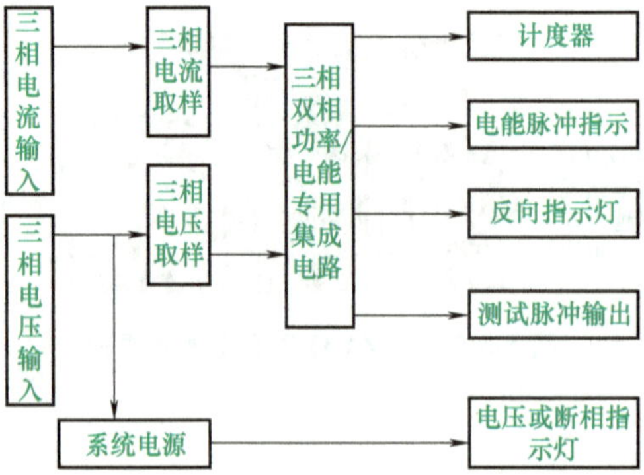

图 5-4-2　电子式三相电能表的原理框图

2. 电子式三相电能表的使用方法

（1）接线　电子式三相电表的接线有两种形式：直接接入式和经电流互感器接入式。

当负载电流不大于 80A 时采用直接接入式，如图 5-4-3 所示。实际接线图如图 5-4-4 所示。

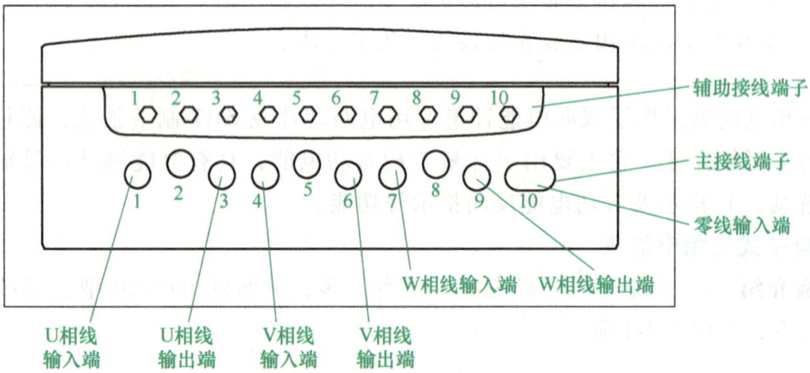

图 5-4-3　直接接入式接线

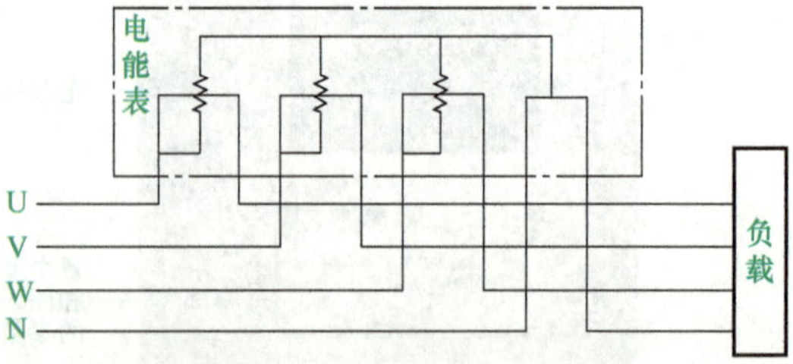

图 5-4-4　直接接入式实际接线

当负载电流大于 80A 时，采用带电流互感器接入式，如图 5-4-5 所示。实际接线图如图 5-4-6 所示。

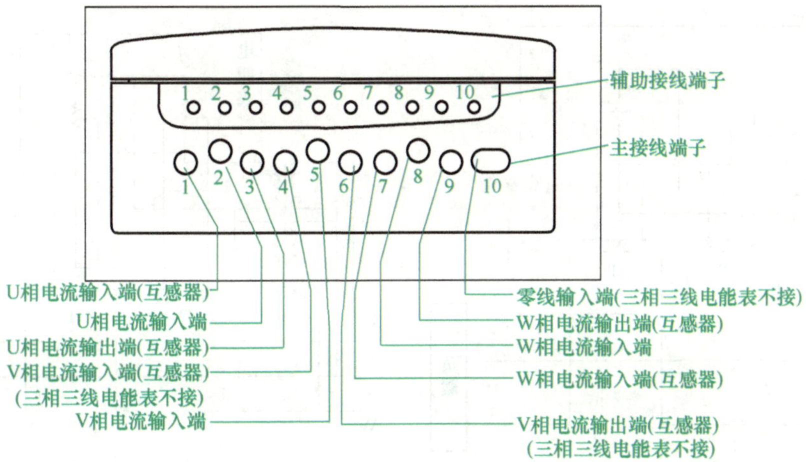

图 5-4-5 带电流互感器接入式接线

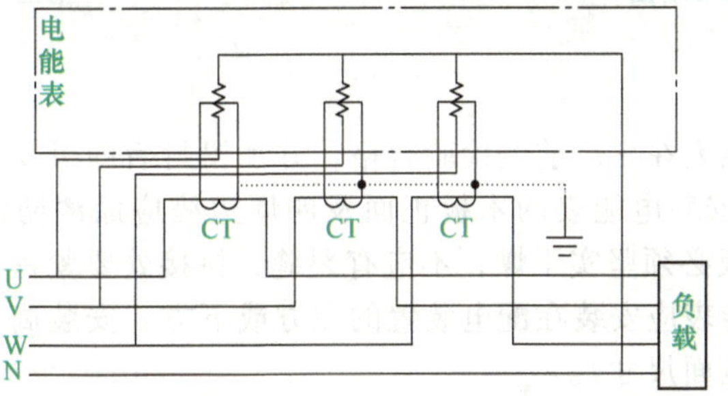

图 5-4-6 带电流互感器接入式实际接线

小提示

辅助接线端子说明

1~6 号端子为空脚；9 号端子为端子测试输出“+”极；10 号端子为测试输出“-”极。实际接线图如图 5-4-7~图 5-4-9 所示。

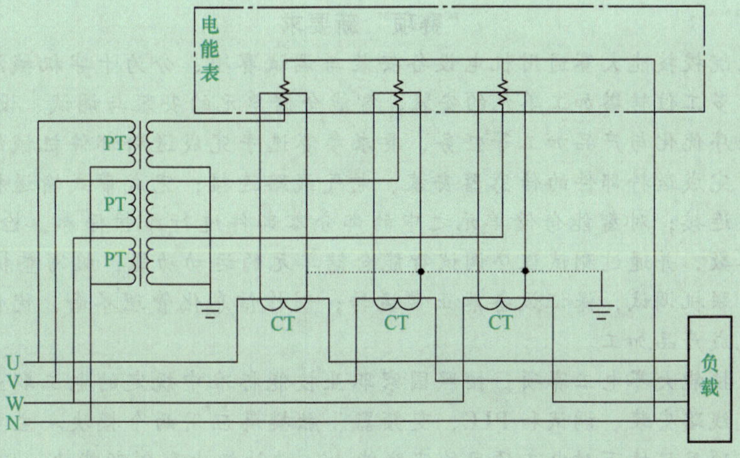

图 5-4-7 三相四线经电压、电流互感器接入式电能表接线图

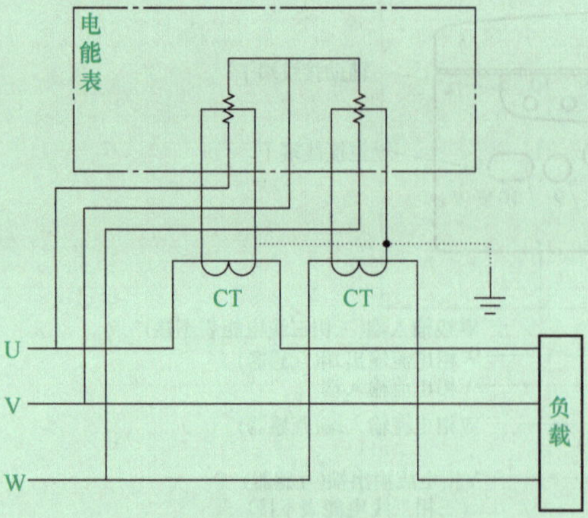

图 5-4-8　三相三线经电流互感器接入式电能表接线图

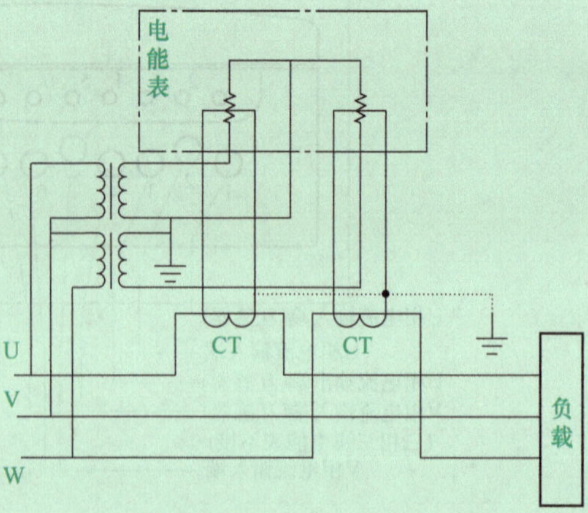

图 5-4-9　三相三线经电压、电流互感器接入式电能表接线图

（2）安装

1）电子式三相电能表在出厂前经检验合格，并加铅封后即可安装使用。通常要求电能表与配电装置装在一处。安装电能表的木板正面及四周边缘应涂漆防潮。木板应为实板，且厚度不应小于 20mm。木板必须坚实干燥，不应有裂缝，拼接处要紧密平整。

2）电子式三相电能表应安装在配电装置的左方或下方。安装高度应在 0.6~1.8m 范围内（电能表水平中心线距地面尺寸）。

3）电子式三相电能表要安装在干燥、无振动和无腐蚀气体的场所。

4）电子式三相电能表应安装在特制的电表箱内，箱内带互感器和断路器，表箱面上留有电卡插孔，可加锁或铅封，安装环境空气中应无腐蚀性气体。

5）电子式三相电能表应按照接线图进行接线，最好用铜或铜接线头引入，且应接在断路器之前，三相电流先经过电能表，再经过断路器，然后接负载。三相电压信号应从断路器前引入。

知识拓展

“赛项”新要求

全国职业院校技能大赛通用机电设备安装与调试赛项，分为十字机械滑台送料单元的安装调试、多工位转塔加工单元的安装、智能仓储单元的安装与调试、设备整机联调、触摸屏控制程序优化与产品加工等任务，要求参赛选手完成送料部件机械结构的维护保养检修工作，完成送料部件的传感器安装、电气线路连接；完成带式输送机的传感器安装、电气线路连接；对智能仓储单元之中的部分零部件进行维护保养，检查电气线路，设置变频器参数，并通过测试程序调试智能仓储单元的运动功能；编写整机测试 PLC 控制程序并进行联机调试，保证设备能正常运转；制作信息化管理界面，优化并完善 PLC 控制程序，完成产品加工。

中国职业技能大赛电工赛项，按照国家职业技能标准中规定的电工职业资格标准进行，设置电气线路安装、调试和 PLC、变频器、触摸屏应用两个模块。主要考核参赛选手在企业真实项目环境下对电工项目的实践能力、设计能力和创新能力，以及团队协作、沟通能力、应变能力、职业规范等职场素质。

项目小结

1）感应系电能表主要由驱动元件、转动元件、制动元件和计度器组成。

2）单相电能表的接线应遵从发电机端守则，单相电能表都有专门的接线盒，盒内有 4 个端子，连接时按 1、3 接电源，2、4 接负载的原则。

3）三相四线有功电能表由三个单相功率表的测量机构组合而成，是按三表法测量功率的原理制成的；三相三线电能表由两个单相电能表的测量机构组合而成。

4）三相有功电能表有直接接入和带电流互感器接入两种方式。当其负载电流不大于 80A 时，宜采用直接接入式；当负载电流大于 80A 时，宜采用配有电流互感器的接入式。

5）电子式电能表主要由变换器、乘法器、电压/频率转换器、分频计数器和显示器组成。

6）预付费电子式单相电能表包括两个功能系统：测量系统和单片机处理系统。

7）电子式三相电能表主要用于计量三相有功电能，具有电能测试输出、电压式断相指示及有功电能反向指示的功能。

项目 6 频率和相位的测量

知识目标

1）理解数字式频率计的组成、原理及使用方法。
2）了解电动系相位表的面板、结构和工作原理。
3）了解整步表的作用和结构，掌握整步表的接线。

能力目标

1）能使用数字式频率计测量频率。
2）能使用相位表测量相位。
3）能使用整步表。

素养目标

1）具备团队合作、发现问题、分析问题和解决问题的能力。
2）具有严谨认真的工作态度，一丝不苟的工作作风，精益求精的工匠精神。

项目导入

频率和相位的测量广泛应用于科学技术和工程的各个领域，属于基本测量。频率和相位的测量更是与人们的生活息息相关。例如大地测量、邮电通信、地震报告、宇宙飞船和航空飞机的导航定位控制都离不开频率和相位的测量。

学习任务 6.1 数字式频率计的应用

任务目标

1）理解数字式频率计的组成和原理。
2）使用数字式频率计。

电子技术中，频率是一个重要参量。由于数字集成电路技术的飞速发展，应用计数法原理制成的数字式频率测量仪器具有精确度高、测频范围宽、便于实现测量过程自动化等一系列突出特点，所以数字式频率测量计（简称数字式频率计）已成为目前测量频率的主要仪器。下面以 DF3380 型频率计为例，介绍数字频率计的使用方法。

1. 认识数字式频率计

（1）DF3380 型数字式频率计面板介绍　DF3380 型数字式频率计面板如图 6-1-1 所示。

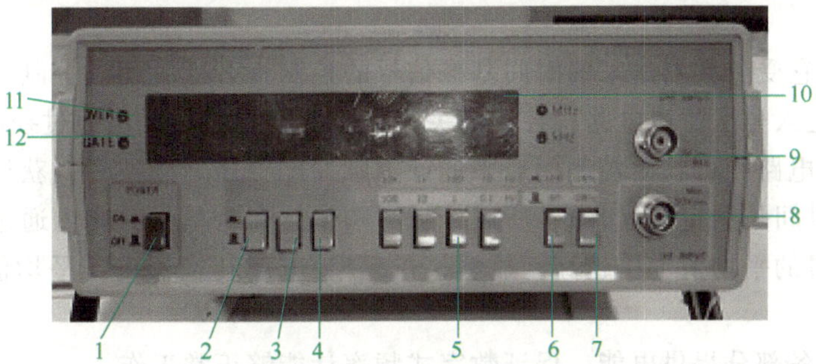

图 6-1-1　DF3380 型数字式频率计

1——电源键（POWER）：按下锁住时，电源接通，弹起时电源断开。

2——复位键（RESET）：按一下后，所有显示数据清除、复位。

3——保持键（HOLD）：按下锁住时，能记忆所显示数据。

4——显示器测试键（DISPLAY TEST）：按下后可以检查显示器是否完好，正常时 8 位七段数码管和所有小数点及溢出指示灯“OVER”全亮（除最高位小数点外）。

5——分辨力选择键（RESOLUTION）：根据测量需要选择合适的分辨力。

6——高频通道和超高频通道测量选择键（HF/UHF）：当测量频率在 10Hz～60MHz 范围时选择“HF”键，测量频率超过 60MHz 时应选择“UHF”键。

7——测量范围选择键（10MHz/60MHz）：当测量频率在 10Hz～10MHz 时选择 10MHz，当测量频率在 10MHz～60MHz 时选择 60MHz。

8——HF 通道输入端口。

9——UHF 通道输入端口。

10——8 位七段数码管。

11——溢出指示灯（OVER）：当计算器溢出时“OVER”灯亮。

12——闸门指示灯（GATE）：当计数器处于测量状态时“GATE”灯亮，在数据撤换时该灯熄灭。

（2）数字式频率计的组成　数字式频率计一般由频率/电压转换器和数字式电压基本表配合组成。频率/电压转换器的作用是将被测频率信号转换成直流电压，然后送入数字式电压基本表进行测量。其工作框图如图 6-1-2 所示。

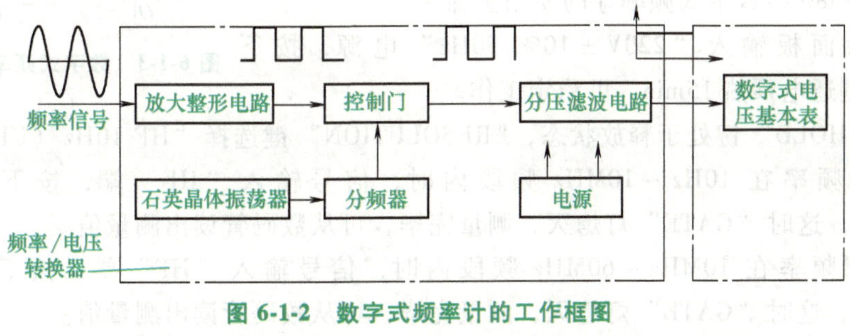

图 6-1-2　数字式频率计的工作框图

频率/电压转换器由 6 部分组成，各部分的作用和功能如下：

1）放大整形电路：把各种不同波形和幅值的频率信号转换成幅值相等、频率与被测信号频率相同的计数脉冲。

2）石英晶体振荡器：输出标准频率的振荡信号，如产生非常稳定的 32768Hz 振荡信号。

3）分频器：将石英晶体振荡器产生的高频信号分频后，获得周期为 1s 的时间基准信号，送入控制门。

4）控制门：它受分频器送来的时间基准信号的控制打开或关闭。控制门打开时，被测计数脉冲经控制门送入分压滤波电路；控制门关闭，被测计数脉冲无法通过控制门。

5）分压滤波电路：可将由控制门送来的计数脉冲经分压、滤波后，获得平均值电压。由于控制门打开的时间是固定的（1s），所以，被测频率越高，单位时间内通过的控制门的计数脉冲数越多，获得的平均值电压越高。显然，在频率/电压转换器中，平均值电压 U 与频率 f 成正比。

6）电源：向各部分提供电能，保证数字式频率计能够正常工作。

小提示

从频率/电压转换器输出的是与被测频率成正比的直流电压，直接送到数字式直流电流表，即可测量出被测信号的频率。

（3）数字式频率计的工作原理

被测的频率信号经放大整形后成为计数脉冲 CP 送到控制门，如图 6-1-3 所示。由石英晶体振荡器产生的振荡信号经分频器分频后输出时间基准信号（开门信号）T，并打开控制门。如果控制门打开的时间正好是 1s，则通过控制门送入计数器的计数脉冲 CP 的个数就是被测信号的频率。这就是数字式频率计的基本工作原理。显然，数字式频率计显示的是在 T 这段时间内被测信号的平均值。

在数字式频率计中，控制门每打开一次，就完成一次测量过程，过程结束自动回到零位，接着重复下一个测量过程。换句话说，控制门每关闭一次，显示器就显示一次被测信号的频率，而且控制门开闭的时间间隔可以调节。于是，数字式频率计就会以不同的速度重复闪动，显示出被测信号的频率。

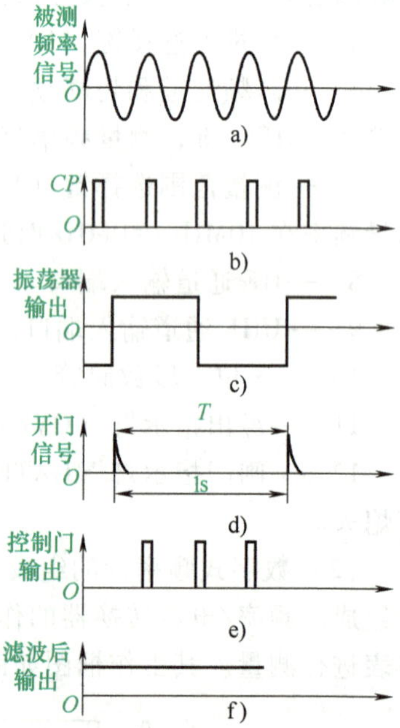

图 6-1-3 数字式频率计工作波形图

2. 数字式频率计的使用

（1）DF3380 型数字式频率计的使用步骤

1）在后面板输入“220V ± 10% 50Hz”电源，按下“POWER”键通电预热 15min，可稳定工作。

2）让“HOLD”键处于释放状态，“RESOLUTION”键选择“HF 10Hz”（UHF 1kHz）档。

3）被测频率在 10Hz ~ 10MHz 频段内时，信号输入“HF”端，按下“HF”键及“10MHz”键，这时“GATE”灯熄灭，测量完毕，可从数码管读出测量值。

4）被测频率在 10MHz ~ 60MHz 频段内时，信号输入“HF”端，按下“HF”键及“60MHz”键，这时“GATE”灯熄灭，测量完毕，可从数码管读出测量值。

5）被测频率在 60MHz ~ 1200MHz 频段内时，信号输入“UHF”端，按下“UHF”键，这样便可完成频率测量。

6）在测量速度要求较高的情况下 RESOLUTION 键可选择 HF100Hz（UHF 10KHz），反之，在测量较低频率时，为得到足够的测量精度可选择 HF 1Hz（UHF 100Hz）或更大。

7）当不需要前次测量所显示数据时，可按一次“RESET”键予以复位。

8）若对显示数据需要记忆时，可按下“HOLD”键锁住，重新测量时要释放该键。

（2）使用注意事项

1）按照要求接通数字式频率计的电源（一般为交流 220V），将输入端和被测频率信号接通（注意被测信号幅值不得超过输入端的额定电压），即可进行测量。刚开始测量时，仪表数字会出现跳数现象，应等显示值稳定后再读数。

2）被测频率与数字式频率计的连接应尽量采用带屏蔽的导线，以避免外来信号的干扰。

知识拓展

测量实例

下面介绍用 DF3380 型数字式频率计测量黑白电视机行扫描电路的行同步保持范围。行同步保持范围是指能使电视机维持同步状态的行频可调节范围。测量连线方法如图 6-1-4 所示。

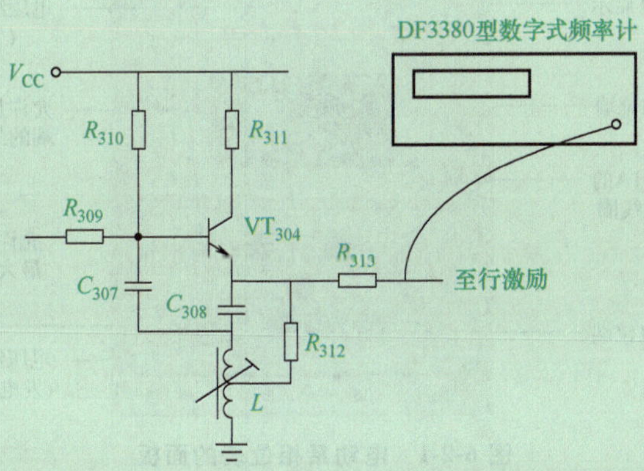

图 6-1-4 数字式频率计测量行同步保持范围的连线方法

将电视信号发生器 RF 信号接至电视机的输入端，DF3380 型数字式频率计选用 HF 通道，测试探头接至行振荡管 VT_{304} 的发射极的 R_{313} 后，测量过程如下：

1）调节行振荡线圈 L，使 DF3380 型数字式频率计显示正确的行频率 15625Hz；同时电视机屏幕上显示稳定的方格图像（或阶梯灰度图像）。

2）调节行振荡线圈 L，使行频率缓慢升高，直到屏幕上的图像出现失步，记下这时的频率值 f_H。

3）调节行振荡线圈 L，使行频率缓慢降低，直到屏幕上的图像再次失步，记下此时频率计的读数 f_L。

4）$(f_H - f_L)$ 即为行同步保持范围，一般要求 $(f_H - f_L) > 500Hz$。

学习任务6.2 电动系相位表的应用

任务目标

1）了解电动系相位表的面板、结构和工作原理。

2）掌握电动系相位表的使用方法。

相位一般是指两个同频率波形过零点的时间差，而在工业供电系统中通常指电压、电流两波形过零点的时间差。因为电压、电流过零点的时间差角的余弦即功率因数，所以工业上测量相位角，与测量功率因数都可称为相位测量。

1. 认识电动系相位表

（1）面板介绍　电动系相位表和功率因数表在工作原理、测量线路上完全相同，所不同的是电动系相位表的标度尺是按两个被测交流量的相位差 φ 刻度，而电动系功率因数表按照功率因数 $\cos\varphi$ 刻度。图 6-2-1 所示为电动系相位表的面板。

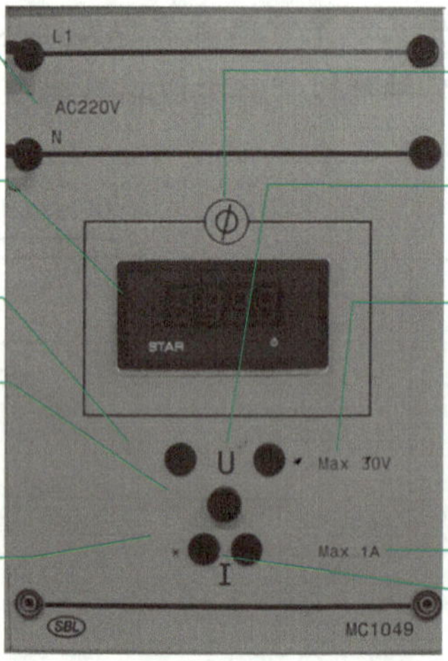

图 6-2-1　电动系相位表的面板

小提示

电动系相位表内部有两个线圈：电压线圈和电流线圈。

先明确待测量相位关系的电压 U 和电流 I，然后将电动系相位表的电流线圈与电路串联，使得待测的电流流经电流线圈；电压线圈与电路并联，使得待测的电压加在电压线圈两端。

相位表上带 * 号端为高电位端，接线时应按照待测电压电流的参考方向接入电路。

读出的电压和电流之间的相位角是以电流为参考的，即为电压超前或滞后电流的角度。

（2）结构和工作原理　电动系相位表采用比率型结构（见图 6-2-2），两个可动线圈在空

间错开 γ 角。不工作时呈随遇平衡状态。适当配置 L_1、R_1，可使指针（即可动线圈）A 的轴线位置与标度中心夹角等于被测 U、I 间的相位角。

电动系相位表的工作原理如图 6-2-3 所示。

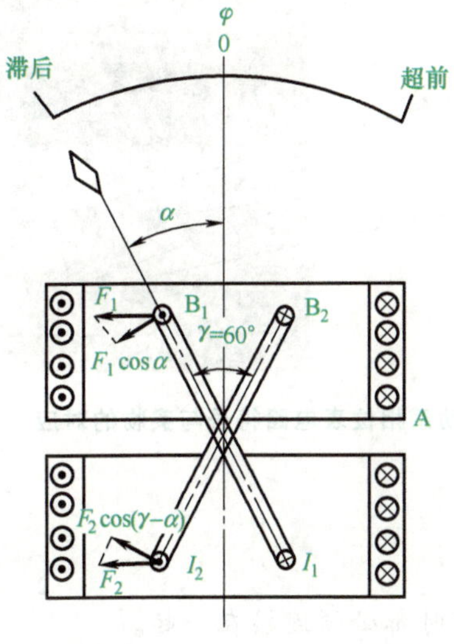

图 6-2-2　电动系相位表结构

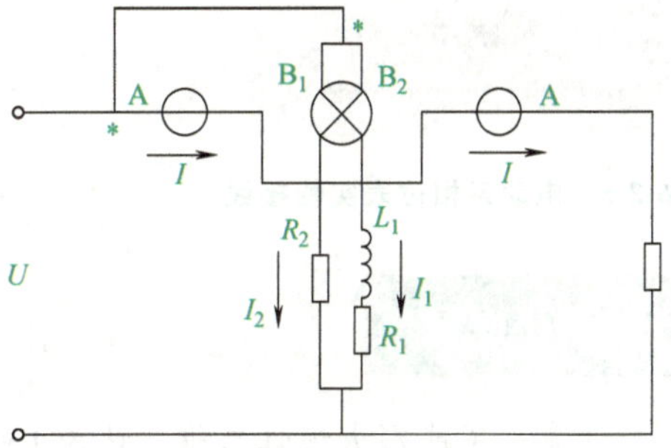

图 6-2-3　电动系相位表的工作原理

两可动线圈所受转动力矩分别为

$$M_1 = k_1 II_1 \cos\alpha\cos(II_1) = k_1 II_1 \cos\alpha\cos(\beta-\varphi)$$

$$M_2 = k_2 II_2 \cos(\gamma-\alpha)\cos(II_2) = k_2 II_2 \cos(\gamma-\alpha)\cos\varphi$$

当 $M_1 = M_2$ 时，可动部分平衡，并考虑可动线圈的结构基本相同，可认为 $k_1 = k_2$，联立求解得

$$\frac{\cos\alpha}{\cos(\gamma-\alpha)} = \frac{I_2\cos\varphi}{I_1\cos(\beta-\varphi)}$$

配置电路阻抗，使 $I_1 = I_2$；$\beta = \gamma$（β 为 U 与 I_1 的相位差，γ 为两个可动线圈的夹角），可得 $\alpha = \varphi$，如果按相位角刻度，则分度均匀，如按 $\cos\varphi$ 刻度，则分度不均匀。

2. 电动系相位表的使用

（1）接线　在测量元器件参数或者网络同一个端口的关联电压与电流的相位关系时，如图 6-2-4 所示的两种接法都是正确的。

在实际操作中，为连线方便，常使用图 6-2-5 所示的接法，即用短线将电动系相位表的 U * 和 I * 连接起来（忽略相位表电流线圈与电流表的分压）。

电动系相位表电路符号与实物的对应如图 6-2-6 所示。

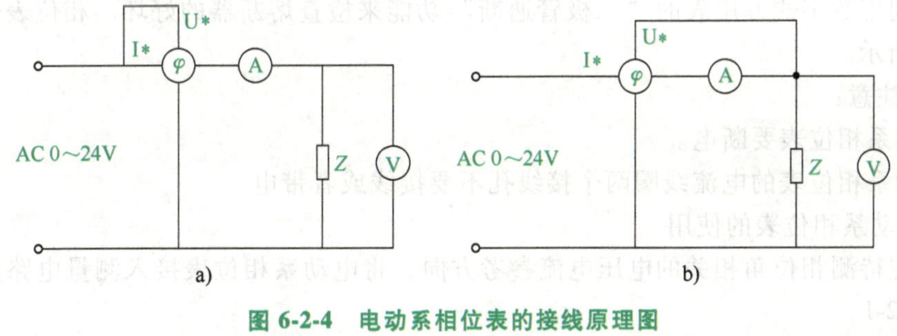

图 6-2-4　电动系相位表的接线原理图

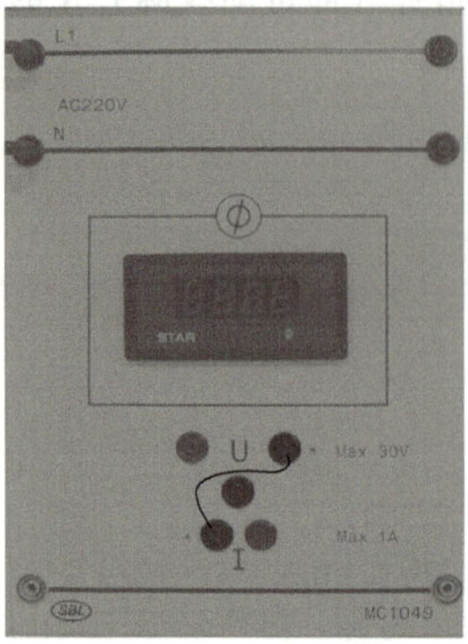

图 6-2-5　电动系相位表实物接线

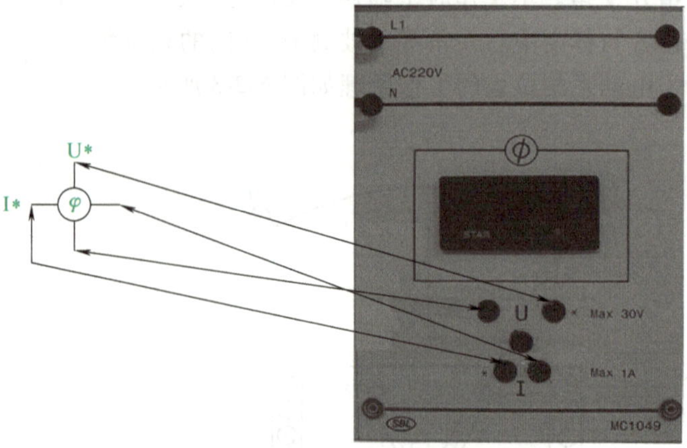

图 6-2-6　电动系相位表电路符号与实物的对应

小提示

注意：不能形成惯性思维，认为 I＊、U＊无论何时都必须连接在一起。

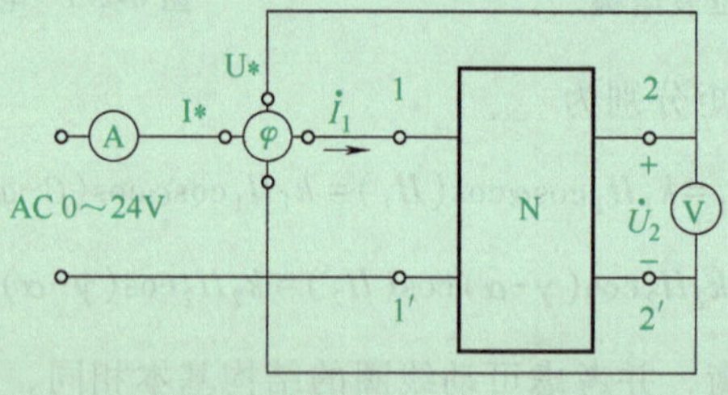

图 6-2-7　测量 U_2 与 I_1 的相位差

例如在测量图 6-2-7 所示电路的 U_2 与 I_1 的相位差时，如果将 I＊、U＊直接用导线连接，则加入电动系相位表电压线圈的电压信号是 U_1，变成测量 U_1 与 I_1 的相位差。如果在已经将 U_2 加入相位表电压线圈的基础上再将 I＊、U＊用导线连接，则不仅仅是加错电压进电压线圈的问题，很有可能 N 网络的内部结构也发生了变化，这无疑是错误的。

（2）保护装置及使用注意

1）接通电路前，要先将交流电源的输出调至 0。

2）接通电路后，调节交流电源时，务必注意观察与电动系相位表电流线圈串联的交流电流表的示数，不可调节过头，防止电流过大引发熔断器动作。

3）可利用数字式万用表的“二极管通断”功能来检查熔断器的好坏。相位表的保护装置如图 6-2-8 所示。

检查时注意：

① 电动系相位表要断电。

② 电动系相位表的电流线圈两个接线孔不要接线或者带电。

（3）电动系相位表的使用

1）给定待测相位角相关的电压电流参考方向，将电动系相位表接入测量电路图的操作方法，见表 6-2-1。

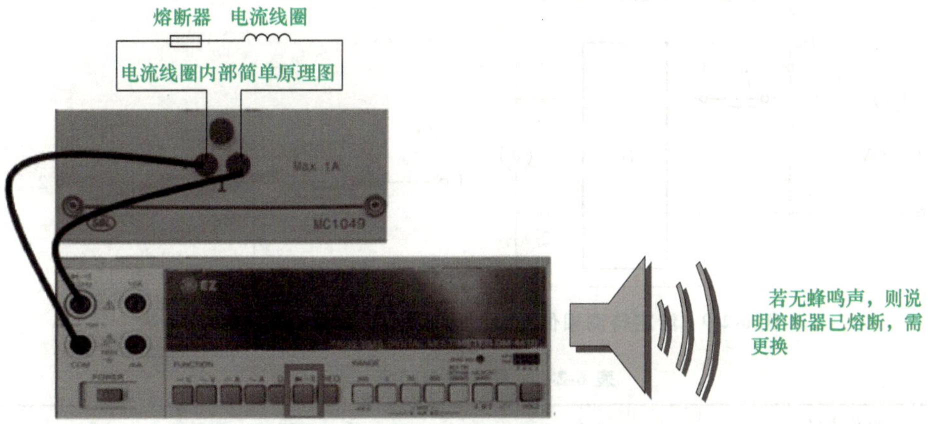

图 6-2-8　检查电动系相位表的保护装置

表 6-2-1　电动系相位表的操作方法

序号	操作方法	图　示
1	先把电动系相位表的电流线圈与电路串联	
2	根据电流参考方向标出 I*	
3	再将电动系相位表的电压线圈并联在待测电压两端	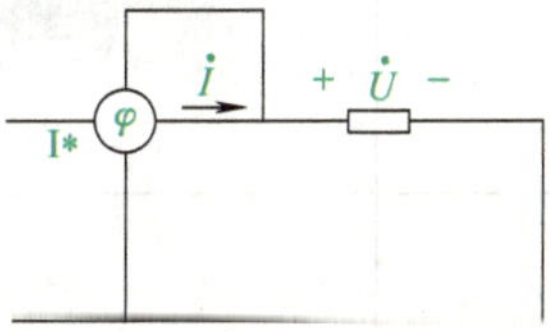
4	根据待测电压的电位标出 U*	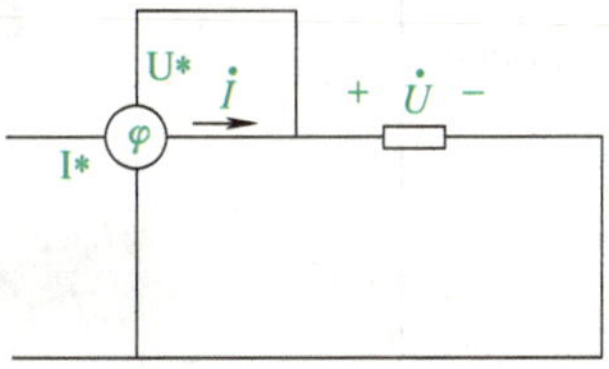
5	再根据要求加上电源、电流表及电压表等	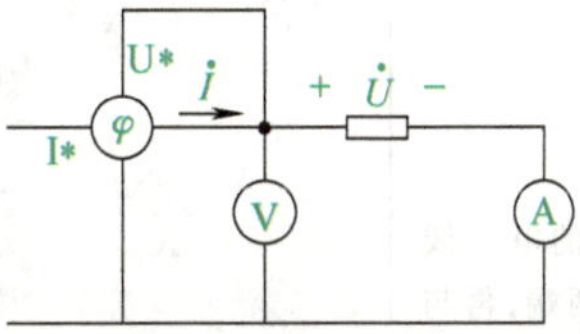

注意：测量电路图一定要直观易看。电动系相位表的位置安放要优先考虑电流线圈，电压线圈的两条线可以比较随意。

2）给定待测相位角相关的电压电流方向，进行实物连接，如图 6-2-9 所示。具体连接步骤见表 6-2-2。

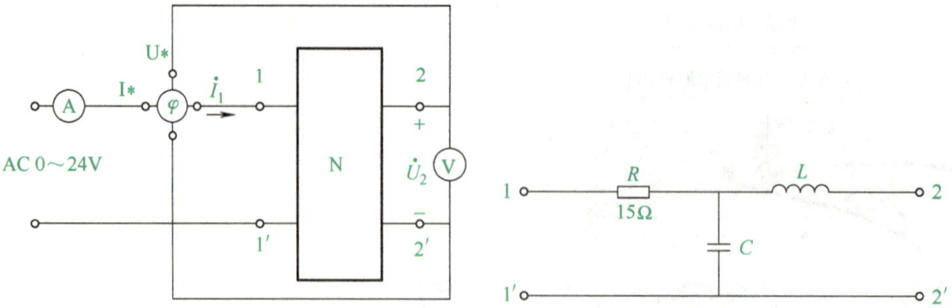

图 6-2-9　给定待测相位角相关的电压电流方向的连接图

表 6-2-2　具体连接步骤

序号	操作方法	图　　示
1	把电源通电调至 0	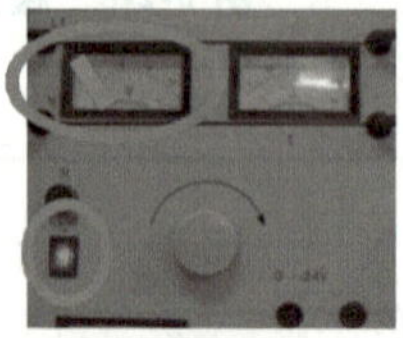
2	将电动系相位表的电流线圈与电流表串联，再串联被测电流支路，接线时应注意使电流从电动系相位表电流线圈的 I＊孔流入	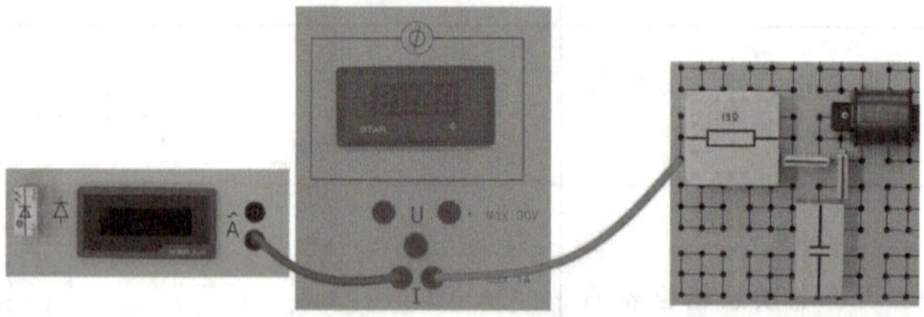
3	将电源接入电路中相应位置	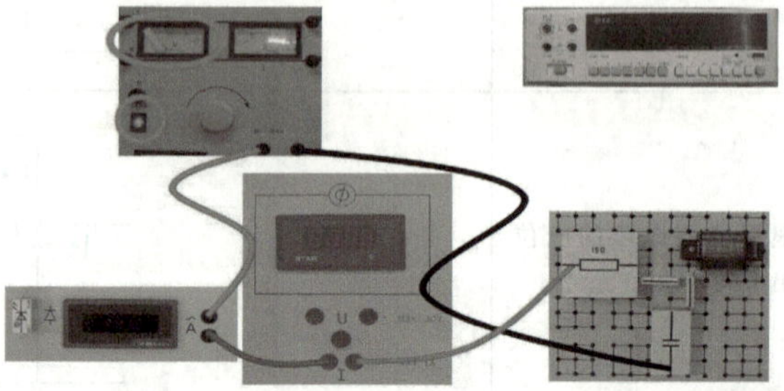
4	将电动系相位表的电压线圈并联在被测电压两端，再与电压表并联，接线时应注意电动系相位表电压线圈的 U＊孔接在被测电压的高电位端	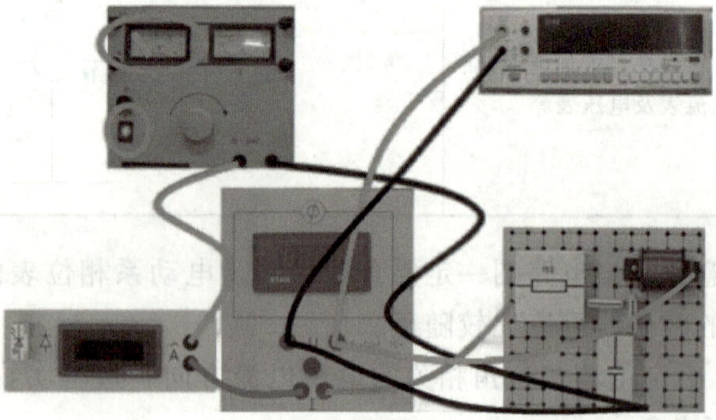

知识拓展

电动系三相相位表

电动系三相相位表与电动系单相相位表的原理完全相同，如图 6-2-10 所示，只是两个可动线圈所连接的元件不同，单相相位表接 R、L 元件，而三相相位表两路都是接电阻，分别为 R_1、R_2。电动系三相相位表只适用于负载对称的三相三线制电路，使用时可动线圈 B_2 通过电阻 R_1 接 U、V 相，可动线圈 B_1 通过电阻 R_2 接 U、W 相。其相量图如图 6-2-11 所示。

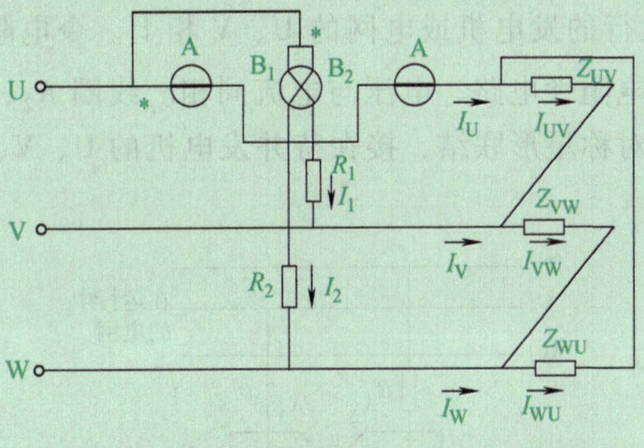

图 6-2-10　电动系三相相位表的原理图

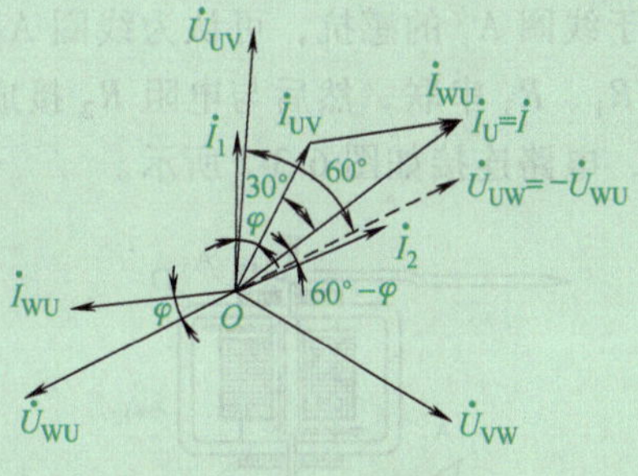

图 6-2-11　相量图

从图 6-2-11 相量图可知

$$\widehat{II_1} = 30°+\varphi$$

$$\widehat{II_2} = 30°-\varphi$$

$$\frac{\cos\alpha}{\cos(\gamma-\alpha)} = \frac{I_2\cos(30°-\varphi)}{I_1\cos(30°+\varphi)}$$

$$\alpha = F(\varphi)$$

指针偏转角 α 是相位角 φ 的函数，指针位置可直接反映相位角。

学习任务 6.3　整步表的应用

任务目标

1）了解整步表的作用和结构。

2）掌握整步表的接线，读懂整步表的标尺。

整步表可检测待并网发电机与电网间的频率和相位是否相同，发电机并网需满足以下条件：

1）同相序，在发电机装调试时解决。

2）同幅值，需要接两个电压表。

3）同频率，需接一个频率表。

4）同相位，需接一个整步表。

整步表能同时反应频率和相位的差异，但不显示频率的数值。

1. 1T1-S 型整步表的结构

该型整步表由固定线圈 A_1、A_2、A_3 和一个可动的 Z 字形铁心组成，A_1 做成圆筒状套在轴套 C 上，A_2、A_3 做成方扁形，互成 90°夹角套在 A_1 的外面。转轴可在轴套中转动，在转轴的上、下两端，各固定一个扇形铁片 D 和两个 Z 字形铁片，铁片受力时可带动轴和指针旋转，如图 6-3-1 所示。

2. 1T1-S 型整步表的连接

测量时，将线圈 A_1 串接电阻 R，接在已在运行的发电机或电网的 U、V 相上。令电阻数值远大于线圈 A_1 的感抗，可认为线圈 A_1 是一个电阻性电路，电压与电流同相。线圈 A_2、A_3 分别与 R_1、R_3 串联，然后与电阻 R_2 接成一个不对称星形联结，接在待并发电机的 U、V、W 三相上，电路连接如图 6-3-2 所示。

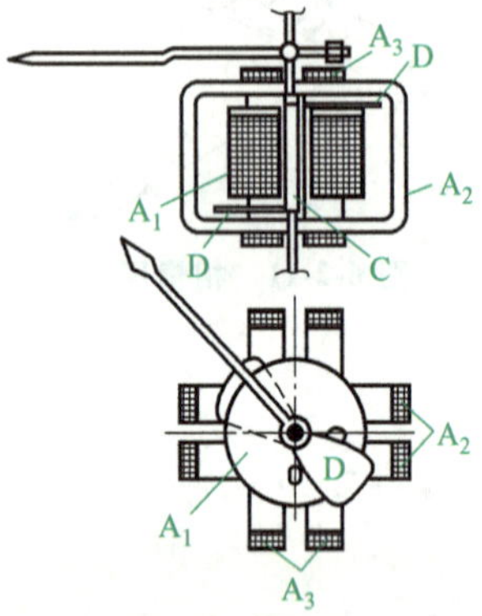

图 6-3-1　整步表的结构

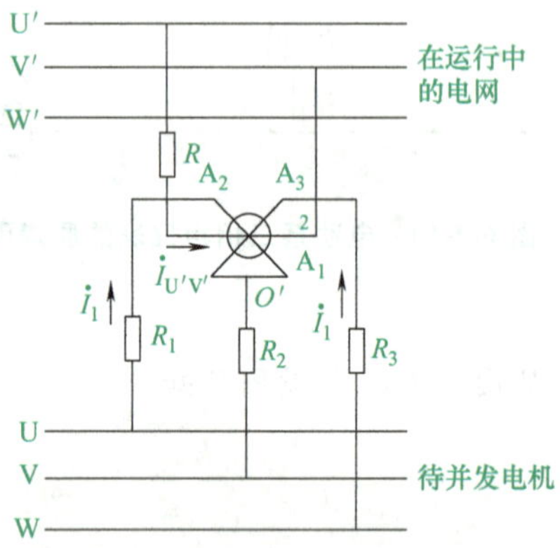

图 6-3-2　整步表的电路连接线

3. 标尺

标尺上只注明“快”“慢”和一条红色的同步线，当待并发电机的频率比电网频率高时，指针将顺时针旋转，表示待并发电机的转速偏快。当待并发电机的频率比电网频率低时，指针将逆时针旋转，表示待并发电机的转速偏慢。待并发电机与电网的相位差越大，指针离红线越远，指针偏离红线的状态反映了两个频率和相位的差异，如图 6-3-3 所示。

图 6-3-3　整步表

知识拓展

MZ-10型组合式同期指示表

MZ-10型组合式同期指示表（见图6-3-4）是由频率差指示、同期指示和电压差指示三个测量机构组成的仪表。它用来在工频单相、三相发电机与运行的电网系统进行并联时，指示电压、频率和相位同期性。

1）仪表如存放在仓库内，应在制造厂原包装条件下放在支架上保管，如存放在工作间内，应放在封闭的柜子或箱里。

2）仪表存放的地方应清洁，其环境温度为0~10℃，相对湿度不超过85℃。且在空气中不应含有足以引起腐蚀的有害杂质。

3）仪表不应受到敲击、碰撞或剧烈振动。

4）仪表的盖不可剧烈摩擦及受高温的辐射热，在盖的内表面涂有防静电剂，切勿擦刷盖的内表面，以免破坏防静电性能。

5）仪表内涂有止动漆的部分，不能随意拆动，以免影响仪表质量。

图6-3-4 MZ-10型组合式同期指示表

项目小结

1）数字式频率计一般由频率/电压转换器和数字式电压基本表配合组成。频率/电压转换器的作用是将被测频率信号转换成直流电压，然后送入数字式电压基本表进行测量。

2）电动系相位表采用比率型结构。相位表的接线和功率表相同，都遵守“发电机端守则”。

3）给定待测角度相关的电压电流方向，将相位表画进测量电路图，并进行实物连接。

4）整步表能同时反应频率和相位的差异，但不显示频率的数值。标尺上只注明“快”“慢”和一条红色的同步线，当待并发电机的频率比电网频率高时，指针将顺时针旋转，表示待并发电机的转速偏快。当待并发电机的频率比电网频率低时，指针将逆时针旋转，表示待并发电机的转速偏慢。

项目 7　信号波形的测量

知识目标

1）了解低频信号发生器、示波器的组成。
2）理解逻辑分析仪和晶体管特性分析仪的工作原理。
3）掌握信号波形的测量方法。

能力目标

1）能学会低频信号发生器的输出频率、输出电压调节方法。
2）能学会示波器的使用方法。
3）能学会逻辑分析仪和晶体管特性分析仪的使用方法。

素养目标

1）养成良好的工作习惯，严格遵守规章制度和操作规程。
2）具备一丝不苟、精益求精、认真负责的工作态度和职业操守。

项目导入

在测试、研究或调整电子电路及设备，测定电路的电参量时，用于产生不同频率、不同波形的电压、电流信号的装置，统称为信号发生器，也称为信号源。随着现代通信理论、信息理论、计算机科学技术及微电子技术等的飞速发展，信号检测技术也在向干扰环境更复杂、信号形式多样化、技术指标要求更高、应用范围越来越广的方向发展，并已广泛应用于电子信息系统、生物医学工程、航空航天系统工程、模式识别、自动控制等领域。

学习任务 7.1　低频信号发生器的应用

任务目标

1）掌握低频信号发生器的组成及工作原理。
2）熟练掌握低频信号发生器的使用方法。
3）在实际应用中理解低频信号发生器的使用注意事项。

1. 低频信号发生器的基本概念

低频信号发生器是用来产生标准低频正弦信号的一种电子仪器。作为测试用的信号源，能根据需要输出正弦电压或电流，供电气设备或电子线路的调试及维修使用。

2. 低频信号发生器的组成及原理

低频信号发生器主要由振荡器、射极输出器、衰减器、电压表和直流稳压电源五部分组成，其结构如图 7-1-1 所示。

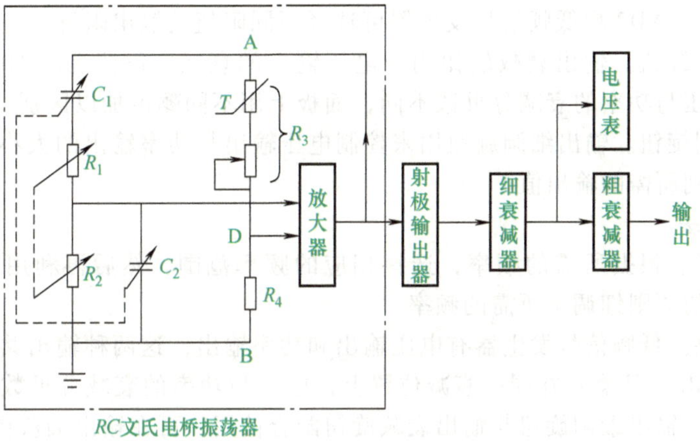

脉冲信号发生器

图 7-1-1　低频信号发生器的结构

（1）振荡器　振荡器是测试信号源的“心脏”部分，目前低频信号发生器中应用最多的是 *RC* 文氏电桥振荡器，由它决定输出信号的重要参数，如频率、稳定性等。

（2）射极输出器　射极输出器接在 *RC* 文氏电桥振荡器的输出端。防止因负载的变动而影响振荡器的稳定，起到隔离作用。利用射极输出器做阻抗变换，可提高其带负载的能力。

（3）衰减器　衰减器将输出信号幅度调节到所需要的数值。

（4）电压表　电压表可以指示出信号电压的大小。

（5）直流稳压电源　直流稳压电源是供给振荡器和放大器的电源。

3. 认识低频信号发生器的面板布置

（1）面板布置　以 XD2 型低频信号发生器为例，其面板布置如图 7-1-2 所示。

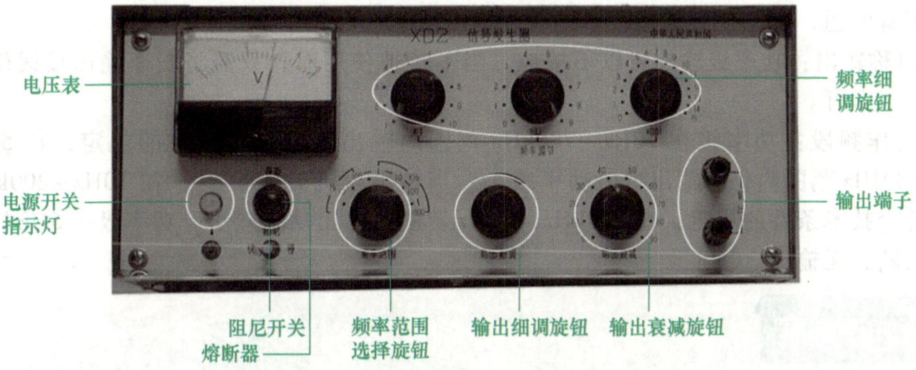

图 7-1-2　XD2 型低频信号发生器的面板布置

1）频率范围选择与频率细调旋钮。XD2 型低频信号发生器的频率范围在 1Hz～1MHz 之间分为 6 个频段：1～10Hz、10～100Hz、100Hz～1kHz、1～10kHz、10～100kHz、100kHz～1MHz。频率范围选择旋钮用于选择所需频段，频率细调旋钮按十进制排列，用于调准所需频率值。

2）电压测量。根据待测电压的大小，选择合适的量程。量程分为5V、15V、50V、150V共4档。有的低频信号发生器电压表旁有个开关，标有“内”“外”字样。当测量开关置于“内”时，电压表直接接到电压输出端，用来测量输出电压；当测量开关置于“外”时，用于测量外电路的输入电压。

3）阻尼开关。阻尼开关通常置于“快”，当表针摆动较快时，再放到“慢”位置，以减少指针的摆动。

4）输出端子。XD2型低频信号发生器可选择不同阻值的输出阻抗，与负载匹配。

5）输出衰减旋钮。输出衰减旋钮用于电压输出的衰减，每档衰减10dB。注意：在同一衰减位置上，电压与功率的衰减分贝数不同，面板上用不同颜色加以区别。

6）输出细调旋钮。输出细调旋钮用来控制电压输出与功率输出的大小，与输出衰减旋钮配合使用，可得到所需的输出值。

（2）使用方法

1）频率选择。根据所需的频率，选择相应的频率范围，然后再利用频率细调的3个旋钮，按照十进制的原则细调至所需的频率。

2）输出调整。低频信号发生器有电压输出和功率输出，这两种输出共用一个输出衰减旋钮，每档衰减10dB。注意：在同一衰减位置上，电压与功率的衰减分贝数不同，面板上用不同颜色加以区别。输出细调旋钮与输出衰减旋钮配合使用，可在输出端获得所需电压值。

3）电压输出。从电压输出端可获得非线性失真系数较小（<0.1%）的电压，通过输出衰减可获得200μV的电压小信号。电压输出端最大可输出5V，其输出阻抗随输出衰减量的变化而变化。为保证衰减的准确性及输出波形的失真不超过一定值（主要是在电压衰减为0dB时），电压输出的负载应大于5kΩ以上。

4）功率输出。使用功率输出时，有功率开关的首先要按下功率开关。

① 阻抗匹配：功率级设有75Ω、150Ω、600Ω、5kΩ输出阻抗，欲得到最大输出功率，应使负载与输出阻抗匹配，若做不到，一般应使实际使用的负载值大于所选用的数值，否则将造成波形的失真。当负载为高阻抗时，应将内负载按键按下，以免工作频段的两端输出电压下降，当功率输出衰减为0dB时，输出阻抗将小于旋钮所指示的阻抗值。

② 保护电路：当开机时或改变频率换档时，由于过电流的冲击，功放过载指示发光二极管可能闪亮一下后立即熄灭，这是正常现象。若在使用过程中，该指示发光二极管一直点亮，说明使用有问题，可能是负载短路、过载或输出功率过大等，应及时排除。

③ 对称输出：功率级输出可以不接地，当不接地使用时，只需将功率输出接线端与地的连接片取下即可。

④ 工作频段：功率级在10Hz~700kHz范围的输出符合技术条件的规定，在5~10Hz、700kHz~1MHz范围内仍有输出，但功率减小。当输出阻抗为5kΩ时，在10Hz~200kHz范围的输出符合技术条件的规定，在200kHz~1MHz范围内输出功率减小。功率级在5Hz以下时输入自动切断，无输出。

知识拓展

信号发生器

信号发生器是一种能提供各种频率、波形和输出电平电信号的设备。在测量各种电信系统或电信设备的振幅特性、频率特性、传输特性及其他电参数时，以及测量元器件的特性与参数时，用作测试的信号源或激励源。信号发生器又称信号源或振荡器，在生产实践和科技领域中有着广泛的应用。能够产生多种波形，如三角波、锯齿波、矩形波（含方波）、正弦波的电路被称为函数信号发生器（见图 7-1-3）。

函数信号发生器在电路实验和设备检测中具有十分广泛的用途。例如在通信、广播、电视系统中，都需要射频（高频）发射，这里的射频波就是载波，把音频（低频）、视频信号或脉冲信号运载出去，就需要能够产生高频的函数信号发生器。在工业、农业、生物医学等领域，如高频感应加热、熔炼、淬火、超声诊断、核磁共振成像等，都需要功率或大或小、频率或高或低的函数信号发生器。

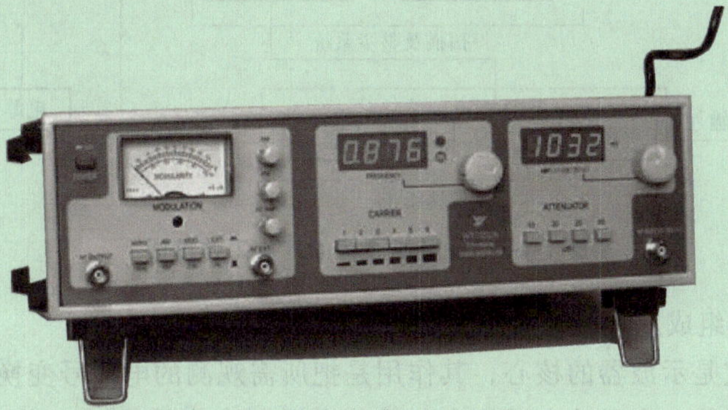

图 7-1-3　函数信号发生器

学习任务 7.2　示波器的应用

任务目标

1）了解通用双通道示波器的结构和工作原理。
2）掌握示波器面板控制件的作用和使用方法。
3）掌握用示波器观察波形、测量电压和频率的方法。

1. 示波器的基本概念

示波器是利用示波管内电子束在电场或磁场中的偏转，显示随时间变化的电压信号（波形）的一种观测仪器。它不仅可以定性观察电路（或元器件）的动态过程，而且还可以定量测量各种电学量，如电压、周期、波形的宽度及上升、下降时间等。用双踪示波器还可以测量两个信号之间的时间差或相位差，显示两个相关函数的图像。示波器还可以用作其他显示设备，如晶体管特性曲线、雷达信号等。配上各种传感器，还可用于各种非电量测量，如压力、声光信号、生物体的物理量（心电、脑电、血压）等。

自 1931 年美国研制出第一台示波器至今，它在各个研究领域都取得了广泛的应用，示波器本身也发展成为多种类型，如慢扫描示波器、各种频率范围的示波器、取样示波器、记忆示波器等，已成为科学研究、实验教学、医药卫生、电工电子和仪器仪表等各个研究领域和行业最常用的仪器。

2. 普通示波器的组成

普通示波器的基本工作框图如图 7-2-1 所示，它主要由示波管、y 轴偏转系统、x 轴偏转系统、扫描系统、整步系统、电源五部分组成。

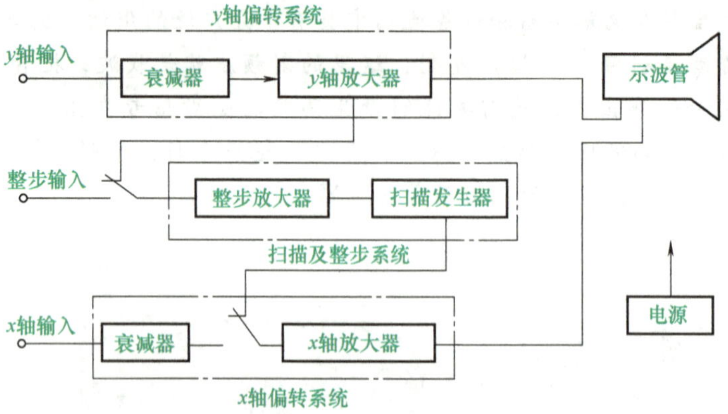

图 7-2-1　普通示波器的基本工作框图

示波器的使用方法

根据示波器基本组成原理图，分析各部分特点作用。

（1）示波管　它是示波器的核心，其作用是把所需观测的电信号变换成发光的图形。

（2）电子放大系统　电子放大系统由 y 轴放大器（竖直放大器）和 x 轴放大器（水平放大器）及相应的衰减器组成，其作用是在偏转板上加足够的电压，使电子束获得明显偏移，进而对较弱的被测信号进行放大。

（3）扫描触发系统　扫描触发系统由扫描发生器和触发电路组成。扫描发生器的作用是产生一个与时间成正比的电压作为扫描信号，触发电路的作用则是形成触发信号。示波器工作在自动（AUTO）方式时，扫描发生器始终有扫描信号输出；当示波器处于AC/DC 触发方式工作时，扫描发生器必须有触发信号的激励才能产生扫描信号，一般内触发方式时，触发信号由被测信号产生，满足同步要求；外触发方式时，触发信号由外部输入信号产生。

（4）电源　由变压器、整流及滤波等电路组成，作用是向整个示波器供电。

3. 示波器的工作原理

（1）示波管的基本知识　示波管是示波器的核心元件。因此，熟悉示波管的结构及工作原理，对掌握整个示波器的工作原理具有重要意义。

示波管（RT）主要由电子枪、荧光屏和偏转系统三大部分组成，示波管的基本结构如图 7-2-2 所示。

1）电子枪。电子枪的作用是发射电子束，轰击荧光屏，使之发光。电子枪由灯丝、阴极、控制栅极、第一阳极和第二阳极组成。

2）荧光屏。荧光屏的作用是显示被测波形。荧光屏位于示波管前端，在玻璃内壁上涂有一层荧光粉，荧光粉在高速电子束的撞击下能发光。发光的强弱与激发它的电子数量多少和速度快慢有关。电子数量越多、速度越快，产生的光点越亮，反之亦然。荧光粉在电子束停止撞击后，其发光仍能持续一段时间，这种现象称为“余晖”。

3）偏转系统。偏转系统的作用是使电子束有规律地移动，从而在荧光屏上显示出被测波形。根据偏转原理不同，示波管中的偏转系统又可分为静电偏转和电磁偏转两种。常见的静

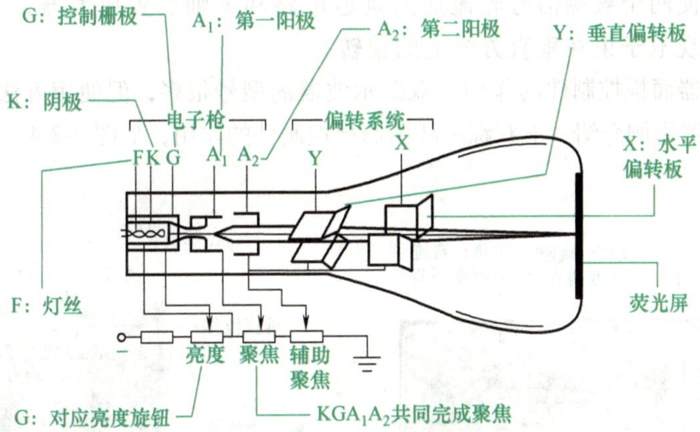

图 7-2-2　示波管的基本结构

电偏转系统包括靠近电子枪上下放置的一对垂直偏转板和离电子枪较远且水平放置的一对水平偏转板。

（2）示波原理　电子束从电子枪中发射出来后，受到阳极正电压的吸引，经偏转系统向荧光屏方向加速前进。如果偏转板上不加电压，则电子束只能径直射向荧光屏中央，使荧光屏中央出现一个光点。如果在垂直偏转板上加正弦电压，在水平偏转板上加锯齿波电压，最终在示波器中将会显示出正弦波波形，如图 7-2-3 所示。

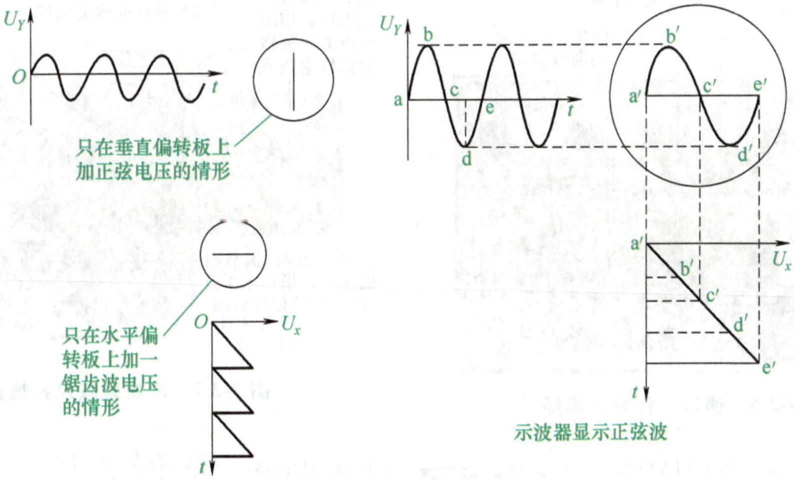

图 7-2-3　示波原理

4. 双踪示波器的工作原理及使用方法

（1）双踪示波器简介　能在同一屏幕上同时显示两个被测波形的示波器称为双踪示波器。要在一个示波器的屏幕上同时显示两个被测波形，通常是用电子开关控制两个被测信号，不断交替地送入普通示波管中进行轮流显示，只要轮换的速度足够快，由于示波管的余晖效应和人眼的视觉残留作用，屏幕上就会同时显示出两个波形的图像。

双踪示波器的垂直系统和普通示波器相比，主要的区别是设有两个 y 轴通道及增加了电子开关和门电路。被测的两个信号由 y 轴的两个通道 CH1 和 CH2 分别输入，经各自的探头、衰减器、前置放大器后送入各自的门电路（CH1 门电路和 CH2 门电路），门电路受电子开关的控制轮流打开，使两个被测信号轮流送入延迟电路和 y 轴后置放大器，最后送到示波器的垂直偏转板上，实现电子束在垂直方向上的偏转。

（2）双踪示波器面板控制件的作用　双踪示波器的型号很多，但使用方法大同小异，下面以DF4320型双踪示波器为例介绍一下双踪示波器面板控制件的作用，如图 7-2-4~图 7-2-9 所示。

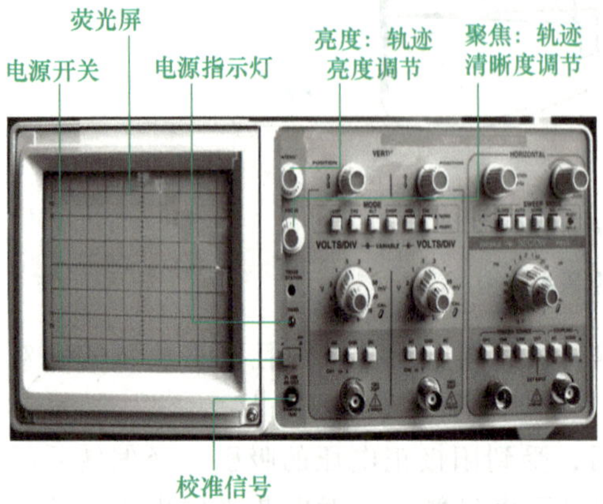

图 7-2-4　示波管控制部件

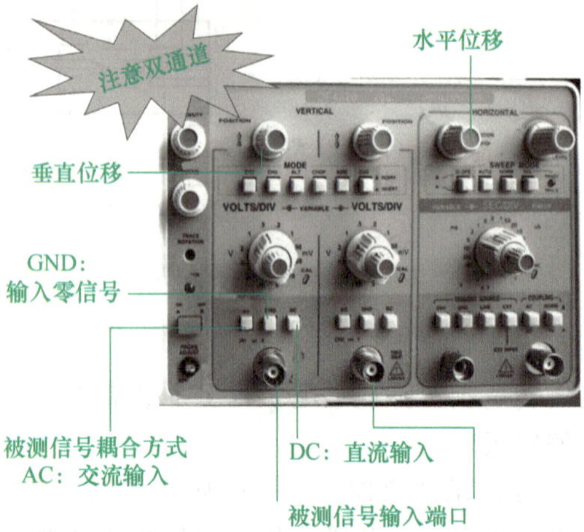

图 7-2-5　被测信号输入

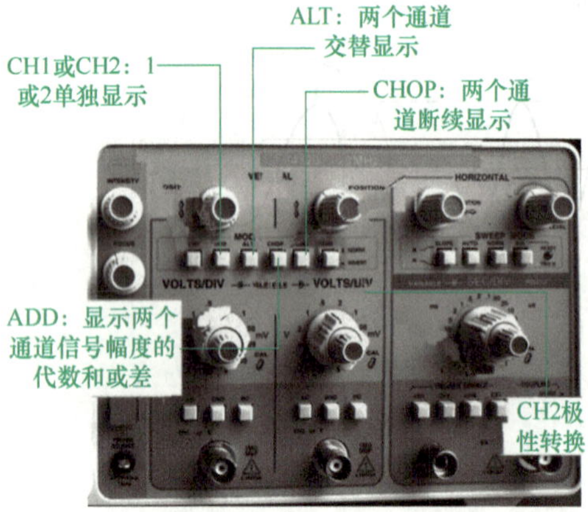

图 7-2-6　通道工作方式选择

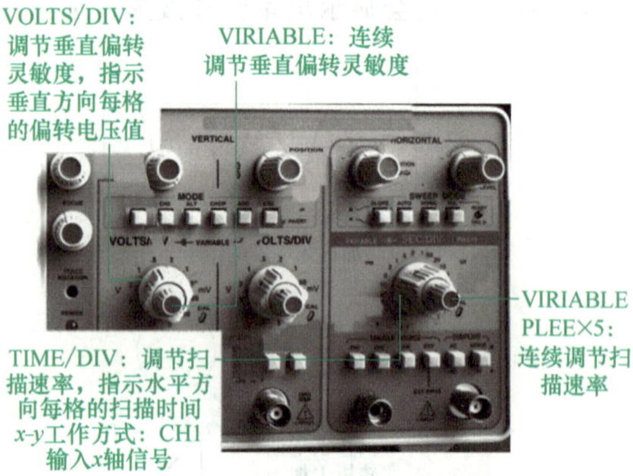

图 7-2-7　电压衰减及扫描速率

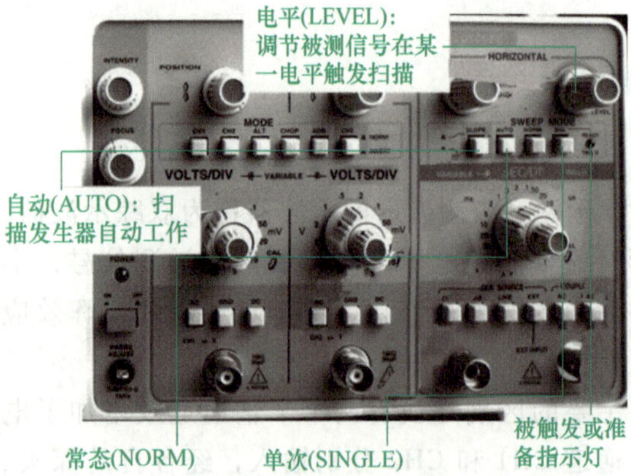

图 7-2-8　扫描方式选择

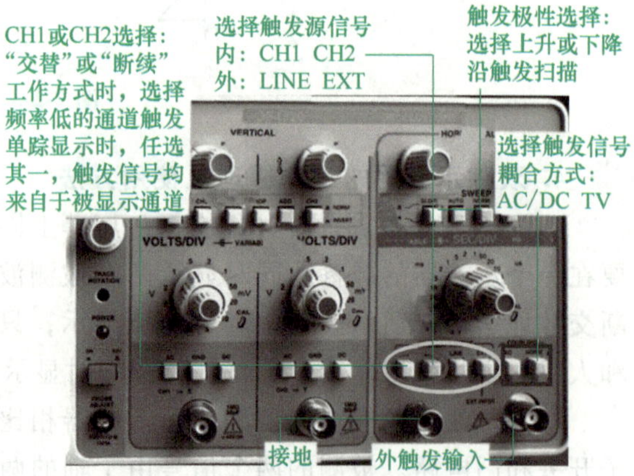

图 7-2-9　触发方式选择

（3）测量前双踪示波器面板控件的位置　测量前双踪示波器面板控件的位置见表7-2-1。

表7-2-1　测量前双踪示波器面板控件的位置

面板控件名称	作用位置	面板控件名称	作用位置
亮度(INTENSITIV)	居中	输入耦合	DC
聚焦(FOCUS)	居中	扫描方式(SWEEP MODE)	自动
位移(三只)(POSITION)	居中	触发极性(SLOPE)	
垂直方式(MODE)	CH1	扫描速率(SEC/DIV)	0.5ms
电压衰减(VOLTS/DIV)	0.1V(X)	触发源(TRIGGER SOURCE)	CH1
微调(VIRIABLE)	顺时针旋足	触发耦合方式(COUPLING)	AC 常态

注：测量时对控件进行适当的调节。

（4）双踪示波器的使用方法

1）测量前的准备工作。

① 显示扫描线：在接通电源之前，应设置仪器的开关及控制按钮。

② 打开电源：调节亮度和聚焦旋钮，使扫描基线清晰度较好。

③ 一般情况下，应将垂直位移和水平位移旋钮处于“校准”位置，以便读取V/Div和T/Div的数值。

④ 调节CH1垂直位移旋钮，使扫描基线设定在屏幕的中间，若此光迹在水平方向略微倾斜，则应调节光迹旋转按钮，使光迹与水平刻度线相平行。

⑤ 校准探头：由探头输入方波校准信号到CH1输入端，将峰峰值为0.5的校准信号加到探头上，将“AC-GND-DC”开关置于“AC”位置，校准波形将显示在屏幕上。

2）测量信号的步骤。

① 将被测信号输入到示波器通道输入端。注意输入电压不可超过400V（$DC+AC_{P-P}$）。使用探头测量大信号时，必须将探头衰减开关拨到“×10”位置，此时输入信号缩小到原值的1/10，实际的V/Div值为显示值的10倍。如果将V/Div值置于0.5V/Div，那么实际值应等于5V/Div。测量低频小信号时，可将探头衰减开关拨到“×1”位置。

② 按照被测信号参数的测量方法不同，选择各旋钮的位置，使信号正常显示在荧光屏上，记录测量的读数或波形。测量时必须注意将y轴增益微调旋钮和x轴增益微调旋钮旋至“校准”位置。

③ 根据记下的读数进行分析、运算、处理，得到测量结果。

5. 双踪示波器在电气测量中的应用

（1）电压的测量　利用双踪示波器所进行的任何测量，最终都归结为对电压的测量。双踪示波器不仅可以测量直流电压、正弦电压、脉冲或非正弦电压的幅值，而且还可以测量各种电压波形的频率及相位，这是其他任何电压测量仪器不能比拟的。常用的直接测量法就是直接从屏幕上测量出被测电压波形的高度，然后换算成电压值。

1）交流电压的测量。将y轴输入耦合开关置于“AC”位置，显示出输入波形的交流成分。如果交流信号的频率很低，则应将y轴输入耦合开关置于“DC”位置。

将被测波形移至屏幕的中心位置，用“V/Div”开关将被测波形控制在屏幕有效工作范围内，按坐标分格尺的分格读取整个波形在y轴方向的读数H，则被测电压的峰峰值（U_{P-P}）就等于“V/Div”开关指示值与H的乘积。使用探头“×10”档衰减后进行测量时，应把探头的衰减量计算在内，即把上述计算数值乘以10。

如图 7-2-10 所示，双踪示波器的 y 轴偏转因数置于“1V/Div”档，被测波形在 y 轴的幅度 H 为 6Div，则该信号的电压峰峰值为

$$U_{P-P}=6\times1V=6V$$

最大值为

$$U_m=3\times1V=3V$$

有效值为

$$U=\frac{U_m}{\sqrt{2}}=\frac{3}{\sqrt{2}}V\approx2.12V$$

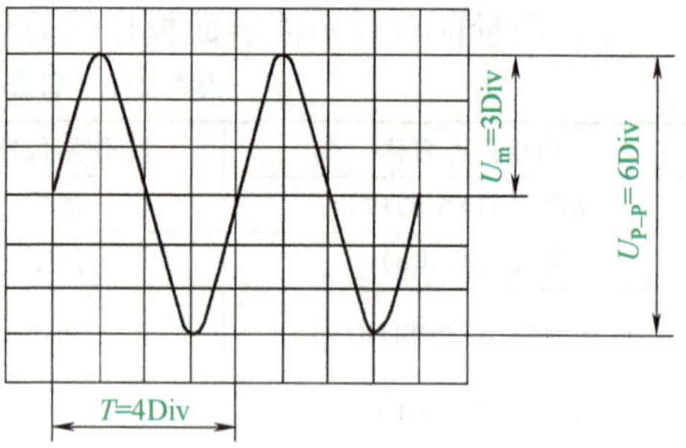

图 7-2-10　交流电压的测量

如果测量时 y 轴输入端采用了 10∶1 衰减的探头，则 $U=2.12\times10V=21.2V$。

2）直流电压的测量。将 y 轴输入耦合开关置于“GND”位置，触发方式开关置于“自动”位置，使屏幕显示一条水平扫描线，此扫描线便为零电平线。

将 y 轴输入耦合开关置于“DC”位置，加入被测电压，此时，扫描线在 y 轴方向产生跳变位移 H，被测电压即为“V/Div”开关指示值与 H 的乘积。

直接测量法简单易行，但误差较大。产生误差的原因主要有读数误差、视觉误差和双踪示波器的系统误差（衰减器、偏转系统及示波管边缘效应）等。

（2）时间和周期的测量　双踪示波器中的扫描发生器能产生与时间呈线性关系的扫描线，因此可以用荧光屏的水平刻度来测量波形的时间参数，如周期性信号的重复周期、脉冲信号的宽度、时间间隔、上升时间（前沿）和下降时间（后沿）、两个信号的时间差等。

1）脉冲参数的测量。用双踪示波器测量脉冲波形参数时，由于其 y 轴电路中有延迟电路，使用内触发方式能很方便地测出脉冲波形的上升沿和下降沿的时间，如图 7-2-11a 所示，测量上升沿时可调整脉冲幅度，使其占 5Div 左右，并使 10% 和 90% 电平处于网格上，这样能很容易读出上升沿的时间。测量脉冲宽度时，可将脉冲幅度调整到占 6Div 左右，这时 50% 电平也恰在网格线上，如图 7-2-11b 所示。测量脉冲幅度时，适当调整“V/Div”开关，使显示的波形较大，较容易读出刻度值，如图 7-2-11c 所示。

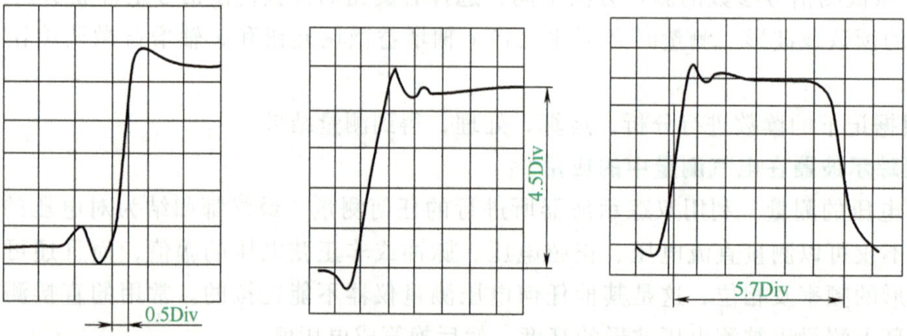

a) 测量上升沿的时间　b) 测量脉冲宽度　c) 测量脉冲幅度

图 7-2-11　脉冲参数的测量

2）周期的测量。如图 7-2-10 所示，若已知扫描偏转因数为 1μs/Div，则该正弦波的周期为

$$T=4\times1\mu s=4\mu s$$

3）相位的测量。利用双踪示波器可以方便地测量两个同频率正弦交流电的相位，具体方

法是：在 CH1、CH2 输入插孔分别输入两个正弦波电压，显示开关置于"交替"位置，调节"y 移位"，使两个电压波形对称于水平中心轴，波形如图 7-2-12 所示。波形与中心轴交点 a、b 之间即为 A 电压的一个周期 T。a、c 之间则是两电压的相位差，若相位差角度为 φ，图 7-2-12 中，$X_{ac}=2\text{Div}$，$X_{ab}=8\text{Div}$，则

$$\varphi=\frac{X_{ac}}{X_{ab}}\times360°=\frac{2}{8}\times360°=90°$$

即电压 A 超前电压 B 90°。

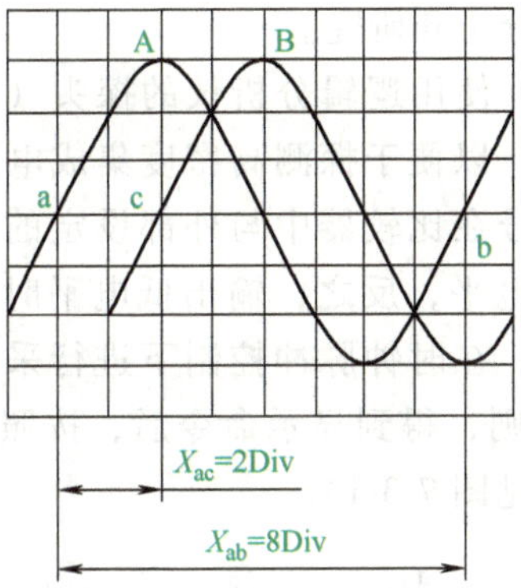

图 7-2-12　相位差的测量

知识拓展

使用双踪示波器的注意事项

1）使用前必须检查电网电压是否与双踪示波器要求的电源电压相一致。

2）通电后需预热 15min 后再调整各旋钮。必须注意亮度不可开得过大，且亮点不可长期停留在一个位置上，以免缩短示波管的使用寿命。仪器短时间不用时可将亮度关小，不必切断电源。

3）通常信号引入线都需要使用屏蔽电缆。双踪示波器的探头有的带有衰减器，读数时需加以注意。各种型号双踪示波器的探头要专用。

学习任务 7.3　逻辑分析仪的应用

任务目标

1）了解逻辑分析仪的结构和工作原理。

2）掌握逻辑分析仪面板控制件的作用和使用方法。

1. 逻辑分析仪简介

逻辑分析仪是分析数字系统逻辑关系的仪器，也是属于数据域测试仪器中的一种总线分析仪，即以总线（多线）概念为基础，同时对多条数据线上的数据流进行观察和测试的仪器，这种仪器对复杂的数字系统的测试和分析十分有效。逻辑分析仪是利用时钟从测试设备上采

集和显示数字信号的仪器，最主要作用在于时序判定。由于逻辑分析仪不像示波器那样有许多电压等级，通常只显示两个电压（逻辑 1 和 0），因此设定了参考电压（门限电平）后，逻辑分析仪将被测信号通过比较器进行判定，高于参考电压者为高电平“High”，低于参考电压者为低电平“Low”，在高低电平之间形成数字波形。

2. 逻辑分析仪的组成及原理

逻辑分析仪的工作过程就是数据采集、存储、触发、显示的过程，由于它采用数字存储技术，可将数据采集工作和显示工作分开进行，也可同时进行，必要时，对存储的数据可以反复进行显示，以利于对问题的分析和研究。

将被测系统接入逻辑分析仪，使用逻辑分析仪的探头（逻辑分析仪的探头是将若干个探极集中起来而成的，其触针细小，以便于探测高密度集成电路）监测被测系统的数据流，形成并行数据送至比较器，输入信号在比较器中与外部设定的门限电平进行比较，大于门限电平值的信号在相应的线上输出高电平，反之，输出低电平时，需要对输入波形进行整形。经比较和整形后的信号送至采样器，在时钟脉冲控制下进行采样。被采样的信号按顺序存储在存储器中，以“先进先出”为原则，得到显示命令后，按照该原则逐一读出信息，并按设定的显示方式进行被测量的显示（见图 7-3-1）。

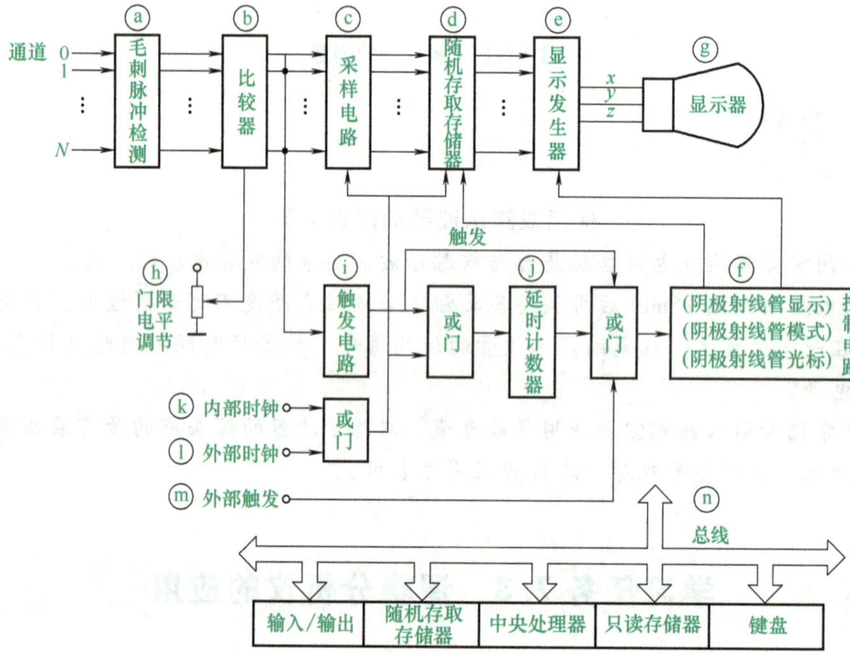

图 7-3-1 逻辑分析仪原理框图

3. 逻辑分析仪的分类

逻辑分析仪分为两大类：逻辑状态分析仪（Logic State Analyzer，LSA）和逻辑定时分析仪（Logic Timing Analyzer，LTA）。这两类逻辑分析仪的基本结构是相似的，主要区别表现在显示方式和定时方式上。

逻辑状态分析仪用字符“0”“1”或助记符显示被检测的逻辑状态，显示直观，可以从大量数码中迅速发现错码，便于进行功能分析。逻辑状态分析仪用来对系统进行实时状态分析，检查在系统时钟作用下总线上的信息状态。它的内部没有时钟发生器，用被测系统时钟来控制记录，与被测系统同步工作，主要用来分析数字系统的软件，是跟踪、调试程序、分析软件故障的有力工具。

逻辑定时分析仪用来考察两个系统时钟之间的数字信号的传输情况和时间关系，它的内部装有时钟发生器。在内部时钟控制下记录数据，与被测系统异步工作，主要用于数字设备硬件的分析、调试和维修。

4. 逻辑分析仪的显示方式

逻辑分析仪将被测数据信号用数字形式写入存储器后，可以根据需要通过控制电路将内存中的全部或部分数据稳定地显示在屏幕上，通常有以下几种显示方式。

（1）定时显示　定时显示是以逻辑电平表示的波形图的形式将存储器中的内容显示在屏幕上，显示的是一串经过整形后类似方波的波形，高电平代表“1”，低电平代表“0”。由于显示的波形不是实际波形，所以也称“伪波形”。

（2）状态表显示　状态表显示是以各种进制的数值如二进制、八进制、十进制、十六进制的形式将存储器中的内容显示在屏幕上。

（3）图解显示　图解显示是将屏幕的 x 轴方向作为时间轴，将 y 轴方向作为数据轴进行显示的一种方式。将欲显示的数字量通过 D/A 转换器转变成模拟量，将此模拟量按照存储器中取出的数字量的先后顺序显示在屏幕上，形成一个图像的点阵。

5. LAB6000 系列逻辑分析仪

（1）LAB6000 系列逻辑分析仪简介　LAB6000 系列逻辑分析仪是一款便携式逻辑分析仪，如图 7-3-2 所示，它具有由 USB2.0 接口、FPGA 结构、ARM 处理器等组成的嵌入式系统。

LAB6000 系列逻辑分析仪的采样率从 200MSA/s 到 500MSA/s 不等，具有 32 通道，每通道容量最高达 16M，适用于各种数字电路的开发、测量、分析和调试工作，还支持定制插件服务。

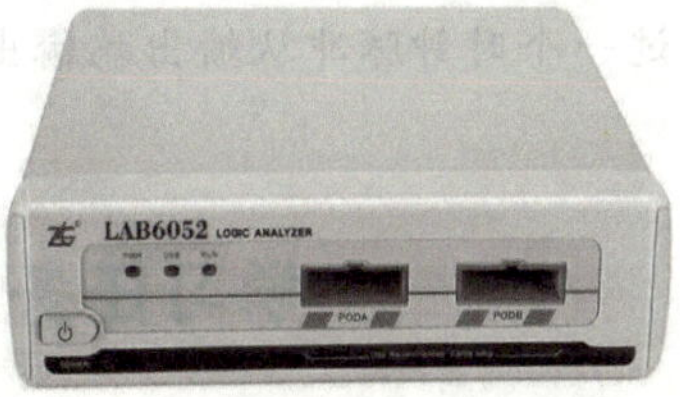

图 7-3-2　LAB6000 系列逻辑分析仪

（2）LAB6000 系列逻辑分析仪的功能特点

1）采样率高，允许灵活设置，满足广泛的数字信号调试需求。

2）存储容量为 512MB，且支持数据压缩存储（Timing、State、Timing-State），可根据被测信号的不同灵活设置，进而记录更长时间波形。

3）可集成 32 个逻辑通道，同时使用时，仍可达到 500MHz 实时采样。

4）支持立即触发、边沿触发、电平触发、数据触发、组合触发、延时触发、数据次数触发、协议触发、高级触发和可视触发，可精确捕获感兴趣的每种逻辑信号。

5）触发电压精确可调，门限电压可精确调节，调节灵敏度为 0.01V（支持人工设置和自动调节），可满足各种电平幅值数字信号的精密分析需求（高于门限电压就被识别成高电平，否则就被判定为低电平）。

6）具有协议分析、解码功能和总线分析功能，可调试 USB、CAN、SPI、CF 卡等 40 余种总线，且协议数据可导出为 CSV 文件，方便第三方软件分析或存档。

7）具有多种参数测量统计功能，通过添加标签（带自动吸附功能），可测量和统计任意两点之间的时间、频率、脉冲数量、占空比、脉冲宽度等参数，支持波形任意缩放和脉冲宽度信息自动提示功能。

8）具有波形搜索功能和数据搜索功能，可快速定位出感兴趣的数据的位置。

知识拓展

逻辑分析仪相关实验模块简介

(1) USB口连接模块　通用串行总线（Universal Serial Bus，USB）是连接计算机系统与外部设备的一种串口总线标准，也是一种输入输出接口的技术规范，被广泛地应用于个人计算机和移动设备等信息通信产品，并扩展至摄影器材、数字电视（机顶盒）、游戏机等其他相关领域。利用LAB6000系列逻辑分析仪可以测试USB2.0的逻辑。

(2) 74HC164 8位串入、并出移位寄存器　利用LAB6000系列逻辑分析仪分析74HC164 8位串入、并出移位寄存器的逻辑，时钟每次由低变高时，数据右移一位，当输入到第0位时，第0位是两个数据输入端（DSA、DSB）的逻辑与，它在时钟上升沿之前保持一个建立时间的长度。主复位输入端上的一个低电平将使其他所有输入端都无效，同时非同步地清除寄存器，强制所有的输出为低电平。没有复位信号时，数据从串口输入，每到来一个时钟脉冲，数据右移一位，8个时钟脉冲后，8位数据从输出口输出。

(3) 74HC138 3-8译码器　74HC138可接受3位二进制数据输入，并在使能时提供8位高低电平的有效输出。在输入端输入3位高低电平后，74HC138把3位高低电平译码，变成8位相对应的高低电平，通过输出端输出。

(4) 74LS244缓冲器　74LS244为3态8位缓冲器，一般用作总线驱动器。74LS244控制端为1时没有输出，当控制端为0时，输入数据经过一个时钟脉冲的锁存后，再经过一个时钟脉冲从输出端输出，实现缓冲电路功能。

学习任务7.4　晶体管特性分析仪的应用

任务目标

1) 了解晶体管特性分析仪的组成及各组成部分的功能。
2) 熟悉XJ4810型晶体管特性分析仪面板的布置。
3) 使用晶体管特性分析仪。

1. 晶体管特性分析仪基本知识

晶体管特性分析仪是一种能够直接在示波管上显示各种晶体管特性曲线的专用测试仪器，通过屏幕上的标度尺刻度可直接读出晶体管的各项参数。通过多种转换开关的转换，可以测量PNP型和NPN型晶体管的输入特性、输出特性、电流放大特性、各种反向饱和电流和各种击穿电压，以及测量各类二极管的正反向特性和场效应晶体管的各种参数。另外，该仪器上备有两个插座，可同时接入两个晶体管，通过开关的转换，能迅速比较两个晶体管的同类特性。

(1) 晶体管特性分析仪的组成及原理　晶体管特性分析仪由集电极扫描电压发生器、基极阶梯信号发生器、同步脉冲发生器、测试转换开关、x轴放大器、y轴放大器、示波管及控制电路、电源等部分组成，其原理框图如图7-4-1所示。

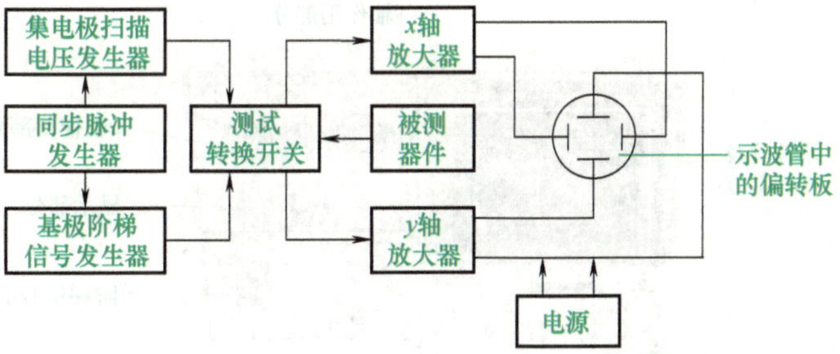

图 7-4-1　晶体管特性分析仪原理框图

1）集电极扫描电压发生器。该发生器作用是产生如图 7-4-2a 所示的集电极扫描电压，它的波形是正弦半波，幅值可以调节，用于形成水平扫描线。

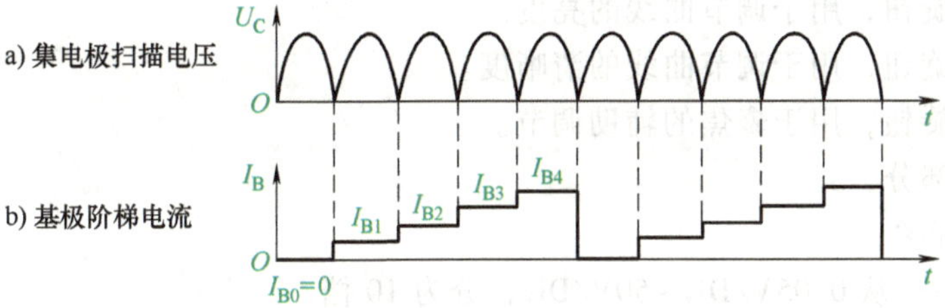

图 7-4-2　集电极扫描电压和基极阶梯信号

对集电极扫描电压的要求：

第一，能够从小到大，再从大回到小地重复连续变化。

第二，扫描的重复频率要足够快，以免显示出来的曲线闪烁不定。

第三，扫描电压的最大值要能根据被测晶体管的要求在几百伏范围内进行调节。

2）基极阶梯信号发生器。该发生器作用是产生如图 7-4-2b 所示的基极阶梯电流信号，阶梯的高度可以调节，用于形成多条曲线簇。基极阶梯电压由阶梯信号发生器提供，阶梯信号发生器在这里作为基极电源，它产生的是基极源电压。

基极阶梯电压由阶梯信号发生器提供。阶梯信号发生器作为基极电源，产生基极源电压。

3）同步脉冲发生器。该发生器作用是产生同步脉冲，使上述两信号达到同步。

4）x 轴放大器和 y 轴放大器。这两个放大器的作用是把从被测器件上取出的电压信号进行放大，然后送至示波管的相应偏转板上，以形成扫描曲线。

5）示波管及控制电路。这里的示波管及控制电路与通用示波器的基本相同。

6）电源。电源为仪器提供各种工作电源，包括低压电源和示波管所需的高压电源。

（2）XJ4810 型晶体管特性分析仪面板布置图　XJ4810 型晶体管特性分析仪的测量电路采用了晶体管和集成电路器件，除具有一般的图示功能外，还具有双簇曲线同时显示的功能，使用十分方便。XJ4810 型晶体管特性分析仪主要由集电极电源、阶梯信号发生器、x 轴和 y 轴放大器、二簇电子开关、高低压电源等组成。

XJ4810 型晶体管特性分析仪的面板布置如图 7-4-3 所示，各开关、旋钮按其功能可分为 7 大部分。

下面分别介绍：

1）示波管及控制部分。

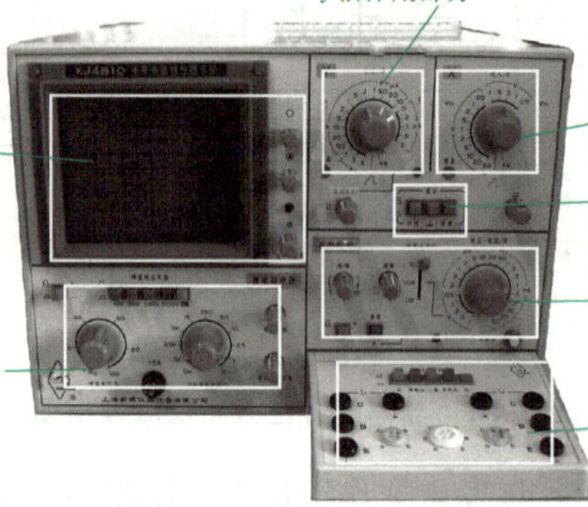

图 7-4-3　XJ4810 型晶体管特性分析仪面板布置图

① 辉度调节旋钮，用于调节曲线的亮度。

② 聚焦调节旋钮，用于调节曲线的清晰度。

③ 辅助聚焦旋钮，用于聚焦的辅助调节。

2）x 轴作用部分。

① x 轴选择开关：

集电极电压——从 0.05V/Div～50V/Div，分为 10 档。

基极电压——从 0.05V/Div～1 V/Div，分为 5 档。

基极电流或基极源电压——只有 1 档。

外接——为了扩展测试范围而设置，只有 1 档。

② x 轴增益：用于连续调节水平幅度。

③ y 轴位移：用于图形水平方向移动的调节。

3）y 轴作用部分

① y 轴选择开关。这是一个具有 22 档、4 种作用的旋转开关，用于选择不同的垂直偏转灵敏度，它包括：

集电极电流——从 10μA/Div～0.5A/Div，分为 15 档。

二极管反向漏电流——从 0.2μA/Div～5μA/Div，分为 5 档。

基极电流或基极源电压——只有 1 档。

外接——为了扩展测试范围而设置，只有 1 档。

② y 轴增益：用于连续调节垂直幅度。

③ y 轴位移：用于图形垂直方向移动的调节。

4）显示部分。

① 显示开关：这是一个 3 档按键开关，用于显示选择。

② 转换：使图像在第Ⅰ、Ⅲ象限内相互转换；将测 NPN 型管转为测 PNP 型管。

③ 接地：使放大器输入接地，以显示输入为零的基准点。

④ 校准：对 x 轴、y 轴放大器进行标度校正。

5）集电极电源部分。

① 峰值电压范围：这是一个 4 档开关，共分为 0～10V、0～50V、0～100V 和 0～500V 4 档，用于选择测试所需的集电极最高电压值。

② 电压极性：用于改变集电极扫描电压的极性，极性的选择取决于被测器件。当测量共

发射极特性曲线时，NPN 型管用“+”极性，PNP 型管用“-”极性。

③ 峰值电压调节旋钮：可以在所选择的电压范围内连续调节集电极电压。

④ 功耗限制电阻：作用是限制集电极功耗，保护被测晶体管，也可作为集电极负载电阻。

⑤ 电容平衡调节：测试前应调节电容平衡，使电容性电流减至最小。

⑥ 辅助电容平衡：这是专门针对集电极变压器二次绕组对地电容的不对称，而再次进行的电容平衡调节。

⑦ 电源熔丝：220V 交流输入的熔丝，额定电流为 1A。

6）阶梯信号部分。

① 阶梯信号选择开关：它是一个具有 22 档，两种作用的开关。基极电流从 0.2μA～50mA 共 17 档，基极源电压从 0.05V/级～1V/级共 5 档。

② 极性开关：它用于改变基极阶梯信号的极性（发射极接地时，NPN 型管用“+”极性，PNP 型管用“-”极性；基极接地时，NPN 型管用“-”极性，PNP 型管用“+”极性）。

③ 级/簇调节：用于调节阶梯信号的级数，在 0～10 范围内连续可调。

④ 阶梯调零：用于调节阶梯信号的零位，测试前应先进行零位校准。

⑤ 重复开关：在需要观察被测管特性曲线簇时，此开关应置于“重复”位置。

⑥ 单簇按钮：将单簇按钮按下一次，只输出一级阶梯信号，相应显示一条曲线，这便于瞬时测量被测管各项极限参数并避免损害被测管。使用单簇按钮时，应预先调好电压（电流）等级，使用时出现一次阶梯信号后电路即回到待触发位置。

⑦ 串联电阻：用于调节基极串联电阻，其作用是将基极输入电压变化转变为电流变化。

7）测试台部分。XJ4810 型晶体管特性分析仪的测试台部分如图 7-4-4 所示。

① 测试选择开关：这是一个 5 档按键开关，用于器件测试选择。

“左”或“右”分别按下时，为左、右两个被测管单独观测。

“二簇”按下时，可以同时观测左右两个被测管。

“零电压”按下时，可进行阶梯信号的零位校准。

“零电流”按下时，使被测管的基极处于开路状态，可进行 I_{CEO} 的测量。

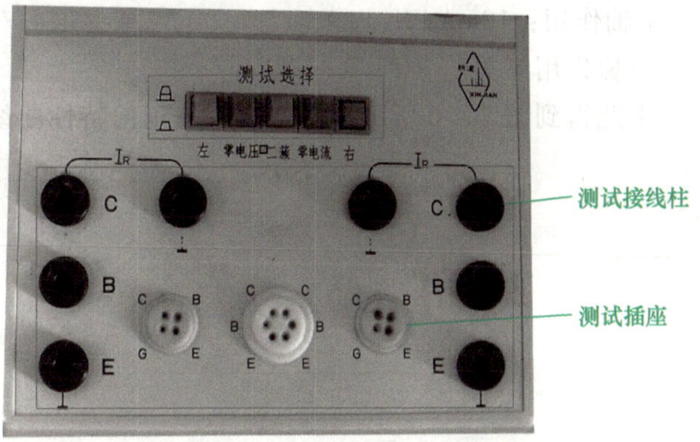

图 7-4-4　XJ4810 型晶体管特性分析仪的测试台部分

② 测试插座：测试时用来插入被测器件，适用于测试中小功率晶体管。

③ 测试接线柱：适合测试大功率晶体管。

2. 晶体管特性分析仪的使用

（1）使用前的调整

1）开启电源开关，指示灯亮，预热 5min。

2）调节辉度、聚焦、辅助聚焦调节旋钮，使屏幕上显示清晰的光点或线条。

3）根据被测管的特性和测试条件的要求，把 x 轴作用、y 轴作用、基极阶梯信号各部分开关、旋钮都调到相应的位置上。

4）进行基极阶梯信号调零。其目的是使阶梯信号的起始级为零电位，以保证测量准确度。调整方法如下：当荧光屏上出现阶梯信号时，按下测试台上的“零电压”键，观察光点停留在荧光屏上的位置，复位后调节“阶梯调零”旋钮，使阶梯信号的起始级光点仍在该处，则阶梯信号的零位即被校准。

（2）晶体管特性分析仪的使用注意事项

1）对阶梯信号选择、功耗限制电阻、峰值电压范围 3 个开关，使用时应特别注意，若使用不当会损坏被测管。

2）测试晶体管的极限参数、过载参数时，应采用单簇阶梯信号，以防过载损坏被测器件。

3）晶体管特性测试仪使用完毕，应随即关断电源，并使仪器各开关旋钮复位。此时应将峰值电压范围开关置于 0~10V 档，峰值电压调节旋钮旋到零位，阶梯信号选择开关置于“关”档，功耗限制电阻置于 10kΩ 以上位置。

3. 晶体管特性分析仪测试实例

（1）二极管的测试　二极管的基本特性是单向导电性，所以通常需要测量其正反向特性。下面以测试整流二极管 2CZ82C 和稳压二极管 2CW19 的参数为例，说明二极管的测试方法。

1）整流二极管的正向特性测试。测试前先将 x 轴、y 轴坐标零点移至屏幕左下角，把被测二极管按图 7-4-5 所示方法接入测试台，再将各开关旋钮置于如下位置：

峰值电压范围：0~10V。

功耗限制电阻：250Ω。

扫描电压极性：+。

x 轴作用：0.1V/Div。

y 轴作用：10mA/Div。

阶梯作用：关。

由此得到图 7-4-6 所示整流二极管的正向特性曲线。

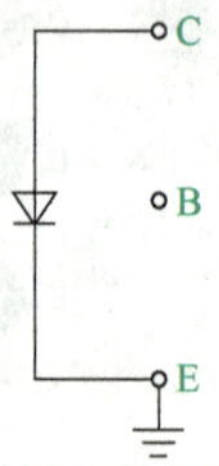

图 7-4-5　整流二极管的连接方法

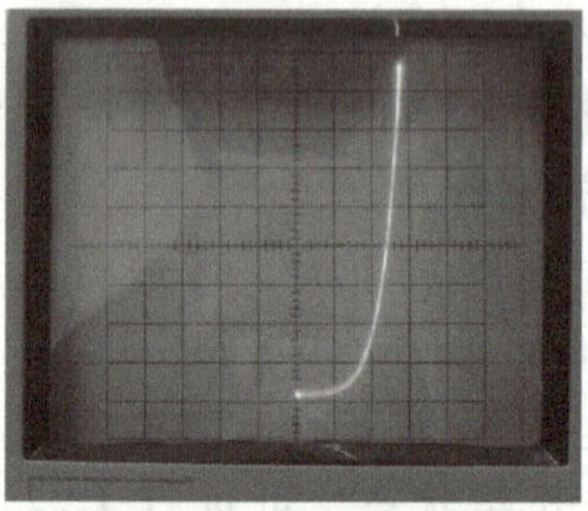

图 7-4-6　整流二极管的正向特性曲线

2）整流二极管的反向特性测试。接入方式不变。测试前先将 x 轴、y 轴坐标零点移至屏幕右上角，将各开关旋钮置于如下位置：

峰值电压范围：0~500V。

功耗限制电阻：10kΩ。

扫描电压极性：-。

x 轴作用：20V/Div。

y 轴作用：1μA/Div。

阶梯作用：关。

由此得到图 7-4-7 所示整流二极管的反向特性曲线。

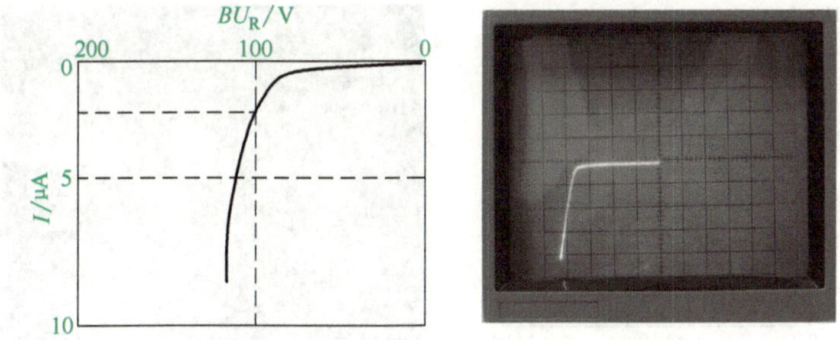

图 7-4-7 整流二极管的反向特性曲线

3）稳压二极管的测试。以稳压二极管 2CW19 为例，说明稳压二极管的测试方法。按照图 7-4-8 所示方法将稳压二极管接入测试台，将仪器各旋钮置于如下位置：

峰值电压范围：0~10V。

功耗限制电阻：5kΩ。

x 轴作用：集电极电压 5V/Div。

y 轴作用：集电极电流 1mA/Div。

由此得到图 7-4-9 所示稳压二极管的特性曲线。

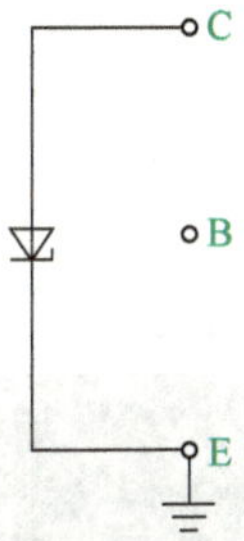

图 7-4-8 稳压二极管的连接方法

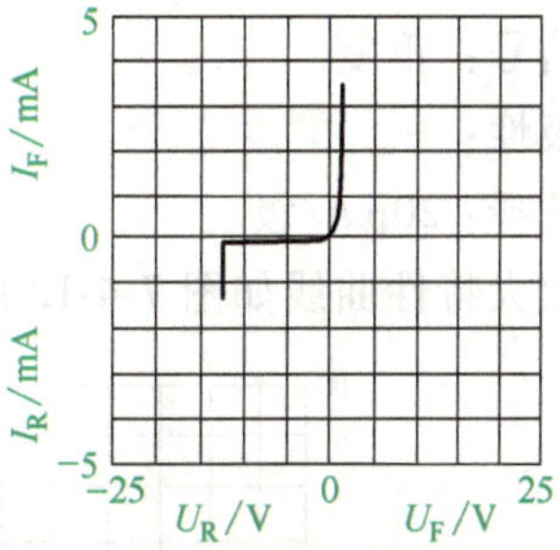

图 7-4-9 稳压二极管的特性曲线

（2）晶体管的测试 晶体管分 PNP 型和 NPN 型两大类，它们只是极性不同，其测试原理是相同的，测试方法也基本一样。下面以 NPN 型晶体管 3DK2 的参数测试为例，说明晶体管的测试方法。

1）输出特性曲线的测试。连接方法如图 7-4-10 所示，将光点移至屏幕左下角作为坐标原点，并进行基极阶梯信号调零，然后将仪器的开关旋钮置于如下位置：

峰值电压范围：0~10V。

极性：+。

功耗限制电阻：250Ω。

x 轴作用：集电极电压 0.5V/度。

y 轴作用：集电极电流 1mA/度。

阶梯信号：重复。

阶梯极性：+。

阶梯选择：20μA/级。

由此得到图 7-4-11 所示晶体管的输出特性曲线。

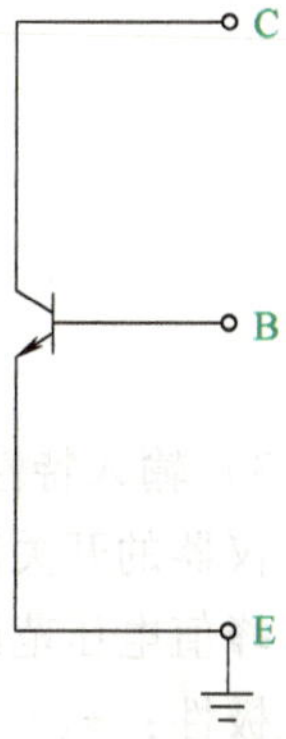

图 7-4-10 晶体管的连接方法

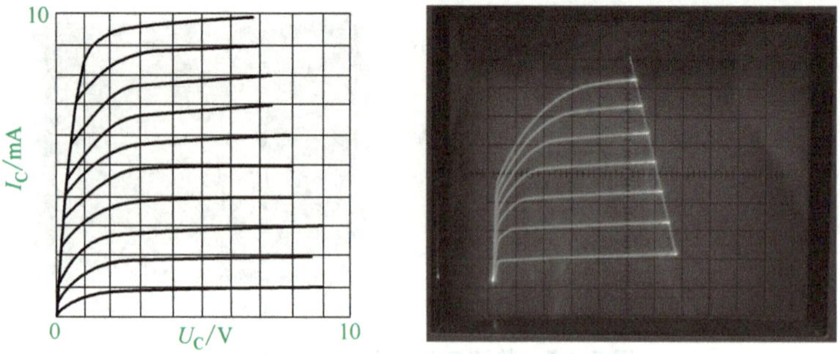

图 7-4-11　晶体管的输出特性曲线

2）电流放大特性曲线的测试。连接方法与调整方法同上。

仪器的开关旋钮置于如下位置：

峰值电压范围：0~10V。

极性：+。

功耗限制电阻：250Ω。

x 轴作用：基极电流。

y 轴作用：集电极电流 1mA/度。

阶梯信号：重复。

阶梯极性：+。

阶梯选择：20μA/级。

电流放大特性曲线如图 7-4-12 所示。

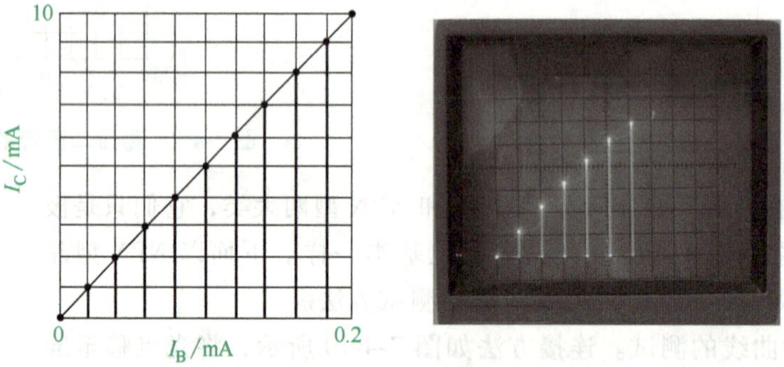

图 7-4-12　晶体管的电流放大特性曲线

3）输入特性曲线的测试。连接方法与调整方法同上。

仪器的开关旋钮置于如下位置：

峰值电压范围：0~10V。

极性：+。

功耗限制电阻：100Ω。

x 轴作用：0.1V/度。

y 轴作用：基极电流或基极源电压。

阶梯信号：重复。

阶梯极性：+。

阶梯选择：0.1mA/级。

输入特性曲线如图 7-4-13 所示。

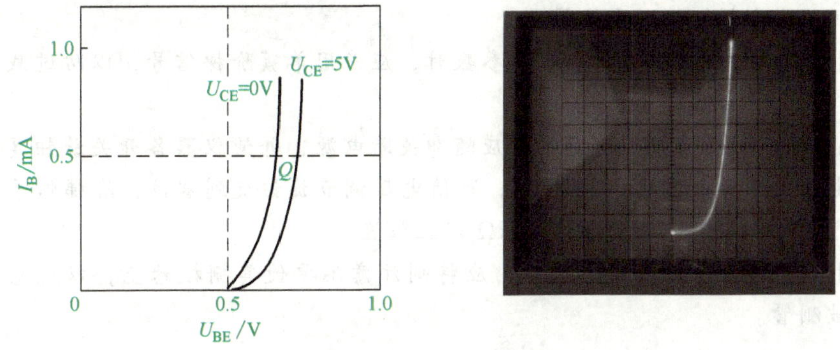

图 7-4-13　晶体管的输入特性曲线

4）两个同极性晶体管的特性曲线比较。晶体管特性分析仪能够方便地比较两个同极性晶体管（如两个 3DG8 型晶体管）的特性曲线。将两个晶体管按照图 7-4-14 所示方式接入测试台，并将各开关旋钮置于如下位置：

峰值电压范围：0~10V。

极性：+。

功耗限制电阻：250Ω。

x 轴集电极电压：0.1V/度。

y 轴集电极电流：1mA/度。

阶梯信号：重复。

阶梯极性：+。

阶梯选择：10μA/级。

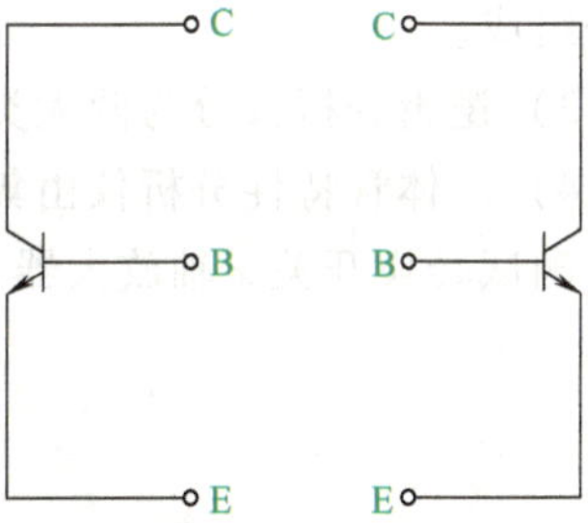

图 7-4-14　两只晶体管的连接方法

两个同极性晶体管的特性曲线比较如图 7-4-15 所示。

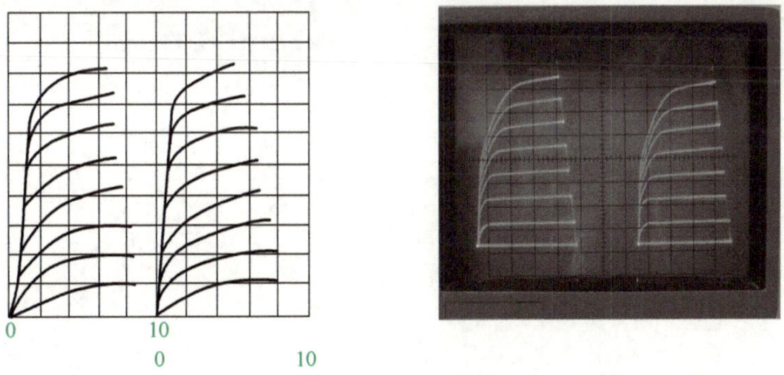

图 7-4-15　两个同极性晶体管的特性曲线比较

知识拓展

晶体管特性分析仪的使用

1）使用时若需从低档改换为高档时，必须先将峰值电压调至零后再换档，换档后再按需要将电压逐渐增加，否则易击穿被测晶体管。

2）对于阶梯信号选择、功耗限制电阻、峰值电压范围3个开关，使用时应特别注意，若使用不当会损坏被测晶体管。

3）测试晶体管的极限参数、过载参数时，应采用单簇阶梯信号，以防过载损坏被测器件。

4）晶体管特性测试仪使用完毕，应随即关断电源，并使仪器各开关旋钮复位。此时应将峰值电压范围开关置于0~10V档，峰值电压调节旋钮旋到零位，阶梯信号选择开关置于“关”档，功耗限制电阻置于10kΩ以上位置。

5）测试MOS型场效应晶体管时，应特别注意不要使其栅极悬空，以免感应电压过高而击穿被测管。

项目小结

1）低频信号发生器主要由振荡器、射极输出器、衰减器、电压表和直流稳压电源五部分组成。

2）示波器主要由示波管、y轴偏转系统、x轴偏转系统、扫描系统、整步系统、电源五部分组成。

3）逻辑分析仪分为两大类：逻辑状态分析仪和逻辑定时分析仪。

4）晶体管特性分析仪由集电极扫描电压发生器、基极阶梯信号发生器、同步脉冲发生器、测试转换开关x轴放大器、y轴放大器、示波管及控制电路、电源等部分组成。

项目 8 其他电气测量

知识目标

1）了解电容、电感、转速和温度的测量方法。
2）了解常见的光电式传感器的基本原理。
3）了解热电阻温度传感器的组成及原理。

能力目标

1）能运用交流电桥电路进行电气测量。
2）能运用离心式转速表和光电式数字转速表进行电气测量。
3）能运用热电偶传感器进行电气测量。

素养目标

1）树立民族自信心，具有工程思维和创新精神。
2）具备“技能成才、强国有我”意识，激发科技报国的家国情怀和使命担当。

项目导入

其他电气测量指利用传感技术和电磁方法对电量以外的各种量进行的测量。其测量范围宽，测量速度快，适用频率范围宽，测量准确度高，可实现远距离测量，便于应用微机系统对信号进行各种运算和处理，可实现多点巡回检测、控制、智能化测量等，本项目就来介绍一下电容、电感、转速等的测量。

学习任务 8.1 电容和电感的测量

任务目标

1）了解交流电桥的结构和工作原理。
2）熟练掌握交流电桥电路的特点和调节平衡的方法。
3）能使用交流电桥测量电容及其损耗因数。

1. 交流电桥

交流电桥是一种比较仪表，在电气测量技术中占有重要地位。它主要用于电容及其介质损耗的测量、电感的自感及其线圈品质因数和互感等电参数的精密测量，也可用于非电量变换为相应电量参数的精密测量。

图 8-1-1 所示为交流电桥的原理电路。

交流电桥与直流电桥原理相似。在交流电桥中，4 个桥臂一般是由交流电路元件如电阻、电感、电容组成的，电桥的电源通常是正弦交流电源，交流平衡指示器的种类很多，适用于不同频率范围。频率为 200Hz 以下时可采用谐振式检流计，音频范围内可采用耳机作为平衡指示器，音频或更高的频率时也可采用电子指零仪器，也有用电子示波器或交流毫伏表作为平衡指示器的。交流平衡指示器指零时，交流电桥达到平衡。

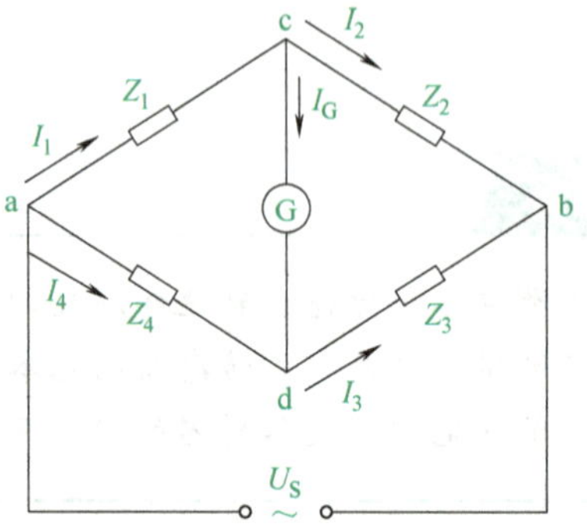

图 8-1-1　交流电桥的原理电路

单相桥式整流电路

2. 交流电桥的平衡条件

下面在正弦稳态的条件下讨论交流电桥的基本原理。在交流电桥中，4 个桥臂由阻抗元件组成，在电桥的一条对角线 cd 上接入交流平衡指示器，另一对角线 ab 上接入交流电源。

接通电源，调节电桥参数，使交流平衡指示器中无电流通过时（即 $I_G=0$），cd 两点的电位相等，电桥达到平衡，这时有 $U_{ac}=U_{ad}$，$U_{cb}=U_{db}$，即

$$I_1Z_1=I_4Z_4,\quad I_2Z_2=I_3Z_3$$

两式相除有

$$\frac{I_1Z_1}{I_2Z_2}=\frac{I_4Z_4}{I_3Z_3}$$

单相桥式可控整流电路

当电桥平衡时，$I_G=0$，由此可得

$$I_1=I_2,\quad I_3=I_4$$

所以

$$Z_1Z_3=Z_2Z_4$$

这就是交流电桥的平衡条件，它说明当交流电桥达到平衡时，相对桥臂的阻抗的乘积相等。

由图 8-1-1 可知，若第一桥臂由被测阻抗 Z_x 构成，则

$$Z_x=\frac{Z_2}{Z_3}Z_4$$

当其他桥臂的参数已知时，就可决定被测阻抗 Z_x 的值。

3. QS18A 型万用电桥

（1）万用电桥测量元件参数的原理　同时具备测量 R、L、C 功能的电桥，通称为万用电桥。QS18A 型万用电桥是一种携带方便、使用简便的音频交流电桥。它主要由桥体、交流电源（即 1kHz 晶体管振荡器）、晶体管检流计三部分组成。通过转换开关，可分别构成测量电

阻的交流单臂电桥（惠斯通电桥）、测量电容的串联电容比较电桥（维恩电桥）和测量电感的电容、电感比较电桥（麦克斯韦电桥）。

1）电容测量。电容测量时接成维恩电桥，如图 8-1-2a 所示，当电桥平衡时

$$C_x = R_B C_S / R_A$$
$$R_x = R_A R_S / R_B$$
$$D = \omega C_S R_S$$

式中，D 为电容的损耗因数。

2）电感测量。电感测量时电桥接成麦克斯韦电桥，如图 8-1-2b 所示，当电桥平衡时

$$L_x = R_A R_B C_S$$
$$R_x = R_A R_B C_S$$
$$Q = \omega L_S / R_x = \omega C_S R_S$$

式中，Q 为电感的品质因数。

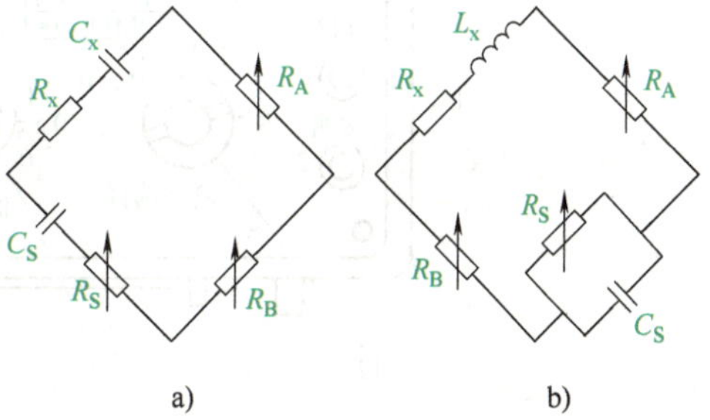

图 8-1-2　维恩电桥和麦克斯韦电桥

（2）QS18A 型万用电桥的主要技术性能

1）测量电容。测量范围如下：

① 1.0~11pF，基本误差±2%±0.5pF。

② 100pF~110μF，基本误差±1%±Δ。

③ 100~1100μF，基本误差±2%±Δ。

（Δ 表示滑线盘最小分格的 1/2，Q 值小于 1 的电感基本误差不予考虑）。

损耗范围：D 值 0~0.1；0~10。

电源：内部电源，其频率为 1kHz。

2）测量电感。测量范围如下：

① 1.0~11μH，基本误差±5%±0.5μH。

② 10~110μII，基本误差±2%±Δ。

③ 100μH~1.1H，基本误差±1%±Δ。

④ 1~11H，基本误差±2%±Δ。

⑤ 10~110H，基本误差±5%±Δ。

损耗范围：Q 值 0~10。

电源：内部电源，其频率为 1kHz。

（3）QS18A 型万用电桥的使用　QS18A 型万用电桥的面板如图 8-1-3 所示。

1）各旋钮的操作方法。

① 被测端口：用来连接被测元件。在连接被测元件时，最好直接连接在端口上，若无法实现，可通过测量导线连接，导线应尽量短，在测量较小量值的元件时，应扣除导线的电阻。在实际使用中若需考虑高低电位时（如测电解电容时），可按被测端口“1”为高电位，“2”为低电位的原则进行连接，一般情况下可不必考虑。

②“外接”插孔：当测量有极性的电容或带铁心的电感时，若需外加直流电源时，可通过此插孔连接，当使用外部音频振荡信号时，可通过导线连接到此插孔（此时应将拨动开关拨向“外”的位置）。

③ 拨动开关：当使用机内 1kHz 振荡信号作为电桥电源时，将开关拨向“内 1kHz”位置；当使用外接插孔施加外部音频信号时，应将此开关拨向“外”的位置。

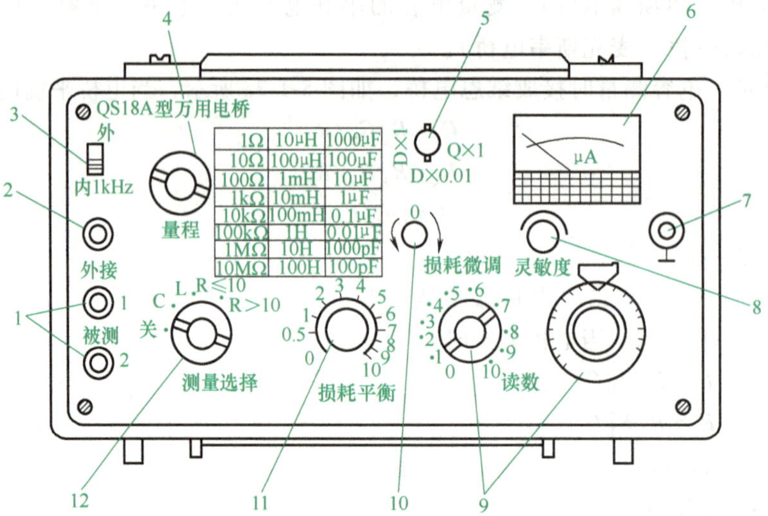

图 8-1-3　QS18A 型万用电桥的面板

1—被测端口　2—“外接”插孔　3—拨动开关　4—量程选择开关　5—损耗选择开关
6—指示电表　7—接地端　8—灵敏度调节旋钮　9—读数盘
10—损耗微调旋钮　11—损耗平衡调节旋钮　12—测量选择开关

④ 量程选择开关：选择测量范围，各档的示值是指该档在满量程时电桥读数的最大值。

⑤ 损耗选择开关：用来扩展损耗平衡的读数范围。在一般情况下，测量空心电感线圈时，置于“Q×1”位置；测量高 Q 值电感线圈和测量一般电容器（小损耗）时，置于“D×0.01”位置，测量带铁心的电感线圈和测量损耗较大的电容时，置于“D×1”位置。

⑥ 指示电表：用来指示电桥平衡。在调节电桥平衡时，应一边操作有关的旋钮，一边观测指针的动向，应使其向“0”的方向偏转，直到指针最接近零点位置。

⑦ 接地端：与电桥的机壳相连。

⑧ 灵敏度调节旋钮：用来控制电桥放大器的增益。在开始粗调电桥平衡时，要降低灵敏度，使电表指示小于满刻度，在调节过程中逐步增大灵敏度，进行电桥平衡调节。

⑨ 读数盘：调节两个读数盘可使电桥平衡。第一位读数盘（左边）为步进开关，步级为 0.1，即量程开关指示值的 1/10，第二位读数盘（右边）由两个盘组成，为连续可调的滑线电位器。

⑩ 损耗微调旋钮：可微调平衡时的损耗，一般情况下应在“0”位置。

⑪ 损耗平衡调节旋钮：可指示被测元件（指电容、电感）的损耗读数，该读数盘上的指示值再乘以损耗倍率开关的指示值，即为损耗值。

⑫ 测量选择开关。若测量电容时应置于“C”位置，测量电感时应置于“L”位置，测量 10Ω 以下的小电阻时应置于“R ≤10”位置，测量 10Ω 以上的电阻时，应置于“R>10”位置。测试完毕后，应置于“关”位置，即切断电源。

2）使用方法。

① 电容的测量：估计被测电容的大小，旋动量程选择开关置于合适位置，使量程值大于被测电容量；将测量选择开关置于“C”，损耗选择开关置于“D×0.01”（测量一般电容）或“D×1”（测量电解电容），反复调节读数盘及损耗平衡调节旋钮，使指示电表指针指零。当电

桥平衡时，被测量 C_x、D_x 分别为

C_x = 量程选择开关指示值×读数盘指示值；

D_x = 损耗选择开关指示值×损耗平衡调节旋钮指示值。

② 电感的测量：估计被测电感量的大小，将量程选择开关置于合适位置，测量选择开关置于“L”，损耗选择开关置于合适位置（测量空心电感线圈置于“Q×1”，测高 Q 值滤波电感线圈置于“D×0.01”，此时 $Q=1/D$，测量铁心电感线圈置于“D×1”），反复调节读数盘及损耗平衡调节旋钮，使电桥平衡。电桥平衡时被测量 L_x、Q_x 分别为

L_x = 量程选择开关指示值×读数盘指示值；

Q_x = 损耗选择开关指示值×损耗平衡调节旋钮指示值。

4. 用交流电桥测量电容、电感

用交流电桥测量电感的大小及其 Q 值；用交流电桥测量电容及其损耗因数。

（1）安全准备

1）在进行实训前，应仔细阅读电工安全操作规程，按照规程要求进行实训。

2）穿戴好防护用品，做好安全防护工作。

3）仔细阅读 QS18A 型万用电桥说明书，按说明书要求操作。

（2）实训设备准备（见表 8-1-1）

表 8-1-1　实训设备准备

序号	名称	型号与规格	数量
1	万能电桥	QS18A	1 台
2	电容器	47pF、510pF、220pF	各一只
3	电感线圈	15μH、120μH	各一个

（3）测量步骤

1）将被测元件接到被测端口上，拨动开关置于“内 1kHz”位置，如果用外部电源，则将外部电源接到外接插孔上，拨动开关置于“外”位置。

2）根据被测量的实际情况，将量程选择开关旋至“C”“L”“R>10”“R≤10”处。

3）估计被测量的大小，确定量程选择开关的位置。

4）按表 8-1-2 中的不同情况，确定损耗选择开关的位置（电阻测量除外）。

表 8-1-2　损耗选择开关位置

测量元件	位　置
空心电感线圈	Q×1
高 Q 值线圈和小损耗电容	D×0.1
带铁心线圈和大电解电容	D×1

5）根据电桥平衡情况，调节灵敏度调节旋钮，使指示电表读数由小逐步增大。

6）反复调节电桥的读数盘和损耗平衡调节旋钮，并在调节过程中逐步提高指示电表的灵敏度直至电桥平衡，被测电感、电容或电阻等于量程选择开关指示值乘以电桥读数值，被测品质因数或损耗因数等于损耗选择开关指示值乘以损耗平衡旋钮的指示值。

① 电容的测量。用 QS18A 型万用电桥分别测量标称值为 47pF、510pF、220pF/10V 的电容，并将测量结果填入表 8-1-3 中。

表 8-1-3 电容测量结果

标准值	量程选择开关指示值	电桥读数盘指示值	损耗选择开关指示值	损耗平衡调节旋钮指示值	C_x	D_x
47pF						
510pF						
220pF						

② 电感的测量。用 QS18A 型万用电桥分别测量标称值为 15μH、120μH 的电感，并将测量结果填入表 8-1-4 中。

表 8-1-4 电感测量结果

标准值	量程选择开关指示值	读数盘指示值	损耗选择开关指示值	损耗平衡调节旋钮指示值	L_x	Q_x
15μH						
120μH						

知识拓展

LCR 测试仪

LCR 测试仪（见图 8-1-4）能准确并稳定地测定各种各样的元器件参数，主要用来测试电感、电容、电阻。它具有功能直接、操作简便等特点，能以较低的预算来满足生产线质量保证、进货检验、电子维修业对器件的测试要求。LCR 测试仪设有两种检测模式：串联模式和并联模式。串联模式以检测元器件的阻抗 Z 为基础，并联模式以检测元器件的导纳 Y 为基础。

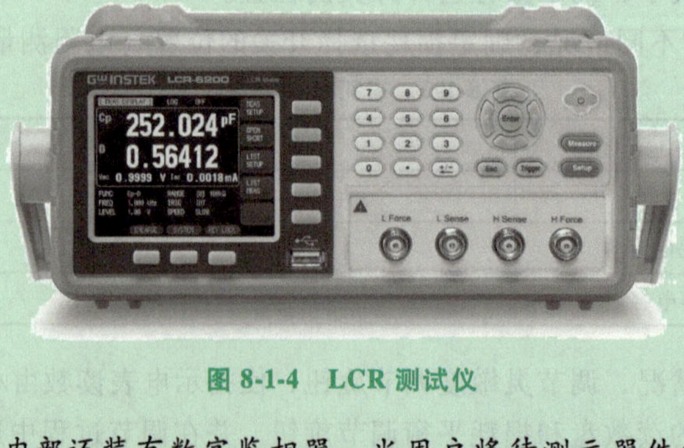

图 8-1-4 LCR 测试仪

除此之外，仪器内部还装有数字鉴相器。当用户将待测元器件接到仪器上之后，数字电流表将测出流过待测元器件的电流 I，数字电压表将测出待测元器件两端的电压 U，数字鉴相器将测出电压 U 与电流 I 之间的相位角 θ。检测结果被存储在仪器内部微型计算机的 3 个存储单元中。

学习任务 8.2　转速的测量

任务目标

1）掌握转速表的结构及简单工作原理。

2）熟练掌握转速表的使用方法。

3）了解转速表使用的注意事项。

1. 转速表的结构及简单工作原理

转速表是专门用来测量各种旋转类机械转速的仪表，按照工作原理和工作方式不同，转速表可以分为离心式转速表、光电式转速表、磁性转速表、电动式转速表、磁电式转速表、闪光式转速表等几种。

（1）离心式转速表　离心式转速表的基本结构如图 8-2-1 所示，主要由离心器、变速器和指示器 3 部分组成。重锤利用连杆与活动套环及固定套环连接，固定套环装在离心器轴上，离心器通过变速器从输入轴获得转速，另外还有传动扇形齿轮、游丝、指针等装置。为使转速表与被测轴能够可靠接触，转速表都配有不同的探头，使用时可根据被测对象选择合适的探头安装在转速表输入轴上。

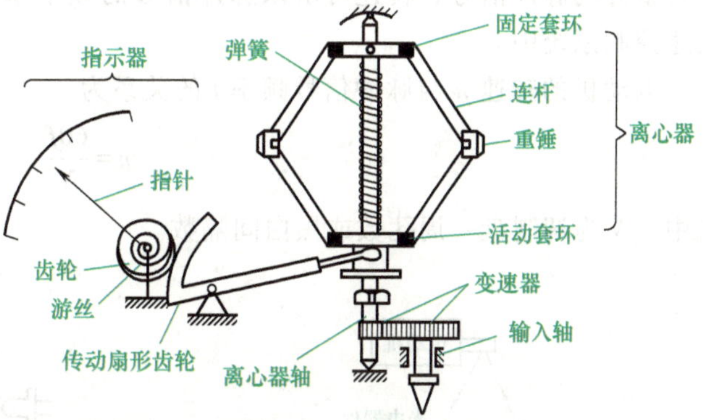

图 8-2-1　离心式转速表基本结构

当离心器旋转时，重锤随着旋转所产生的离心力通过连杆使活动套环向上移动，并压缩弹簧。当转速一定时，活动套环向上的作用力与弹簧的反作用力相平衡，套环将停在相应位置。同时，活动套环的移动通过传动扇形齿轮传递给指针，在表盘上指示出被测转速值，这就是其工作原理。转速表指针的偏转与被测轴旋转方向无关。

离心力为

$$F = mR\omega^2$$

式中，m 为重锤质量；R 为重锤重心到转轴心的距离；ω 为重锤旋转的角速度。

离心力与旋转角速度的二次方成正比，因而离心式转速表的刻度盘是不等分度的。为减小表盘分度的不均匀性，可恰当选取转速表的各种参量及测量范围，充分利用其线性部分，提高读数的精度。便携式转速表通常利用变速器来改变转速表的量程。

（2）光电式转速表　光电式转速表主要依靠光电传感器来进行转速测量。光电传感器是一种将光信号的变化转换为电信号的传感器。其工作原理是依据光电效应原理，首先将被测的非电量（如转速）转换成光信号的变化，然后通过光电器件将相应的光信号转换成电量后再进行测量。光电式传感器具有结构简单、非接触、反应快、精度高、不容易受电磁干扰等优点，在自动控制系统中得到广泛应用。其缺点是易受外界光源干扰，对光信号的检测处理比较困难，不能用于高温环境等。

常见的光电式传感器主要有以下几种。

1）光敏电阻：其工作原理是当有光照射到其上面时，它的电阻值会发生变化，光信号的变化就转换成了电信号，可通过相关电路实现测量。

2）光电管：光电管分为光电二极管和光电晶体管两种，其工作原理是当光照射在光电管的 PN 结上时，会产生光电流，光电流的大小与光照度成正比。光电晶体管与光电二极管的主要区别：光电晶体管不仅将光信号转换成了电信号，还对电信号的电流进行了放大，而且其灵敏度比光电二极管高出了很多倍。

光电式转速表的结构及工作原理如图 8-2-2 所示，主要分为两种，一种为反射式，不需要安装，如图 8-2-2a 所示，发光二极管射出的光照到电动机主轴上，在主轴上设置黑白区，光经反射后被光电器件吸收，黑白区光的变化转换为脉冲电信号，经放大整形电路后输出整齐的脉冲信号，由数字式频率计对脉冲计数，得到电动机的转速，这种测速方式常被应用于手持非接触式光电测速表；另一种为透射式，需要在电动机主轴上安装光电传感器和调制盘，如图 8-2-2b 所示，在电动机主轴上固定一个调制盘，当电动机转轴转动时，将发光二极管发出的连续光调制成随调制盘速度变化的脉冲光，光电器件接收通过的光经放大整形电路整形，输出整齐的脉冲信号，转速可由该脉冲信号的频率来决定。这种测速方式常被应用于集成式测速控制系统中。

电动机的转速 n 与脉冲信号频率 f 的关系为

$$n=\frac{60f}{N}$$

式中，N 为调制盘一周孔数或黑白间隔数。

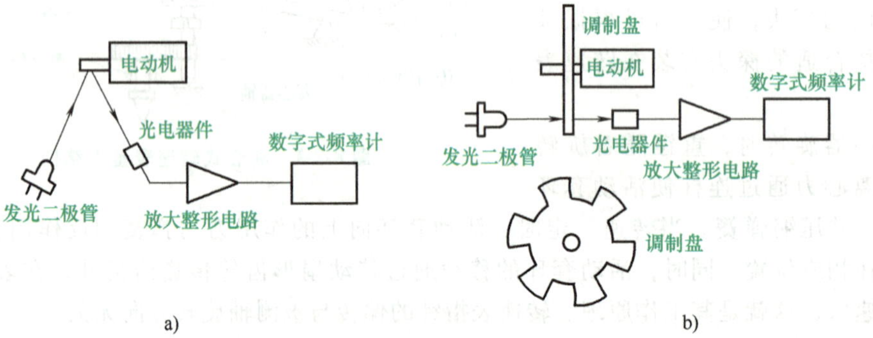

图 8-2-2　光电式转速表的结构

（3）磁性转速表　磁性转速表是以旋转磁场为原理来测量电动转速的一类转速表。磁性转速表在测量转速时，会根据转速产生的旋转力大小，与游丝力进行平衡，以指示转速值。磁性转速表的结构简单，使用方便，多用于摩托车和汽车等设备的转速测量。

（4）电动式转速表　电动式转速表的测量方式，是将小型交流电动机的转速与被测轴转速保持一致，而磁性转速头又和小型交流电动机同轴转动，这样磁性转速头所指示的转速就是被测轴的转速。电动式转速表适用于异地安装，有良好的抗震性，多用于柴油机和船舶等设备的转速测量。

（5）磁电式转速表　磁电式转速表是利用磁阻元件完成转速测量的一种转速表。磁电式转速表的工作原理是磁阻的阻抗值随磁场强弱的变化而变化，当被测轴的齿轮接近磁电式转速表时，齿轮的齿顶与齿谷会令磁场变化，这样磁电式转速表就能通过对磁阻变化的测量来反映被测轴的转速。

(6) 闪光式转速表　闪光式转速表是利用视觉暂留原理而设计的一种转速表。闪光式转速表的功能比普通转速表更为丰富，除了能测量往复速度以外，还能用于往复运动物体的静像观测，是机械设备运动、工作状态观测的必备仪表之一。

2. 转速表的使用方法

(1) 离心式转速表　离心式转速表的实物图如图 8-2-3 所示，其操作方法如下：

1）离心式转速表在使用前应加润滑油（钟表油），加润滑油时可从外壳和调速盘上的油孔注入。

2）合理选择调速盘的档位，不能用低速档去测量高转速。若无法确定被测转速的大致范围，可先用高速档测量一个大概数值，然后再用相应档进行测量。

3）转速表轴上的探头与被测转轴接触时，应使两轴心对准，动作要缓慢，以两轴接触时不产生相对滑动为准。同时尽量使两轴保持在一条直线上。

4）转速表上调速盘的位置不同，则读数的倍数不同。因此测得的转速应为分度盘内圈数值再乘以调速倍数。

(2) 光电式转速表　光电式转速表的实物如图 8-2-4 所示，其操作方法如下：

1）在测速之前，先在电动机主轴或被测物体上贴一块反射标记，将转速表的可见光点对准反射标记。

2）起动电动机或被测物体，待转速稳定后，开始测量。

3）将转速表的发光口对准电动机主轴或被测物体，按下测试开关，即可进行测量，这时转速表会显示出当前被物体的速度值，单位为 r/min。

4）按下记忆键，可将当前显示数值保存起来。

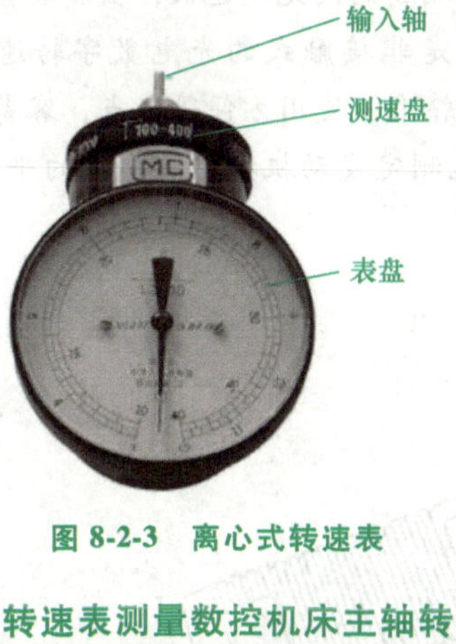

图 8-2-3　离心式转速表

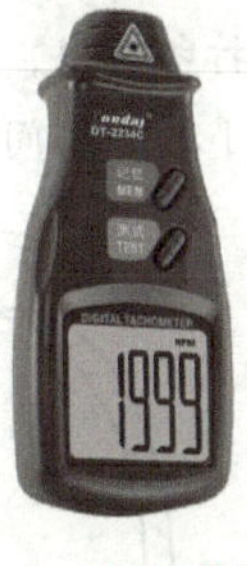

图 8-2-4　光电式转速表

3. 用转速表测量数控机床主轴转速

用转速表测量数控机床主轴的转速，并判断主轴转速是否工作在正常状态，具体实施步骤如下。

(1) 安全准备

1）在进行实训前，应仔细阅读电工安全操作规程，按照规程要求进行实训。

2）穿戴好防护用品，做好安全防护工作。

(2) 实训设备准备（见表 8-2-1）

电动机的转速测量

表 8-2-1　实训设备准备

序号	名称	型号与规格	数量	备注
1	离心式转速表	LZ-30	1 块	
2	光电式转速表	DT6234B	1 块	

（3）测量步骤

1）开动数控车床，转速稳定后，用离心式转速表测量数控车床主轴的转速，读出离心式测速表上的指针显示值并记入表 8-2-2。

2）换成用光电式转速表测量数控车床主轴的转速，读出光电式转速表上的指针显示值并记入表 8-2-2。

3）改变电动机转速重复测量 10 次。将 10 组数据全部测试完成后，观察两种转速表测试值与实际值的误差大小。

表 8-2-2　转速表测量转速与电动机实际转速关系

测量方式	次数									
	1	2	3	4	5	6	7	8	9	10
主轴转速/(r/min)										
光电式转速表值/(r/min)										
离心式转速表值/(r/min)										

知识拓展

转速测量的现状

随着科学技术的迅速发展，转速测量仪表已经步入现代化、电子化的行列。过去曾经使用过的接触式测量仪表，如离心式转速表、微型发电机转速表及钟表式定时转速表，均已逐渐被取代，而利用已知频率的闪光与被测轴转速同步的方法来测速的闪光测速仪，虽属非接触式仪表，目前仍有应用，但也已退居次要地位。代之而起的是非接触式的光电数字转速表（见图 8-2-5）。这类测速仪表大多具有体积小、质量小、读数精准、使用方便等优点，容易实现计算机屏幕显示和打印输出，能够连续反映转速变化，既能测定发动机稳定状态下的平均转速，也能用来在足够小的时间间隔内测定发动机的瞬时转速。

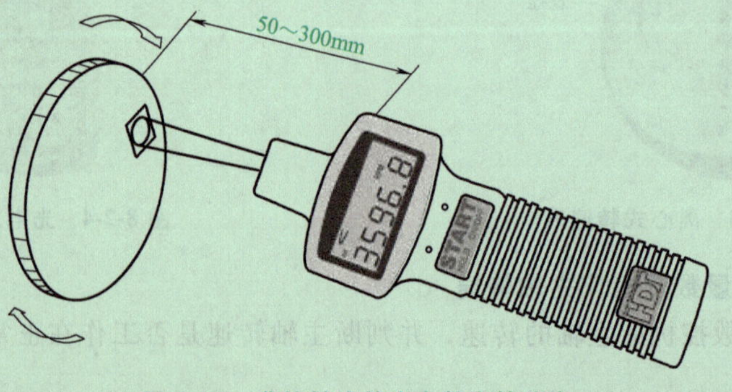

图 8-2-5　非接触式的光电数字转速表

转速测量的方法有很多，根据工作原理可分为计数式、模拟式、同步式。计数式方法是用某种方式读出一定时间内的总转数；模拟式方法是测出由瞬时转速引起的某种物理量的变化；同步式方法是利用已知的频率与旋转体的旋转同步来测量转速。

学习任务 8.3 温度的测量

任务目标

1）掌握常用温度传感器的结构及简单工作原理。
2）掌握温度传感器的使用方法。
3）了解温度传感器使用的注意事项。

温度是用来表征物体受热程度的物理量。在生产、科研和日常生活中，温度测量都占有十分重要的地位。测量温度的方法，通常按感温元件是否与被测物接触而分为接触式测量和非接触式测量两大类。接触式测量使用的温度传感器具有结构简单、工作稳定可靠以及测量精度高等优点，如膨胀式温度计、热电阻传感器等。非接触式测量使用的温度传感器具有测量温度高、不干扰被测物温度等优点，但测量精度不高，如红外高温传感器、光纤高温传感器等。

1. 热电阻温度传感器

（1）热电阻温度传感器的结构及工作原理　热电阻温度传感器是利用导体或半导体的电阻值随温度变化而变化的原理进行测温的一种温度传感器。热电阻温度传感器分为金属热电阻和半导体热敏电阻两大类。热电阻广泛用于测量-200～850℃范围内的温度，少数情况下，低温可测-272℃，高温可测1000℃。

热电阻温度传感器由热电阻、连接导线及显示仪表组成，热电阻也可以与温度变送器连接，将温度转换为标准电流信号输出，其结构及原理如图 8-3-1 所示。

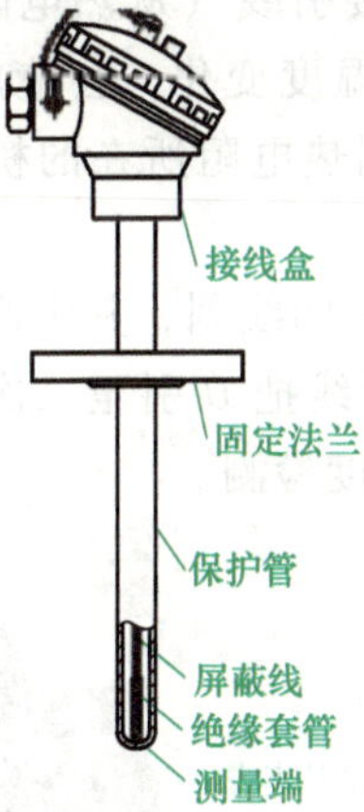

a) 结构

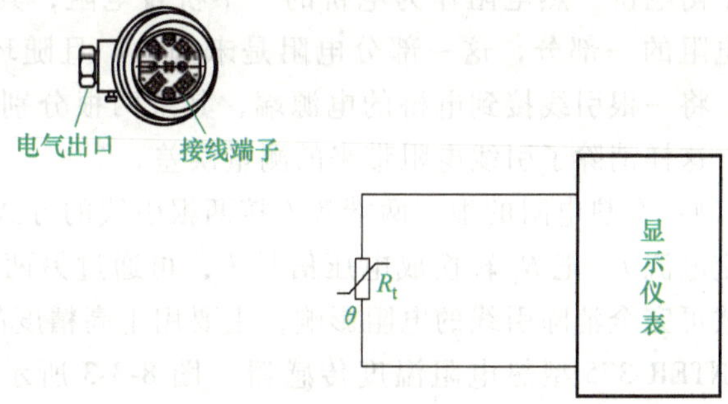

b) 原理

图 8-3-1　热电阻温度传感器结构及原理

用于制造热电阻的材料应具有尽可能大和稳定的电阻温度系数和电阻率，输出最好呈线性，物理化学性能稳定，复线性好等。目前最常用的热电阻有铂热电阻和铜热电阻。

铂热电阻的阻值与温度之间的关系接近于线性，当温度 t 在-200～0℃的范围内时，其关系式为

$$R_t = R_0[1+At+Bt^2+Ct^3(t-100)]$$

式中，R_t 为 t℃时的铂热电阻值；R_0 为 0℃时的铂热电阻值；A、B、C 为常数，$A=3.9684\times10^{-3}$℃$^{-1}$，$B=-5.847\times10^{-7}$℃$^{-2}$，$C=-4.22\times10^{-12}$℃$^{-4}$。

当温度 t 在 0~850℃的温度范围内时，其关系式为

$$R_t = R_0[1+At+Bt^2]$$

我国规定工业用铂热电阻有 $R_0=10\Omega$ 和 $R_0=100\Omega$ 两种，并将电阻值 R 与温度 t 的相应关系统一列成表格，称其为铂热电阻分度表，分度号分别用 Pt10 和 Pt100 表示。这样在实际测量中，只要测得热电阻的阻值 R_t，便能从分度表上查出其对应的温度值。

（2）热电阻温度传感器的使用方法　热电阻作为把温度变化转换为电阻值变化的元件，通常需要把电阻信号通过引线传递到计算机控制装置或者其他一次仪表上。工业用热电阻安装在生产现场，与控制室之间存在一定的距离，因此热电阻的引线对测量结果会有较大的影响。热电阻温度传感器实物如图 8-3-2 所示。

目前热电阻的引线主要有以下三种方式。

1）二线制：在热电阻的两端各连接一根导线来引出电阻信号的方式叫二线制。这种引线方法很简单，但由于连接导线必然存在引线电阻 r，r 的阻值大小与导线的材质和长度的因素有关，因此这种引线方式只适用于测量精度较低的场合。

图 8-3-2　热电阻温度传感器

2）三线制：在热电阻的根部一端连接一根引线，另一端连接两根引线的方式称为三线制，这种方式通常与电桥配套使用，是工业过程控制中最常用的接线方式。

热电阻采用三线制接法是为了消除引线电阻引起的测量误差。这是因为测量热电阻的电路一般是不平衡电桥。热电阻作为电桥的一个桥臂电阻，其连接引线（从热电阻到中控室）也成为桥臂电阻的一部分，这一部分电阻是未知的，且随环境温度变化，会造成测量误差。采用三线制，将一根引线接到电桥的电源端，其余两根分别接到热电阻所在的桥臂及与其相邻的桥臂上，这样消除了引线电阻带来的测量误差。

3）四线制：在热电阻的根部两端各连接两根引线的方式称为四线制，其中两根引线为热电阻提供恒定电流 I，把 R_t 转换成电压信号 U，再通过另两根引线把 U 引至二次仪表。可见这种引线方式可完全消除引线的电阻影响，主要用于高精度的温度检测。

（3）CENTER-375 型热电阻温度传感器　图 8-3-3 所示为 CENTER-375 型热电阻温度传感器。它由铂热电阻温度传感器和数字基本表组成，测量温度范围为-100~1000℃，准确度为 0.01℃。铂热电阻温度传感器与数字基本表采用自动锁定的推拉式连接器，连接方便。测量时将铂热电阻温度传感器插入被测物体即可测量温度。读数可选择华氏或摄氏温标，且具有数据保持功能。

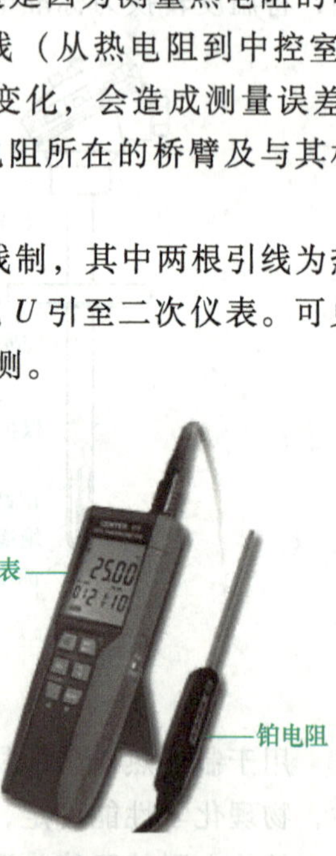

图 8-3-3　CENTER-375 型热电阻温度传感器

2. 热电偶温度传感器

（1）热电偶温度传感器的结构与工作原理　如图 8-3-4 所示，当 A、B 两种不同材料的导体组成一个闭合回路时，若两接点（温度为 T、T_0）的温度不同，则在该回路中会产

生电动势并形成电流，这种现象称为热电效应，该电动势称为热电动势。图中的两个接点，一个称测量端（温度为 T），或称热端；另一个称参考端（温度为 T_0），也称冷端。热电偶就是利用上述的热电效应来测量温度的。热电偶测温系统的示意图如图 8-3-5 所示。

实验证明，热电动势 E 与热电偶两端的温度差（$T-T_0$）成比例，即

$$E=K(T-T_0)$$

式中，K 为与导体的电子浓度有关的参数。

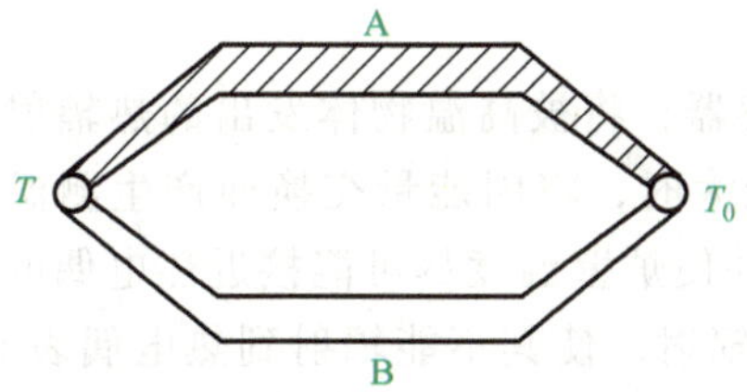

图 8-3-4　热电偶工作原理

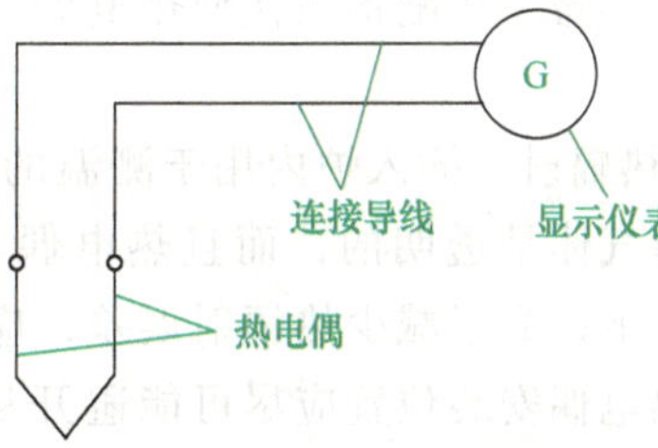

图 8-3-5　热电偶测温系统示意图

从理论上讲，任何两种不同的材料都能制成热电偶，实际生产过程中为了准确、可靠地进行温度测量，必须对材料进行选择。目前常用的热电偶材料主要有镍铬-铜镍（分度号为 E）、铂铑 10-铂（分度号为 S）、铂铑 30-铂铑 6（分度号为 B）和镍铬-镍硅（分度号为 K）4 种。通常写在前面的材料为正极，写在后面的材料为负极。

热电偶的热电动势与温度的关系表，称为分度表。通过查分度表，可以由热电偶的热电动势得到相应的温度值。

（2）热电偶温度传感器的使用注意事项　热电偶温度传感器的实物如图 8-3-6 所示。在使用热电偶温度传感器测量温度时，主要有 4 方面的因素影响测量的精度。

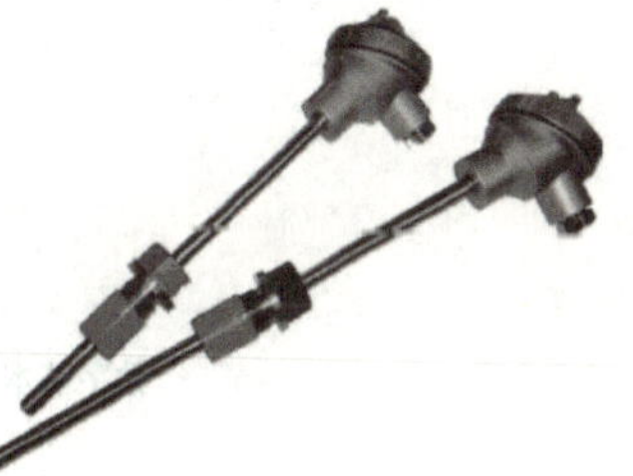

图 8-3-6　热电偶温度传感器

1）插入深度。热电偶测温点的选择是最重要的。测温点的位置，对于生产工艺过程而言，一定要具有典型性、代表性，否则将失去测量与控制的意义。热电偶插入被测场所时，沿着传感器的长度方向将产生热流。当环境温度低时就会有热损失。致使热电偶温度传感器与被测对象的温度不一致，产生测温误差。总之，由热传导引起的误差，与插入深度有关。而插入深度又与保护管材质有关。金属保护管因其导热性能好，其插入深度应该深一些，陶瓷材料绝热性能好，可插入浅一些。对于工程测温，其插入深度还与测量对象是静止还是流动等状态有关，如流动的液体或高速气流温度的测量，将不受上述限制，插入深度可以浅一些，具体数值应由实验确定。

2）热响应时间。接触法测温的基本原理是测温元件要与被测对象达到热平衡。因此，在测温时需要保持一定时间，才能使两者达到热平衡。而保持时间的长短，与测温元件的热响应时间有关。热响应时间主要取决于传感器的结构及测量条件，不同介质的热响应时间差别极大。对于气体介质，尤其是静止气体，至少应保持 30min 以上才能达到平衡；对于液体介质而言，最快也要在 5min 以上。对于温度不断变化的被测场所，尤其是瞬间变化过程，全过程仅 1s，则要求传感器的响应时间在毫秒级。因此，普通的温度传感器不仅会跟不上被测对象的温度变化速度而出现滞后，还会因达不到热平衡而产生测量误差，所以最好选择响应快

的传感器。对热电偶而言，除保护管影响外，热电偶的测量端直径也是其主要因素，即热电偶丝越细，测量端直径越小，其热响应时间越短。

3）热阻抗。在高温下使用的热电偶温度传感器，如果被测介质为气态，那么保护管表面沉积的灰尘等将烧熔在表面上，使保护管的热阻抗增大；如果被测介质是熔体，在使用过程中将有炉渣沉积，这不仅增加了热电偶的热响应时间，而且还使指示温度偏低。因此，除了定期检定外，为了减少误差，经常抽检也是必要的。例如铜熔炼炉不仅安装有连续测温热电偶温度传感器，还配备消耗型热电偶测温装置，用于及时校准连续测温热电偶温度传感器的准确度。

4）热辐射。插入炉内用于测温的热电偶温度传感器，将被高温物体发出的热辐射加热。假定炉内气体是透明的，而且热电偶与炉壁的温差较大时，将因能量交换而产生测温误差。一般情况下，为了减少热辐射误差，应增大热传导，并使炉壁温度尽可能接近热电偶的温度。另外，热电偶安装位置应尽可能避开从固体发出的热辐射，使其不能辐射到热电偶表面，同时热电偶最好带有热辐射遮蔽套。

在使用热电偶温度传感器测量温度时，应当根据实际情况，注意以上 4 方面因素的影响，则可保证最佳的测量效果。

（3）CENTER-300K 型热电偶温度传感器

图 8-3-7 所示为 CENTER-300K 型热电偶测温仪。它由 K 型热电偶传感器和数字基本表组成，测量温度范围为-200～1370℃，准确度为 0.01℃，采用自动锁定的推拉式连接器，连接方便。测量时将 K 型热电偶传感器插入被测物体即可测量温度。读数可选择华氏或摄氏温标，且具有数据保持功能。

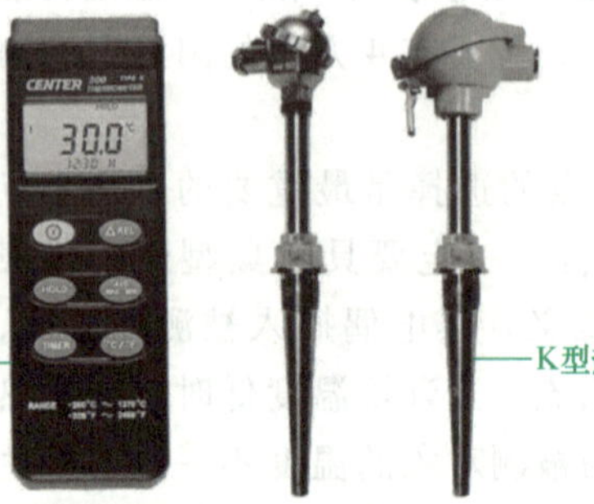

图 8-3-7　CENTER-300K 型热电偶测温仪

3. 红外温度传感器

（1）红外传感器的基本概念　红外传感器是利用红外辐射制成的传感器。红外辐射俗称红外线，是一种不可见光，其实质是热辐射。物体温度越高，辐射出来的红外线越多，辐射能量越大。

红外传感器由光学系统、红外探测器、信号调理电路及显示单元等组成。红外探测器是利用红外线与物质相互作用所呈现的物理效应来探测红外线的。红外探测器的种类很多，按探测机理主要分为热探测器和光子探测器。

热探测器利用红外线的热效应，它的敏感元件吸收红外线后温度升高，引起某些物理参数发生变化，再通过测量物理参数的变化量来确定探测器所吸收的红外线。热探测器主要有热释电型、热敏电阻型、热电阻型和气体型 4 类。

其中，热释电型热探测器探测率最高、频率响应最宽，因此应用广泛。热释电型热探测器的原理如图 8-3-8 所示。电介质加上电压将发生极化，表面上生成极化电荷。极化强度与温度有关。温度越高时极化强度越低。在电极外侧贴上黑色膜，令其接受红外线照射。在红外线照射下，温度升高，电极上电荷减少，电路中的电流将发生变化。由于电荷减少相当于释放部分电荷，这种传感器称为热释电型热探测器。热释电型热探测器的电介质采用水晶、酒石酸钾钠、钛酸钡等晶体材料。

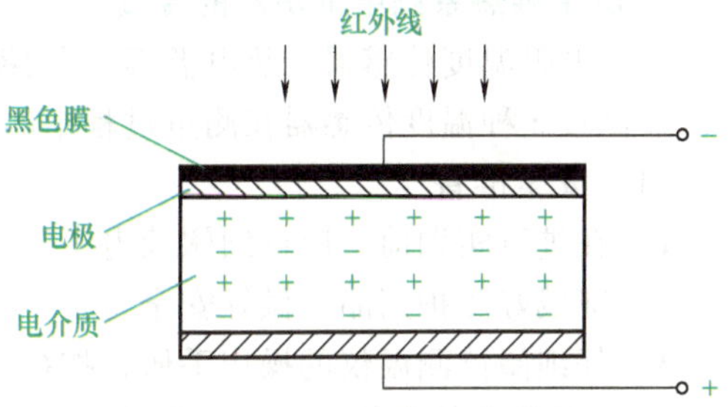

图 8-3-8　热释电型热探测器的原理

光子探测器的工作原理：利用红外线辐射的光子流与探测器材料内的电子互相作用，改变材料内电子的能量状态，以改变电路的某些参数。光子探测器的主要特点是灵敏度高、响应速度快、具有较高的响应频率，但其探测波段较窄，一般需在低温下工作。

（2）红外温度传感器的工作原理　红外温度传感器的框图如图 8-3-9 所示。被测目标的红外线通过透镜、滤光片、调制盘聚焦在红外探测器上，并转换为电信号输出到前置放大器；调制盘由步进电动机带动，步进电动机由多谐振荡器提供电源；加法器将经红外照射的温度电信号与经温度传感器取得的温度电信号进行比较和运算；最后经 A/D 转换并显示被测目标的温度。滤光片的作用是只让一定波长（一般为 8～14μm）的红外线通过。调制盘的作用是将被测的红外线转换成交变的红外线。

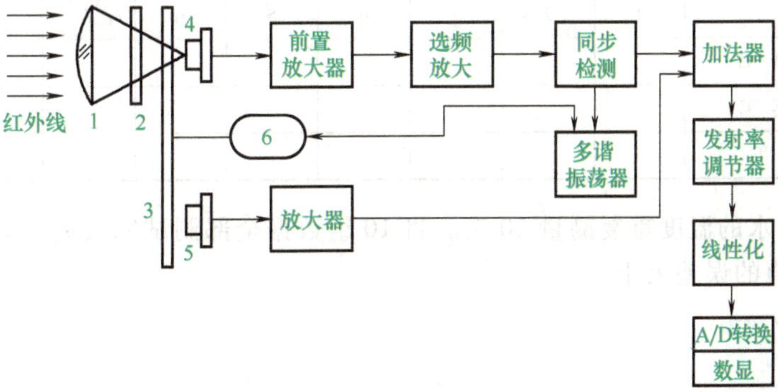

图 8-3-9　红外温度传感器的框图

1—透镜　2—滤光片　3—调制盘　4—红外探测器　5—温度传感器　6—步进电动机

（3）TM910 型手持式非接触红外温度传感器　如图 8-3-10 所示，TM910 型手持式非接触红外温度传感器是一款工业中常用的手持式测温设备。其测温范围为-50～1100℃，红外测温准确度为±1.5%或±1.5℃，测量物距比为 20∶1，分辨力为 0.1℃（<1000℃），响应时间为 500ms，响应波长为 8～14μm。具有高低温报警设定、测量数据存储、摄氏/华氏温标转换、

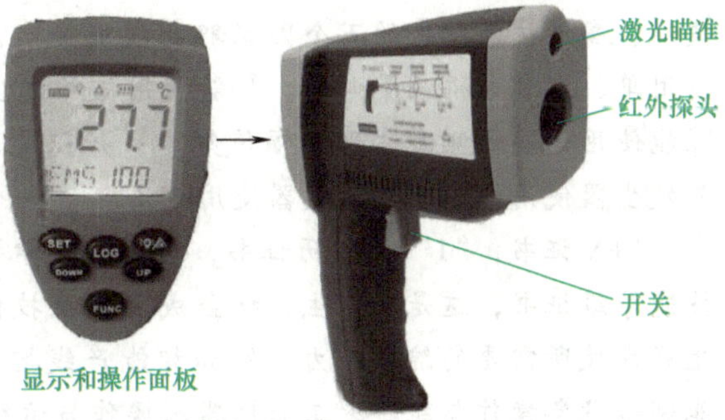

图 8-3-10　TM910 型手持式非接触红外温度传感器

数据保持显示、激光定位、自动关机等功能。使用时，只要将激光对准测量点，红外探头就能接受到红外线，显示面板上就会显示被测点的温度。

4. 测量供热系统中锅炉水的温度

用热电阻温度传感器、热电偶温度传感器、红外温度传感器测量供热系统中锅炉水的温度，并比较3种温度传感器在测量过程中的差别和优缺点。

（1）安全准备

1）在进行实训前，应仔细阅读电工安全操作规程，按照规程要求进行实训。

2）穿戴好防护用品，做好安全防护工作。

3）仔细阅读测温仪的操作手册，按操作要求进行操作。

（2）实训设备准备（见表8-3-1）

表8-3-1 设备准备

序号	名称	型号与规格	数量
1	热电阻温度传感器	CENTER-375型	1个
2	热电偶温度传感器	CENTER-300K型	1个
3	红外温度传感器	TM910型	1个

（3）测量步骤

1）分别用热电阻温度传感器、热电偶温度传感器、红外温度传感器测量供热系统中锅炉水的温度，读出仪表的显示值并记入表8-3-2。

表8-3-2 测量数据

测温仪类型	次数									
	1	2	3	4	5	6	7	8	9	10
热电阻温度传感器/℃										
热电偶温度传感器/℃										
红外温度传感器/℃										

2）改变锅炉水的温度重复测量10次。将10组数据全部测试完成后，观察3种温度传感器测试值与实际值的误差大小。

知识拓展

“证书”新标准

电工国家职业技能标准中，电工指使用工具、量具和仪器、仪表，安装、调试与维护、修理机械设备电气部分和电气系统线路及器件的人员，形成由初级、中级、高级、技师、高级技师构成的五个国家职业技能等级。其中对仪器仪表使用技能要求有：①能使用单、双臂电桥测量电阻。②能使用信号发生器产生三角波、正弦波、矩形波等信号。③能使用示波器测量波形的幅值频率；知识要求有：①单、双臂电桥的使用方法。②信号发生器使用方法。③示波器使用方法。

1+X证书，“1”为学历证书，全面反映学校教育的人才培养质量；“X”为若干职业技能等级证书，这是毕业生、社会成员职业技能水平的凭证，反映职业活动和个人职业生涯发展所需要的综合能力。例如智能产线控制与运维、智能制造设备安装与调试、智能制造设备操作与维护、工业机器人操作与运维、工业机器人装调。

项目小结

1）在交流电桥中，4 个桥臂一般是由交流电路元件如电阻、电感、电容组成的。

2）转速表是专门用来测量各种旋转机械转速的仪表，按照工作原理和工作方式不同，可以分为离心式转速表、光电式转速表、磁性转速表、电动式转速表、磁电式转速表、闪光式转速表等几种。

3）测量温度的方法，通常按感温元件是否与被测物接触而分为接触式测量和非接触式测量两大类。

参 考 文 献

[1] 陈立周，陈岚岚. 电气测量［M］. 6版. 北京：机械工业出版社，2016.
[2] 白广新. 电工及电气测量技术实训教程［M］. 北京：机械工业出版社，2006.
[3] 何道清，邸春芳，张禾. 电气测量技术［M］. 北京：化学工业出版社，2015.
[4] 罗利文. 电气与电子测量技术［M］. 2版. 北京：电子工业出版社，2017.
[5] 徐晓莹. 电工与电气测量实训教程［M］. 北京：中国水利水电出版社，2015.
[6] 张国军，吴海琪. 电气测量技术［M］. 北京：清华大学出版社，2015.
[7] 吴旗，俞亚珍. 电气测量与仪器［M］. 2版. 北京：高等教育出版社，2010.
[8] 陈惠群. 电气测量［M］. 北京：中国劳动社会保障出版社，2004.

职业院校校企“双元”合作电气类专业立体化教材

电气测量技术
工作页

主　编　尚川川　孙卫卫
副主编　隋雨君　李思南
参　编　纪　雷　郑　重　曹同凯
　　　　郭宏光　朱珊珊

机械工业出版社

目　录

项目 1　电工仪表与测量的基本知识

工作页 1.1　仪表的分类、型号和标志

姓名		学号	

1. 工作任务

1）了解常用电工仪表的分类。

2）了解仪表型号编制规则，能读懂仪表型号。

3）理解仪表表盘上的标志所代表的含义。

2. 任务分析

（1）常见电工仪表的分类

1）电工测量就是将________、________或________与________进行比较，从而确定出测量大小的过程。

2）按照仪表的结构和工作原理的不同，人们将电工仪表分成________、________、________和________4 大类。

3）仪表的准确度等级可分为________、________、________、________、________、________、________7 个等级。

4）比较仪表是将被测量与________进行比较得到被测量数值的仪表，常用的比较仪表有________、________、________。

5）智能仪表是利用微处理器的控制和计算功能，实现________、________、________、________、________和________等功能的电工仪表。

（2）电工仪表的型号

1）安装式指示仪表型号为 42T06-V，表示设计序号为________的________表，形状代号为________。

2）便携式指示仪表型号为 T10-A，表示设计序号为________的________表。

3）电能表的编制规则与便携式仪表的编制规则相似，DD282 表示设计序号为________的________表。

（3）电工仪表的标志

1）按照测量种类分，表示电流表的符号为________，表示毫伏表的符号为________，表示绝缘电阻表的符号为________，表示电能表的符号为________。

2）按照工作原理分，磁电系仪表的符号为________，电磁系仪表的符号为________，电动系仪表的符号为________，整流系仪表的符号为________。

3）按照电流种类分，直流的符号是________，交流的符号是________，交直流的符号是________。

4）按照准确度等级分，1.5 表示________。

3. 任务评价

1）总结仪表的分类、型号和标志。

2）总结心得体会。

工作页 1.2　电工仪表和测量方法的选择

姓名		学号	

1. 工作任务

1）根据使用和测量要求，正确选择电工仪表。

2）根据被测对象的性质，采用合理的测量方法。

2. 任务分析

（1）电工仪表的选择

1）选择直流或交流仪表，要根据被测量的________来确定，测量直流电量时广泛地采用________仪表；测量正弦交流电量时，常采用________、________仪表来测量其有效值；测量非正弦交流电量时，既用________或________来测量有效值，又用________来测量其平均值，同时，也常用________来观察波形。

2）选择仪表的准确度等级时，应从实际测量的技术要求出发，首先要确保能达到测量的________，然后再充分考虑其________，切不可过分追求仪表的高准确度等级。

3）仪表的量程一定要________测量对象的最高值，通常是让测量对象的最高值处在仪表标度尺满刻度的________，作为选择量程的参考标准。

4）凡与电路并联的，如电压表或功率表的电压线圈等的内阻，应尽量________；凡与电路串联的，如电流表或功率表的电流线圈等的内阻，应尽量________。

5）对仪表及附加装置的绝缘强度高低的选择，应根据被测电路的________来确定，防止测量过程中损坏仪表及发生人身伤害事故。

（2）测量方法的选择

1）常见的电工测量方法有________、________、________。

2）通过电工仪器、仪表直接读取被测量数值，且无需度量器参与的测量方法为________。它的优点是________、________，缺点是________。

3）间接测量法是指________________________________，它的优点是________，缺点是________。

4）将被测量与标准度量器进行比较得出被测量的测量方法是________，它的优点是________，缺点是________________________。

3. 任务评价

1）总结电工仪表和测量方法的选择。

2）总结心得体会。

工作页 1.3 测量结果的处理

姓名		学号	

1. 工作任务

1）了解误差的定义与分类。

2）理解误差产生的原因。

3）掌握消除或减小误差的方法。

2. 任务分析

（1）仪表的误差

1）在电工测量中，无论哪种电工仪表，也不论其质量水平多高，它的________与________之间总会存在一定的差值，这个差值叫作________。

2）电工仪表的误差可分为两类，即________和________。

3）基本误差是仪表本身________，一般________。

4）附加误差是一种因外界工作条件改变而造成的________，一般可以________。

（2）仪表误差的表示方法

1）仪表误差通常用________、________和________来表示。

2）____叫作绝对误差，用________表示。

3）实际再测量同一被测量时，人们可以用________________来比较不同仪表的准确程度，________的仪表越准确。

4）相对误差是指________________________________，符号是________________。

5）在测量时，绝对误差________准确地判断测量结果是否准确，而相对误差能________地说明测量结果的准确程度。

6）________与________比值的百分数，叫作________。

7）工程上，一般采用________来反映仪表的准确程度。

（3）测量误差的分类

1）根据原因不同，测量误差可分为________、________、________。

2）系统误差产生的原因有________、________、________、________，消除的方法有________、________、________、________、________。

3）偶然误差是一种________和________都不固定的误差，又称为________。

4）由于操作者的粗心和疏忽造成的误差是________。

（4）减小测量误差的处理方法

1）校正测量仪表，对准确度要求较高的测量，可引入________修正。

2）消除系统误差，可以采用________，比如________和________。

3）有效减小偶然误差的方法是________________。

3. 任务评价

1）总结测量结果的处理。

2）总结心得体会。

项目 2　电流与电压的测量

工作页 2.1　电流与电压的测量

姓名		学号	

1. 工作任务

1）了解电流与电压的测量方法。

2）根据电流与电压的性质选择合适的仪表。

2. 任务分析

1）测量电流和电压的方法，按照测量方式分类，一般可以分为________、________两种。

2）测量电流时，电流表与被测元器件________，电流表应接在________。

3）测量电压时，电压表与被测元器件________，电压表接地标志应接在________。

4）使用间接法测量时，可以通过测量电阻的________来求得电流，或测量通过电阻的________，来求出电阻两端的电压。

5）测量直流电流和直流电压，可以选用________。

6）测量交流电流和交流电压时，可以选用________或________。

3. 任务评价

1）总结电流与电压的测量方法。

2）总结心得体会。

工作页 2.2 磁电系仪表的使用

姓名		学号	

1. 工作任务

用直流电流表和直流电压表测量直流电流和直流电压。

(1) 测量要点

1) 根据任务画出电路图。

2) 结合现场实际情况和电路图，连接实际电路。

3) 结合电路图和测量步骤设计测量表格。

4) 经指导教师检查后，接通直流电源，填写测量数据。

5) 注意根据用电安全要求操作，保证人身安全。

(2) 信息登记　测量前各个步骤需要记录，操作具体到人，制定计划表，做好登记记录。

(3) 作业注意事项

1) 学生以 3~6 人为一组。

2) 实训开始前应做好个人着装准备、场地准备和工具准备。

3) 进入实训室前，应先做好安全检查。

4) 团队作业应合理分配作业任务。

2. 任务分析

(1) 直流电流表的工作原理

实际使用的直流电流表一般都是由________与________并联组成的。磁电系测量机构的主要参数有两个：________和________。

(2) 直流电流表的使用方法

1) 直流电流表选择量程时，采用的是________法。

2) 测量电路中的电流时，应将电流表________联在待测电路中。连接时，必须让电流从电流表的________极流向电流表的________极，不可接错。

(3) 直流电压表的使用方法

1) 直流电压表由________和________串联组成。

2) 使用直流电压表测量电压时，应将电压表________联在被测元器件两端，由于测量的是直流电压，还要注意“+”端接________，“-”端接________，以避免指针反转而损坏仪表。

3) 对于多量程电压表，当需要变换量程时，应将电压表与被测电路________后，再________量程。

(4) 设计方案的制定与批准

1) 电路图的制定：一般由________________组织项目________________编写，由教师审核。

2) 设计方案的批准：由____________批准。

3. 制定计划

根据设计方案，合理做好人员分工，将人员分工情况记录在下列表格中，记录好后按照各自分工实施直流电流和直流电压的测量。

序号	工作任务	人员分工
1		
2		
3		
4		
5		
6		

4. 任务实施

(1)实施步骤

1)按照绘出的电路原理图画出接线图,统计实训设备。

电路原理图:

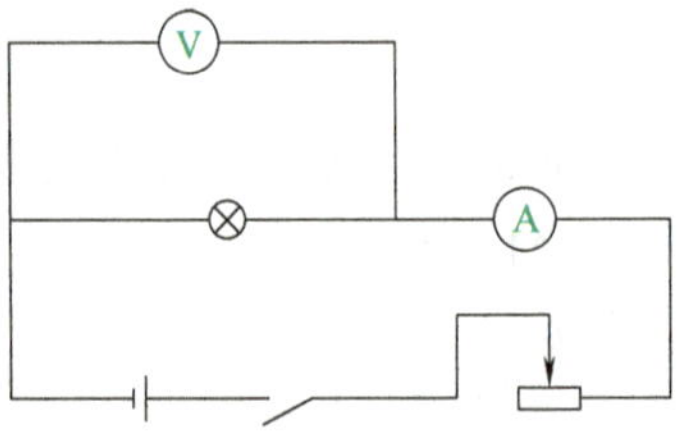

实训设备表:

序号	名称	型号与规格	数量
1	直流电压表	0~15V	1
2	直流电流表	0~3A	1
3	干电池	1.5V	2
4	滑动变阻器		1
5	小灯泡		1
6	开关		1
7	导线		若干

2）根据接线图连接实物，完成后找教师检查。

3）检查接线无误后，闭合开关。

4）测量电路中的电流和电压，并列表进行记录。

滑动变阻器阻值	电流表读数	电压表读数	灯泡阻值

5）将滑动变阻器阻值调至最大，断开开关。

（2）实训注意事项　每次改变滑动变阻器阻值，均需断开电路中的开关，以确保人身安全。

5. 任务评价

1）总结、分析直流电流、直流电压测量的方法与结果。

2）总结心得体会。

工作页 2.3　磁电系检流计的使用

姓名		学号	

1. 工作任务

用磁电系检流计测量电路中有无电流。

（1）测量要点

1）根据任务画出电路图。

2）结合现场实际情况和电路图，连接实际电路。

3）结合电路图和测量步骤设计测量表格。

4）经指导教师检查后，接通直流电源，填写测量表格。

5）注意根据用电安全要求操作，保证人身安全。

（2）信息登记　测量前各个步骤需要记录，操作具体到人，制定计划表，做好登记记录。

（3）作业注意事项

1）学生以 3~6 人为一组。

2）实训开始前应做好个人着装准备、场地准备和工具准备。

3）进入实训室前，应先做好安全检查。

4）团队作业应合理分配作业任务。

2. 任务分析

（1）磁电系检流计的工作原理

1）磁电系检流计是一种专门用来检测________的高灵敏度仪表，它主要在比较法测量中作为________，检测电流的________。

2）磁电系检流计一般分为________和________两种。

3）指针式检流计由于指针不可能太长而限制了灵敏度的提高，通常用于________或________中。

4）光标式检流计有两大特点，一是采用________来代替轴尖和轴承支撑的结构，以消除________对测量的影响；二是采用________来代替指针，进一步提高检流计的灵敏度。

5）磁电系检流计中悬丝的作用是________，产生________，为动圈导入________。

（2）磁电系检流计的选择

1）选择检流计时，要根据测量电路选择相适应的________或________。

2）选择在合适的________下工作。

3）应选用阻尼时间________的检流计。

（3）磁电系检流计的使用

1）使用前应先________。

2）检查检流计，看其偏转是否良好，有无________现象。

3）不能用______或______测量检流计的内阻，以防止通入的电流过大而烧毁检流计。

（4）设计方案的制定与批准

1）电路图的制定：一般由____________组织项目____________编写，由教师审核。

2）设计方案的批准：由____________批准。

3. 制定计划

根据设计方案，合理做好人员分工，将人员分工情况记录在下列表格中，记录好后按照各自分工实施检流计的使用。

序号	工作任务	人员分工
1		
2		
3		
4		
5		
6		

4. 任务实施

(1)实施步骤

1)按照电路原理图画出接线图,统计实训设备。

电路原理图:

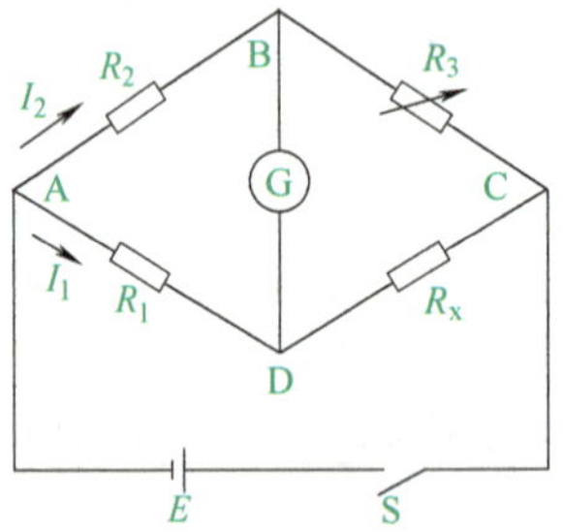

实训设备表:

序号	名称	型号与规格	数量
1	检流计		1
2	电桥电路		1

2）根据接线图，连接实物，完成后找教师检查。

3）检查接线无误后，闭合开关。

4）观察检流计指针偏转情况，判断电路中有无电流。

滑动变阻器阻值	检流计指针是否偏转	有无电流	电桥是否平衡

(2) 实训注意事项　测量中，如果不清楚流过检流计电流的大小，不能随便提高灵敏度，应配用一个万能分流器或串联一个很大阻值的保护电阻进行测试，确信不会损坏检流计时，再逐步提高检流计的灵敏度。

5. 任务评价

1）总结、分析检流计使用的方法与结果。

2）总结心得体会。

工作页 2.4 电磁系仪表的使用

姓名		学号	

1. 工作任务

用交流电压表测量交流电压。

（1）测量要点

1）根据任务画出电路图。

2）结合现场实际情况和电路图，连接实际电路。

3）结合电路图和测量步骤设计测量表格。

4）经指导教师检查后，接通交流电源，填写测量数据。

5）注意根据用电安全要求操作，保证人身安全。

（2）信息登记 测量前，各个步骤均需要记录，操作具体到人，制定计划表，做好登记记录。

（3）作业注意事项

1）学生以3~6人为一组。

2）实训开始前应做好个人着装准备、场地准备和工具准备。

3）进入实训室前，应先做好安全检查。

4）团队作业应合理分配作业任务。

2. 任务分析

（1）电磁系仪表的工作原理

1）电磁系测量机构由________和________组成。根据其结构形式的不同，分为________、________和________3种。

2）吸引型结构由________、________、________、________和________等组成。游丝的作用是________。

3）当线圈中有电流通过时，其附近就产生________，使可动铁片________。线圈与可动铁片之间产生________，从而产生________，引起指针偏转。当________与________产生的________相等时，指针便稳定在某一平衡位置，从而指示出被测量的大小。

4）高准确度仪表一般采用________型结构。

（2）交流电流表的使用方法

1）交流电流表在使用时，________需要考虑正负端子的问题。

2）使用时，先________，再将交流电流表________接在被测电路中，在测量较高电压电路的电流时，交流电流表应接在被测电路的________，若测量更大的交流电流时，一般配合________进行测量。

（3）交流电压表的使用方法

1）交流电压表通常采用________与________串联组成。

2）使用交流电压表测量交流电压时，应将交流电压表________接在被测电路两端。

（4）设计方案的制定与批准

1）电路图的制定：一般由____________组织项目____________编写，由教师审核。

2）设计方案的批准：由____________批准。

3. 制定计划

根据设计方案，合理做好人员分工，将人员分工情况记录在下列表格中，记录好后按照各自分工实施交流电压的测量。

序号	工作任务	人员分工
1		
2		
3		
4		
5		
6		

4. 任务实施

（1）实施步骤

1）按照电路原理图画出接线图，统计实训设备。

电路原理图：

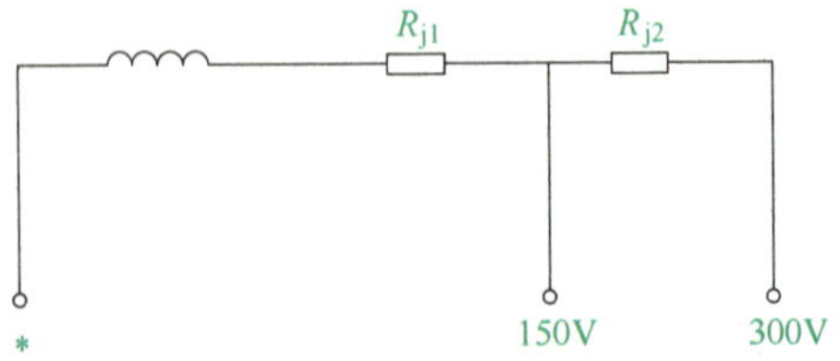

实训设备表：

序号	名称	型号与规格	数量
1	交流电压表	0～250V	1
2	交流可调电源		1

2）根据接线图，连接实物，完成后找教师检查。

3）检查接线无误后，闭合开关。

4）测量交流可调电源的电压，记录在下表中。

交流可调电源电压	电压表量程	电压表读数	测量值

（2）实训注意事项　每次改变电源电压值，均需断开电路中的开关，以确保人身安全。

5. 任务评价

1）总结、分析交流电压表测量交流电压的方法与结果。

2）总结心得体会。

工作页 2.5 互感器的使用

姓名		学号	

1. 工作任务

用电流互感器配合交流电流表测量大电流。

（1）测量要点

1）根据任务画出电路图。

2）结合现场实际情况和电路图，连接实际电路。

3）结合电路图和测量步骤设计测量表格。

4）经指导教师检查后，接通交流电源，填写测量数据。

5）注意根据用电安全要求操作，保证人身安全。

（2）信息登记　测量前，各个步骤均需要记录，操作具体到人，制定计划表，做好登记记录。

（3）作业注意事项

1）学生以 3~6 人为一组。

2）实训开始前应做好个人着装准备、场地准备和工具准备。

3）进入实训室前，应先做好安全检查。

4）团队作业应合理分配作业任务。

2. 任务分析

（1）电流互感器的工作原理

1）实际上，电流互感器就是一个________，它能把一次侧的________按一定比例变换成二次侧的________。

2）电流互感器的一次额定电流 I_{1N} 与二次额定电流 I_{2N} 之比，叫作电流互感器的________，用________表示。

（2）电流互感器的使用

1）实际选择电流互感器时，电流互感器的一次额定电流要________被测电流，与电流互感器配套使用的交流电流表应选________的量程。

2）使用时，将电流互感器的一次侧与被测电路________，二次侧与________串联。

（3）设计方案的制定与批准

1）电路图的制定：一般由________________组织项目________________编写，由教师审核。

2）设计方案的批准：由________________批准。

3. 制定计划

根据设计方案，合理做好人员分工，将人员分工情况记录在下列表格中，记录好后按照各自分工实施交流大电流的测量。

序号	工作任务	人员分工
1		
2		
3		
4		
5		
6		

4. 任务实施

(1)实施步骤

1)按照电路原理图画出接线图,统计实训设备。

电路原理图:

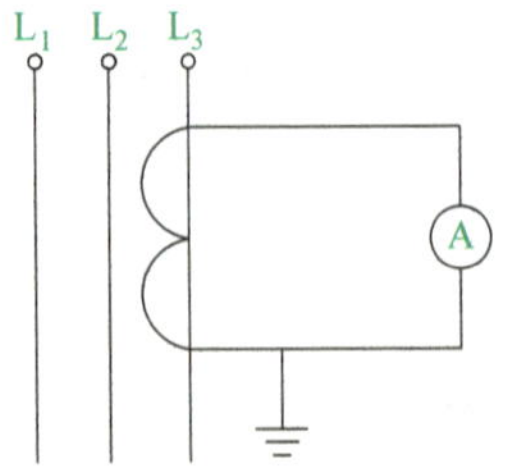

测量单相交流电流电路原理图

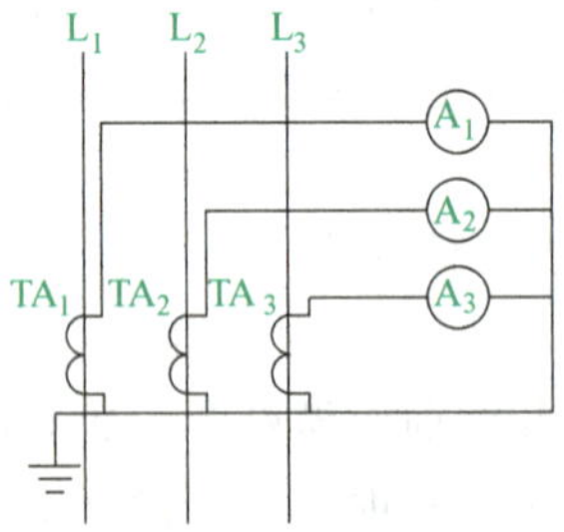

测量三相交流电流电路原理图

实训设备表:

序号	名称	型号与规格	数量
1	电流互感器		3
2	交流电流表	5A	3
3	三相负载		1
4	导线		若干
5	三相四线制电源	380/220V	1

2)根据接线图,连接实物,完成后找教师检查。

3)检查接线无误后,闭合电源开关。

4)分别测量单相交流电流和三相交流电流,并列表进行记录。

测量线路	单相交流电流		三相交流电流	
	电流表指示值	测量结果	电流表指示值	测量结果
L_1				
L_2				
L_3				

(2)实训注意事项　电源开关应采用断路器,以免出现电弧。

5. 任务评价

1)总结、分析电流互感器配合电流表测量交流大电流的方法与结果。

2)总结心得体会。

工作页 2.6　模拟式万用表的使用

姓名		学号	

1. 工作任务

用模拟式万用表测量交流电压、直流电压和直流电流。

（1）测量要点

1）根据任务画出电路图。

2）结合现场实际情况和电路图，连接实际电路。

3）结合电路图和测量步骤设计测量表格。

4）经指导教师检查后，接通交流电源，填写测量数据。

5）注意根据用电安全要求操作，保证人身安全。

（2）信息登记　测量前，各个步骤均需记录，操作具体到人，制定计划表，做好登记记录。

（3）作业注意事项

1）学生以 3~6 人为一组。

2）实训开始前应做好个人着装准备、场地准备和工具准备。

3）进入实训室前，应先做好安全检查。

4）团队作业应合理分配作业任务。

2. 任务分析

（1）模拟式万用表的工作原理

1）模拟式万用表测量直流电流的内部结构实质上是一个多量程的________，通常采用________________。

2）模拟式万用表测量直流电压的电路，实质上是一只________________，基本上采用________________。

3）模拟式万用表的直流电压测量电路利用串联电阻具有________的原理，这种连接方式称为________________。其优点是________________，缺点是________________。

4）模拟式万用表在测量交流电压时，必须在表内附加一个________。

（2）模拟式万用表的使用方法

1）用模拟式万用表测量直流电流时，应根据所测电流的大小选择合适的量程，预估被测量的大小，使万用表指针指在刻度盘的________以上。

2）用模拟式万用表测量直流电流时，将两表笔________在被测电路中，红表笔接________，黑表笔接________。

3）用模拟式万用表测量电压时，将两表笔________在被测电路中，红表笔接________，黑表笔接________。

（3）设计方案的制定与批准

1）电路图的制定：一般由________________组织项目________________编写，由教师审核。

2）设计方案的批准：由________________批准。

3. 制定计划

根据设计方案，合理做好人员分工，将人员分工情况记录在下列表格中，记录好后按照各自分工实施交流电压、直流电压和直流电流的测量。

序号	工作任务	人员分工
1		
2		
3		
4		
5		
6		

4. 任务实施

（1）实施步骤

1）按照电路原理图画出接线图，统计实训设备。

电路原理图：

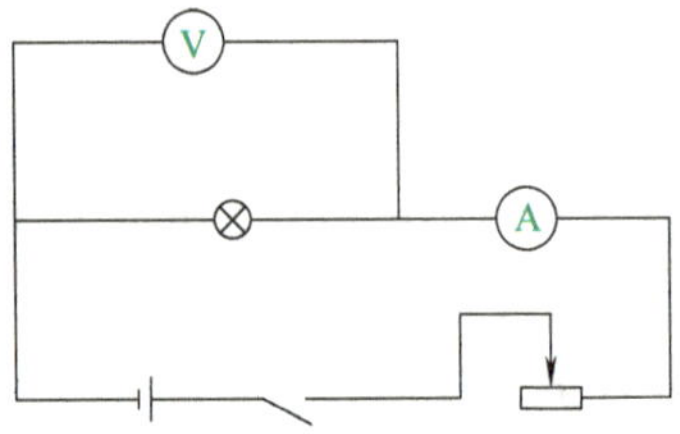

实训设备表：

序号	名称	型号与规格	数量
1	模拟式万用表	MF47	1
2	电池	1.5V	1
3	交流电源	220V	1
4	电阻		若干
5	导线		若干
6	开关		1
7	滑动变阻器		1

2）根据接线图，连接实物，完成后找教师检查。

3）检查接线无误后，闭合开关。

4）按测量步骤进行测量，并列表进行记录。

测量对象	档位	量程	读数	测量值
直流电压				
交流电压				
直流电流				

5）测量完毕，将模拟式万用表的转换开关转至交流电压最高档或 OFF 档。

（2）实训注意事项

1）测量过程中，若不知道被测电压、电流的范围，应从最大量程开始试测。

2）测量过程中，不能带电转动转换开关。

5. 任务评价

1）总结、分析使用模拟式万用表测量电压、电流的方法与结果。

2）总结心得体会。

工作页 2.7　数字式万用表的使用

姓名		学号	

1. 工作任务

用数字式万用表测量交流电压、直流电压。

（1）测量要点

1）根据任务画出电路图。

2）结合现场实际情况和电路图，连接实际电路。

3）结合电路图和测量步骤设计测量表格。

4）经指导教师检查后，接通电源，填写测量数据。

5）注意根据用电安全要求操作，保证人身安全。

（2）信息登记　测量前，各个步骤均需要记录，操作具体到人，制定计划表，做好登记记录。

（3）作业注意事项

1）学生以 3~6 人为一组。

2）实训开始前应做好个人着装准备、场地准备和工具准备。

3）进入实训室前，应先做好安全检查。

4）团队作业应合理分配作业任务。

2. 任务分析

（1）数字式万用表的工作原理

1）数字式万用表具有__________、__________、__________、__________、__________、__________等特点。

2）数字式万用表的表头相当于一个基本量程的________。

3）由于数字表头只能测量直流电压，要测量其他电参数，必须配以不同的________，最基本的有________、________、________。

（2）数字式万用表的使用方法

1）使用数字式万用表前，要选择合适的档位，“V-”表示________，“V~”表示________，“A”表示________。

2）用数字式万用表测量直流电压时，红表笔接________，黑表笔接________。

3）用数字式万用表测量直流电流时，要将数字式万用表________接在被测电路中，红表笔接________，黑表笔接________。

（3）设计方案的制定与批准

1）电路图的制定：一般由________________组织项目________________编写，由教师审核。

2）设计方案的批准：由________________批准。

3. 制定计划

根据设计方案任务，合理做好人员分工，将人员分工情况记录在下列表格中，记录好后按照各自分工实施交流电压和直流电压的测量。

序号	工作任务	人员分工
1		
2		
3		
4		
5		
6		

4. 任务实施

（1）实施步骤

1）画出电路接线图，统计实训设备。

实训设备表：

序号	名称	型号与规格	数量
1	数字式万用表	VC9205	1
2	电池	1.5V	1
3	交流电源	220V	1

2）根据接线图连接实物，完成后找教师检查。

3）检查接线无误后，闭合开关。

4）测量交流电源和电池的电压，并列表进行记录。

测量对象	档位	量程	读数
交流电源			
电池			

5）测量完毕，关闭数字式万用表。

（2）实训注意事项

1）测量前若无法估计被测量大小，应先用最高量程测量，再根据测量结果选择合适的量程。

2）严禁在测量高电压或大电流时拨动转换开关，以防止产生电弧，烧毁数字式万用表。

5. 任务评价

1）总结、分析数字式万用表测量交流电压和直流电压的方法与结果。

2）总结心得体会。

工作页 2.8　直流电位差计的使用

姓名		学号	

1. 工作任务

用直流电位差计测量电池电动势。

（1）测量要点

1）根据任务画出电路图。

2）结合现场实际情况和电路图，连接实际电路。

3）结合电路图和测量步骤设计测量表格。

4）经指导教师检查后，接通交流电源，填写测量数据。

5）注意根据用电安全要求操作，保证人身安全。

（2）信息登记　测量前，各个步骤均需要记录，操作具体到人，制定计划表，做好登记记录。

（3）作业注意事项

1）学生以 3~6 人为一组。

2）实训开始前应做好个人着装准备、场地准备和工具准备。

3）进入实训室前，应先做好安全检查。

4）团队作业应合理分配作业任务。

2. 任务分析

（1）直流电位差计的工作原理

1）为了准确地测量电位差，必须使____________。

2）直流电位差计的测量原理是____________。

3）要测量电动势，必须分两步：①____________；②____________。

（2）直流电位差计的使用方法

1）测量前，应对标准，将扳键推向____________，调节____________，使指针指向____________。

2）U_x =____________。

（3）设计方案的制定与批准

1）电路图的制定：一般由____________组织项目____________编写，由教师审核。

2）设计方案的批准：由____________批准。

3. 制定计划

根据设计方案，合理做好人员分工，将人员分工情况记录在下列表格中，记录好后按照各自分工实施电池电动势的测量。

序号	工作任务	人员分工
1		
2		
3		
4		
5		
6		

4. 任务实施

（1）实施步骤

1）按照电路原理图画出接线图，统计实训设备____________。

电路原理图：

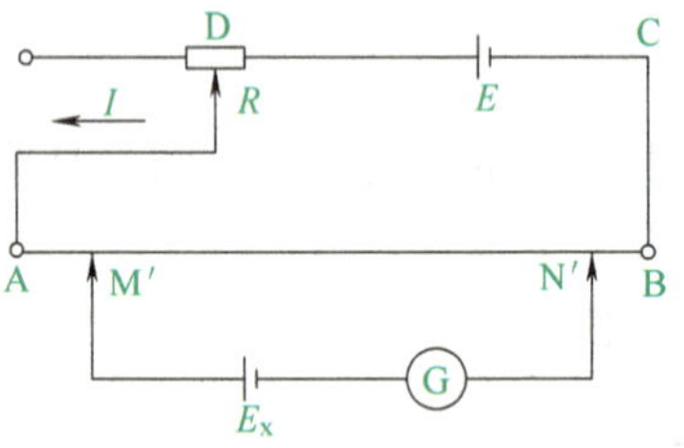

实训设备表：

序号	名称	型号与规格	数量
1	直流电位差计	UJ33a	1
2	待测电池		1

2）根据接线图，连接实物，完成后找教师检查。

3）检查接线无误后，开始测量，并进行记录。

电池电动势 =____________

4）使用完毕，将倍率开关旋至“断”位置。

（2）实训注意事项

UJ33a 型直流电位差计是精密测量仪器。因此必须注意测量导线接线端除镀金、镀银外，不得有其他金属镀层。测量期间，周围温度不允许突变，其中包括不允许阳光直射和白炽灯照射，避免温差热电动势影响测量准确度。

5. 任务评价

1）总结、分析使用直流电位差计测量电池电动势的方法与结果。

2）总结心得体会。

项目 3　电阻的测量

工作页 3.1　电路参数——电阻的测量方法

姓名		学号	

1. 工作任务

1）了解电阻的分类。

2）掌握电阻测量的方法

2. 任务分析

（1）电阻的分类

1）电子电路中所测量的电阻值，一般是在______________的范围内。

2）通常将电阻按其阻值大小分成 3 类，即__________、__________和__________。

（2）电阻的测量方法

1）测量电阻的方法，按照获取测量结果的方式来分，可以分为__________、__________和__________。

2）使用万用表的欧姆档测量电阻阻值，属于__________测量法。

3）常用的比较法测量电阻有__________。

4）伏安法测量电阻，属于__________测量法。

5）测量小电阻时，一般选用__________，但缺点是__________。如果要求测量精度比较高，可选用__________测量小电阻。

6）测量中值电阻时，最方便的方法是__________，但误差较大，如需精密测量，可选用__________法。

7）测量大电阻时，可选用__________测量，可以__________，但测量误差__________，如进行精密测量可选用__________法，但这种方法__________，不适用于__________。

3. 任务评价

1）总结电路参数电阻的测量方法。

2）总结心得体会。

工作页 3.2　直流单臂电桥的使用

姓名		学号	

1. 工作任务

用直流单臂电桥测量电动机绕组线圈的直流电阻。

（1）测量要点

1）根据任务画出电路图。

2）结合现场实际情况和电路图，连接实际电路。

3）结合电路图和测量步骤设计测量表格。

4）经指导教师检查后，开始测量，填写测量表格。

5）注意根据用电安全要求操作，保证人身安全。

（2）信息登记　测量前，各个步骤均需要记录，操作具体到人，制定计划表，做好登记记录。

（3）作业注意事项

1）学生以 3~6 人为一组。

2）实训开始前应做好个人着装准备、场地准备和工具准备。

3）进入实训室前，应先做好安全检查。

4）团队作业应合理分配作业任务。

2. 任务分析

（1）直流单臂电桥的工作原理

1）直流单臂电桥又称____________，是一种专门用来测量____________的精密测量仪器。

2）当接通开关时后，调节标准电阻，使检流计指示为____________，这种状态称为电桥的平衡状态，此时待测电阻等于____________。

（2）直流单臂电桥的使用

1）使用直流单臂电桥测量电阻时，选择比例臂的原则是____________。

2）接入被测电阻时要注意①____________；②____________。

3）测量时，先按下____________，再按下____________，使用完毕，应先断开____________，再断开____________。

4）测量时，若检流计指针向“+”方向偏转，应____________比较臂电阻，反之，应____________比较臂电阻，如此反复调节，直至检流计指针指向____________为止。

（3）设计方案的制定与批准

1）电路图的制定：一般由____________组织项目____________编写，由教师审核。

2）设计方案的批准：由____________批准。

3. 制定计划

根据设计方案，合理做好人员分工，将人员分工情况记录在下列表格中，记录好后按照各自分工实施电动机绕组线圈的直流电阻测量。

序号	工作任务	人员分工
1		
2		
3		
4		
5		
6		

4. 任务实施

（1）实施步骤

1）按照电路原理图画出接线图，统计实训设备。

电路原理图：

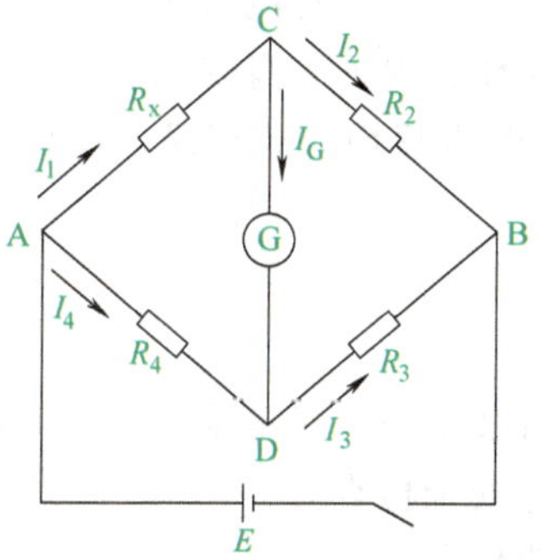

实训设备表：

序号	名称	型号与规格	数量
1	直流单臂电桥		1
2	万用表		1
3	三相异步电动机		1
4	电阻	中值电阻	若干

2）使用万用表估测电阻和电动机绕组电阻阻值，选择合适的比例臂。

3）根据接线图，接入被测电阻，完成后找教师检查。

4）检查接线无误后，先按下电源按钮，再按下检流计按钮。

5）调节比较臂电阻，使电桥达到平衡，读出电阻值，并列表进行记录。

测量对象	固定电阻 R_1	固定电阻 R_2	电动机绕组直流电阻 r
万用表估测值			
直流单臂电桥测量值			

6）关闭电桥（先断开检流计按钮，再断开电源按钮），拆除被测电阻，锁上检流计机械锁扣。

（2）实训注意事项　电动机绕组中含有电感，在测量中应严格遵守操作规程，避免检流计损坏。

5. 任务评价

1）总结、分析直流单臂电桥测量电阻的方法与结果。

2）总结心得体会。

工作页 3.3　直流双臂电桥的使用

姓名		学号	

1. 工作任务

用直流双臂电桥测量小电阻和金属材料的电阻。

（1）测量要点

1）根据任务画出电路图。

2）结合现场实际情况和电路图，连接实际电路。

3）结合电路图和测量步骤设计测量表格。

4）经指导教师检查后，开始测量，填写测量表格。

5）注意根据用电安全要求操作，保证人身安全。

（2）信息登记　测量前，各个步骤均需要记录，操作具体到人，制定计划表，做好登记记录。

（3）作业注意事项

1）学生以 3~6 人为一组。

2）实训开始前应做好个人着装准备、场地准备和工具准备。

3）进入实训室前，应先做好安全检查。

4）团队作业应合理分配作业任务。

2. 任务分析

（1）直流双臂电桥的工作原理

1）直流双臂电桥又称____________，可以消除____________和____________的影响，是一种专门用来测量____________的电桥。

2）直流双臂电桥测量电阻时，为了减少和排除接线电阻与接触电阻对测量结果的影响，接线时，必须使被测电阻 R_x 连接在____________之间。

（2）直流双臂电桥的使用

1）测量电阻时，应先按下____________，再按下____________，观察检流计指针偏转情况，若检流计指针向“+”方向偏转，则应____________读数盘读数，反之应____________读数盘读数，如此反复调节，直至检流计指针指零为止。

2）被测电阻值=____________________________。

（3）设计方案的制定与批准

1）电路图的制定：一般由____________组织项目____________编写，由教师审核。

2）设计方案的批准：由____________批准。

3. 制定计划

根据设计方案，合理做好人员分工，将人员分工情况记录在下列表格中，记录好后按照各自分工实施小电阻和金属材料电阻的测量。

序号	工作任务	人员分工
1		
2		
3		
4		
5		
6		

4. 任务实施

（1）实施步骤

1）按照电路原理图画出接线图，统计实训设备。

电路原理图：

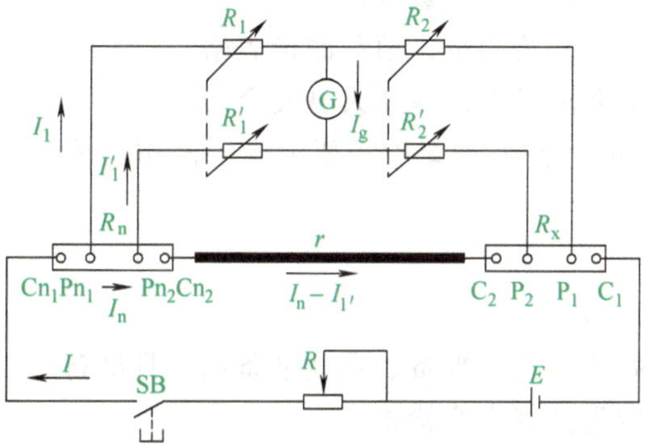

实训设备表：

序号	名称	型号与规格	数量
1	直流双臂电桥		1
2	万用表		1
3	铜导线	长 10m、截面积为 1.5mm^2	1
4	铝导线	长 10m、截面积为 1.5mm^2	1
5	电阻	阻值为 10Ω 以下的小电阻	若干

2）使用万用表估测小电阻和铜铝导线的电阻阻值，选择合适的比例臂。

3）根据接线图，接入被测电阻，完成后找教师检查。

4）检查接线无误后，先按下电源按钮，再按下检流计按钮。

5）调节比较臂电阻，使电桥达到平衡，读出电阻值，并列表进行记录。

测量对象	铜导线电阻 r_1	铝导线电阻 r_2	固定电阻 R_1	固定电阻 R_2
万用表估测值				
直流双臂电桥测量值				

6）关闭电桥（先断开检流计按钮，再断开电源按钮），拆除被测电阻，锁上检流计机械锁扣。

（2）实训注意事项

1）电动机绕组中含有电感，在测量中应严格遵守操作规程，避免检流计损坏。

2）测量 0.1Ω 以下阻值时，“B”按钮应间歇使用。

3）电桥使用完毕后，“B”与“G”按钮应松开。“B1”开关应扳向“断”位置。

5. 任务评价

1）总结、分析直流双臂电桥测量电阻的方法与结果。

2）总结心得体会。

工作页 3.4　绝缘电阻表的使用

姓名		学号	

1. 工作任务

用绝缘电阻表测量电动机的绝缘电阻。

（1）测量要点

1）根据任务画出电路图。

2）结合现场实际情况和电路图，连接实际电路。

3）结合电路图和测量步骤设计测量表格。

4）经指导教师检查后，开始测量，填写测量表格。

5）注意根据用电安全要求操作，保证人身安全。

（2）信息登记　测量前，各个步骤均需要记录，操作具体到人，制定计划表，做好登记记录。

（3）作业注意事项

1）学生以 3~6 人为一组。

2）实训开始前应做好个人着装准备、场地准备和工具准备。

3）进入实训室前，应先做好安全检查。

4）团队作业应合理分配作业任务。

2. 任务分析

（1）绝缘电阻表的工作原理

1）绝缘电阻表一般由____________、____________以及____________组成。

2）绝缘电阻表的优点是______________________________。

3）绝缘电阻表可以测量____________之间的电阻。

（2）绝缘电阻表的使用

1）选用绝缘电阻表主要应考虑____________和____________。

2）选用绝缘电阻表的原则是____________和____________。

3）开路试验是指在未接通被测设备之前，摇动手柄使发电机达到____________的额定转速，观察指针是否指在____________的位置。

4）短路试验是将____________短接，摇动手柄，观察指针是否指在____________位置。

5）测量电气设备对地绝缘电阻时，“L”接____________，“E”接____________。

6）测量电气设备内两绕组之间的绝缘电阻时，“L”和“E”分别接____________。

7）测量电缆的绝缘电阻时，“L”接____________，“E”接____________，“G”接____________。

（3）设计方案的制定与批准

1）电路图的制定：一般由____________组织项目____________编写，由教师审核。

2）设计方案的批准：由____________批准。

3. 制定计划

根据设计方案，合理做好人员分工，将人员分工情况记录在下列表格中，记录好后按照各自分工实施电动机绝缘电阻的测量。

序号	工作任务	人员分工
1		
2		
3		
4		
5		
6		

4. 任务实施

（1）实施步骤

1）按照电路原理图画出接线图，统计实训设备。

电路原理图：

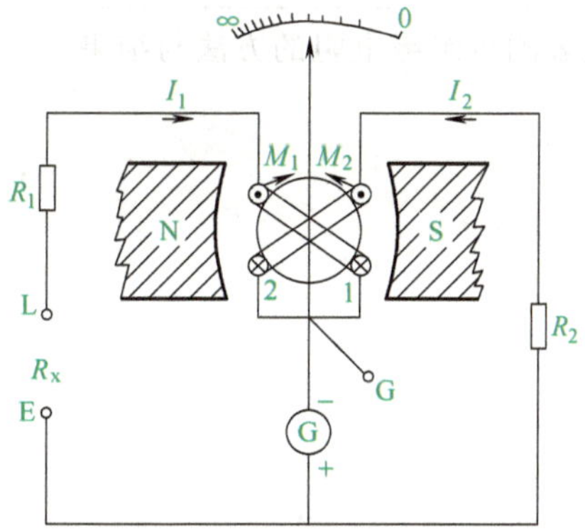

实训设备表：

序号	名称	型号与规格	数量
1	绝缘电阻表	500V、0~500MΩ	1
2	三相笼型异步电动机		1

2）检查绝缘电阻表是否完好。

3）对电动机进行停电、放电、验电处理。

4）打开电动机接线盒盖，测量三相绕组的相间绝缘电阻，分别测量 U 相-V 相、V 相-W 相及 W 相-U 相之间的绝缘电阻，并列表进行记录。

测试项目	测试结果	合格值	判断
U 相-V 相			
V 相-W 相			
W 相-U 相			
对外壳绝缘电阻			
电动机是否可用			

5）盖好电动机的接线盒盖，整理测量现场。

（2）实训注意事项

1）在使用绝缘电阻表测量绝缘电阻之前，应检查被测电气设备和电路是否已全部切断电源。绝对不允许在设备和电路带电时用绝缘电阻表去测量。

2）绝缘电阻表未停止转动以前，切勿用手去触及设备的测量部分或绝缘电阻表接线柱。拆线时也不可直接去触及引线的裸露部分。

3）测量结束，停止转动绝缘电阻表后，要对电动机进行放电。

5. 任务评价

1）总结、分析绝缘电阻表测量绝缘电阻的方法与结果。

2）总结心得体会。

工作页 3.5 接地电阻测量仪的使用

姓名		学号	

1. 工作任务

用接地电阻测量仪测量接地装置的电阻。

（1）测量要点

1）根据任务画出电路图。

2）结合现场实际情况和电路图，连接实际电路。

3）结合电路图和测量步骤设计测量表格。

4）经指导教师检查后，开始测量，填写测量表格。

5）注意根据用电安全要求操作，保证人身安全。

（2）信息登记 测量前，各个步骤均需要记录，操作具体到人，制定计划表，做好登记记录。

（3）作业注意事项

1）学生以 3~6 人为一组。

2）实训开始前应做好个人着装准备、场地准备和工具准备。

3）进入实训室前，应先做好安全检查。

4）团队作业应合理分配作业任务。

2. 任务分析

（1）接地电阻测量仪的工作原理

1）接地电阻测量仪的原理是____________。

2）一般采用____________进行接地电阻的测量。

（2）接地电阻测量仪的使用

1）测量接地电阻，应选择____________________________时期。

2）测量时，将两根探测针分别插入地中，电位探针 P 插在____________处，电流探针 C 插在____________处，三者成一直线。

3）测量时，两根探测针都需垂直插入地下____________。

4）接地电阻 =____________________________。

（3）设计方案的制定与批准

1）电路图的制定：一般由____________组织项目____________编写，由教师审核。

2）设计方案的批准：由____________批准。

3. 制定计划

根据设计方案，合理做好人员分工，将人员分工情况记录在下列表格中，记录好后按照各自分工实施接地装置的电阻的测量。

序号	工作任务	人员分工
1		
2		
3		
4		
5		
6		

4. 任务实施

（1）实施步骤

1）按照电路原理图画出接线图，统计实训设备。

电路原理图：

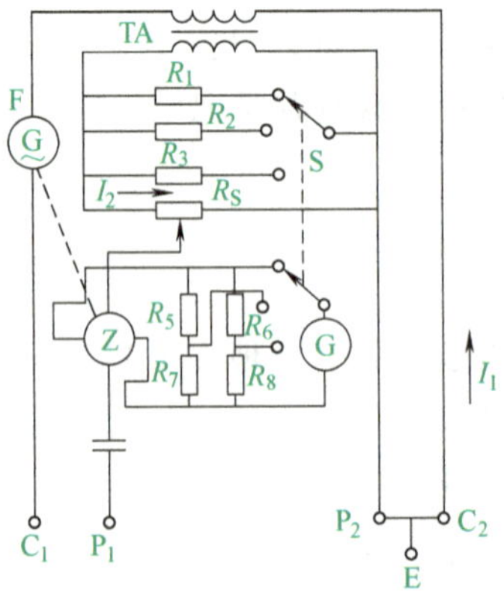

实训设备表：

序号	名称	型号与规格	数量
1	接地电阻测量仪	ZC-8	1
2	铁锤		1
3	接地装置		1

2）对接地电阻测量仪进行短路试验。

3）将被测接地装置与其他接地装置断开，并进行处理。

4）按照接线图接好线路，找教师检查。

5）测量接地电阻，并进行记录。

接地电阻＝________________

6）整理测量现场。

（2）实训注意事项

1）雷雨天气不得测量防雷接地装置的接地电阻，以防雷电击伤。

2）被测接地装置与辅助接地装置连接的导线不得与高压架空线、地下金属管道平行，以免影响测量准确度。

5. 任务评价

1）总结、分析接地电阻测量仪测量接地装置电阻的方法与结果。

2）总结心得体会。

项目 4　电功率的测量

工作页 4.1　电动系仪表的使用

姓名		学号	
1. 工作任务			
1）熟悉电动系测量机构的组成及工作原理。 2）掌握电动系仪表的特点。 3）掌握电动系仪表的使用方法。			
2. 任务分析			
1）电动系仪表和电磁系仪表在结构上的最大区别是____________，这就基本消除了____________和____________的影响，使电动系仪表的____________得到了提高。 2）电动系测量机构测量交流电时，可动部分的偏转角不仅与____________有关，而且还与____________有关。 3）电动系仪表的读数易受____________的影响，因此，其线圈系统一般采用____________或者____________，也可直接采用____________。 4）铁磁电动系测量机构主要是为了克服电动系测量机构____________、____________的缺点而设计的。 5）铁磁电动系测量机构从结构上看与____________相似，不同之处在于，用固定线圈和铁心组成的____________代替了永久磁铁。从工作原理上看与____________完全相同。			
3. 任务评价			
1）总结电动系仪表的使用。 2）总结心得体会。			

工作页 4.2　电动系功率表的使用

姓名		学号	

1. 工作任务

能理解单相电动系功率表的组成和工作原理；能熟练使用单相电动系功率表测量功率。

（1）测量要点

根据任务完成作业：

① 根据任务掌握功率表的使用；

② 结合现场实际情况和电路图，连接实际电路；

③ 结合电路图和测量步骤设计测量表格；

④ 经指导教师检查后，开始测量，填写测量表格；

⑤ 注意根据用电安全要求操作，保证人身安全。

（2）信息登记

测量前各个步骤需要记录，操作具体到人，制定计划表，做好登记记录。

（3）作业注意事项

① 学生以 3~6 人为一组；

② 实训开始前应做好个人着装准备、场地准备和工具准备；

③ 进入实训室前，应先做好安全检查；

④ 团队作业应合理分配作业任务。

2. 任务分析

1）电动系功率表由＿＿＿＿＿＿与＿＿＿＿＿＿构成。

2）在电动系功率表中，固定线圈的匝数＿＿＿＿＿＿，导线＿＿＿＿＿＿，使用时与负载＿＿＿＿＿＿联，所以又称为功率表的＿＿＿＿＿＿线圈；可动线圈的匝数＿＿＿＿＿＿，导线＿＿＿＿＿＿，使用时与负载＿＿＿＿＿＿联，所以又称为功率表的＿＿＿＿＿＿线圈。

3）功率表的功率量程主要由＿＿＿＿＿＿和＿＿＿＿＿＿来决定。

4）选择功率表量程的原则：电流量程＿＿＿＿＿＿被测电流，电压量程＿＿＿＿＿＿被测电压。

5）“发电机端守则”的内容：使电流从＿＿＿＿＿流入，电流线圈与负载＿＿＿＿＿＿联。保证电流从＿＿＿＿＿＿流入，电压线圈支路与负载＿＿＿＿＿＿联。

6）在单相功率测量中，如果功率表接线正确，但指针仍反转，这种情况说明＿＿＿＿＿＿。这时为了得到正确读数，应在＿＿＿＿＿＿之后将＿＿＿＿＿＿对调，但不能调换＿＿＿＿＿＿接线端。

7）在下图所示电路中，哪些电路中的功率表接线正确？适用于什么情况？哪些电路中的功率表接线错误？将会造成什么不良后果？

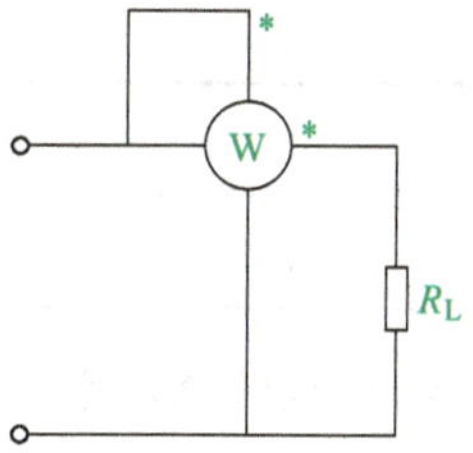

a)

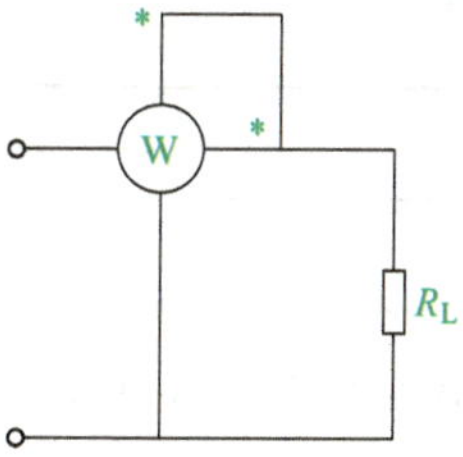

b)

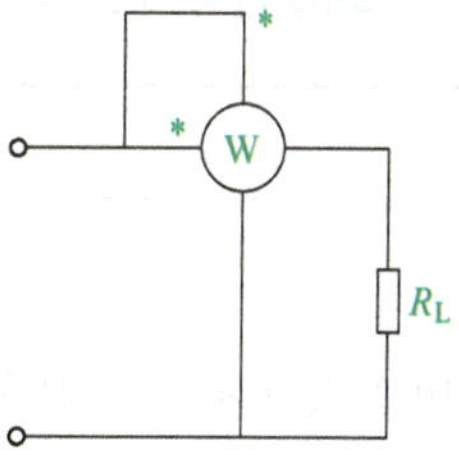

c)

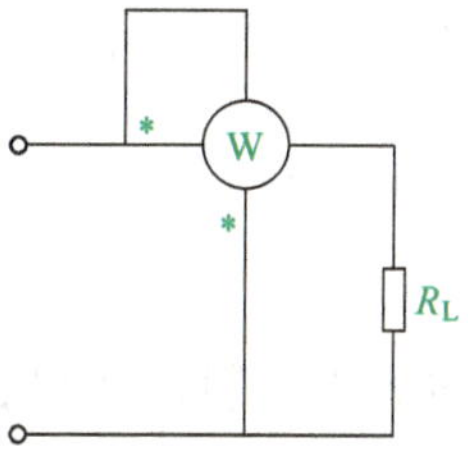

d)

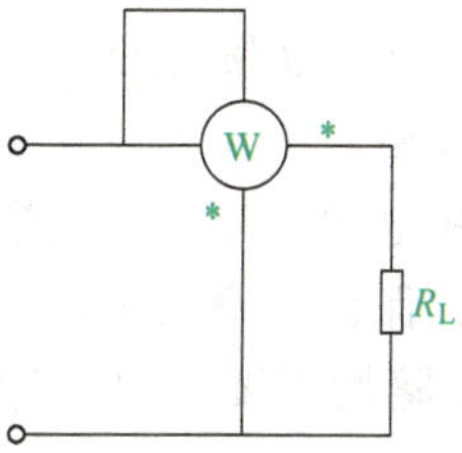

e)

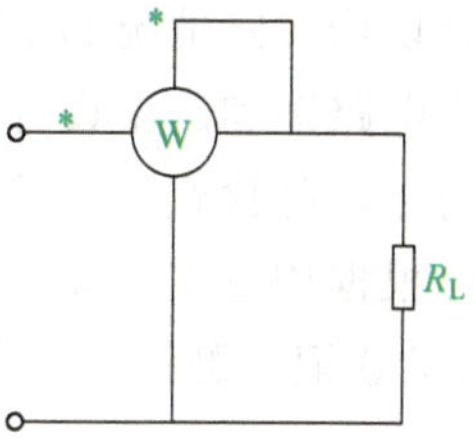

f)

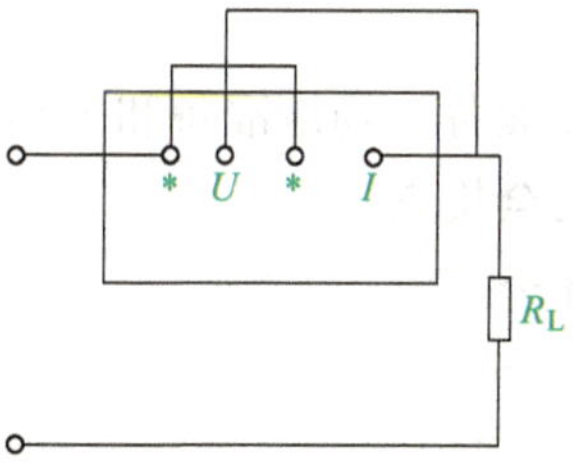

g)

3. 任务评价

1）总结电动系功率表的使用。

2）总结心得体会。

工作页 4.3　三相有功功率的测量

姓名		学号	

1. 工作任务

用单相功率表测定三相对称Y0 联结负载以及不对称Y0 联结负载的总功率$\sum P$。

（1）测量要点

1）根据任务画出电路图。

2）结合现场实际情况和电路图，连接实际电路。

3）结合电路图和测量设计测量表格。

4）经指导教师检查后，接通三相电源，填写测量数据。

5）注意根据用电安全要求操作，保证人身安全。

（2）信息登记　测量前，各个步骤均需要记录，操作具体到人，制定计划表，做好登记记录。

（3）作业注意事项

1）学生以 3~6 人为一组。

2）实训开始前应做好个人着装准备、场地准备和工具准备。

3）进入实训室前，应先做好安全检查。

4）团队作业应合理分配作业任务。

2. 任务分析

1）功率表的功率量程主要由__________和__________来决定。选择功率表量程的原则：电流量程________被测电流，电压量程__________被测电压。

2）“发电机端守则”的内容：使电流从________________流入，电流线圈与负载______联。保证电流从________________流入，电压线圈支路与负载______联。

3）在单相功率测量中，如果功率表接线正确，单指针仍反转，这种情况说明________。这时为了得到正确读数，应在__________之后将________________对调，但不能调换________________接线端。

4）一表法适用于测量________________，测量时，只要用________只单相功率表测出__________________，则三相总功率就等于________________。三表法适用于测量________________，测量时，应用______只单相功率表分别测出__________，则三相总功率就等于__________________。

5）对于三相四线制供电的三相星形联结的负载（即Y0 联结），可用____________测量各相的有功功率 P_U、P_V、P_W，则三相功率之和为________________，即为三相负载的总有功功率值。这就是一表法。若三相负载是对称的，则只需测量一相的功率，再乘以 3 即得三相总的有功功率。

6）设计方案的制定与批准

① 电路图的制定：一般由__________组织项目__________编写，由教师审核。

② 设计方案的批准：由____________批准。

3. 制定计划

根据设计方案，合理做好人员分工，将人员分工情况记录在下列表格中，记录好后按照各自分工实施功率的测量。

序号	工作任务	人员分工
1		
2		
3		
4		
5		
6		

4. 任务实施

（1）实施步骤

1）按照电路原理图画出接线图，统计实训设备。

电路原理图：

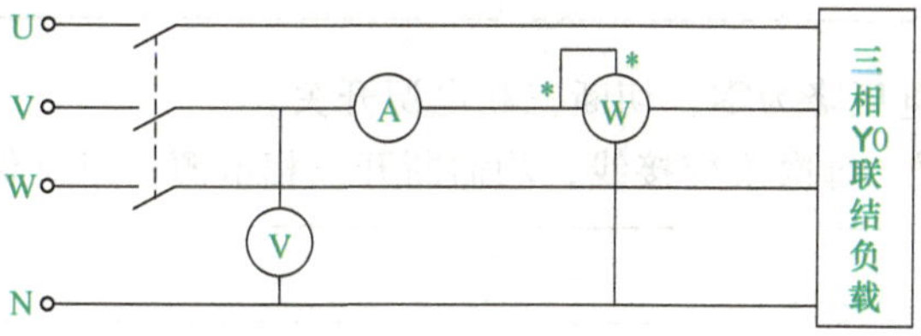

图 1　一表法原理图

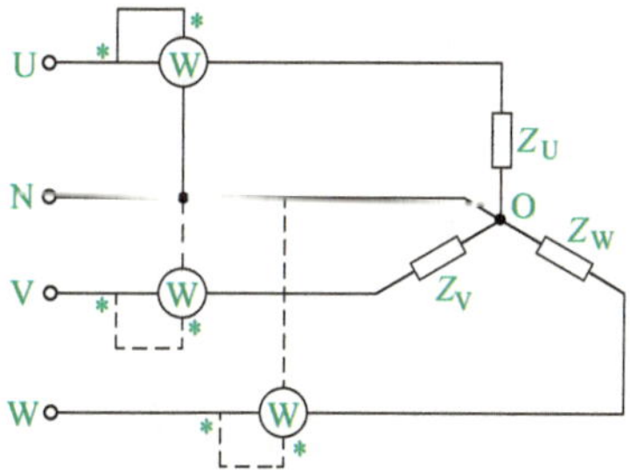

图 2　三表法原理图

实训设备表：

序号	名称	型号与规格	数量
1	交流电压表	0~500V	1
2	交流电流表	0~5A	1
3	单相功率表		1
4	万用表		1
5	三相交流电源		1
6	三相灯组负载	220V/25W　白炽灯	6
7	电容	1μF、2.2μF、4.7μF/500V	若干

2）根据接线图连接实物，完成后找教师检查。

3）检查接线无误后，闭合三相电源刀开关。

4）用一表法和三表法分别测量星形联结的负载在负载对称（采用三个均为 60W 的灯泡作为对称负载）、负载不对称（采用分别为 25W、40W、60W 的三个灯泡作为不对称负载）两种情况下三相电路的有功功率，并列表进行记录。

负载情况	开灯盏数			测量数据			计算值
	U 相	V 相	W 相	P_U/W	P_V/W	P_W/W	$\sum P$/W
Y0 联结对称负载	2	2	2				
Y0 联结不对称负载	1	2	2				

5）将调压器输出电压降为零，切断三相电源开关。

（2）实训注意事项　每次改变接线，均需断开三相电源，以确保人身安全。

5. 任务评价

1）总结、分析三相电路功率测量的方法与结果。

2）总结心得体会。

工作页 4.4　三相无功功率的测量

姓名		学号	

1. 工作任务

用单相功率表测定三相无功功率。

（1）测量要点

1）根据任务画出电路图。

2）结合现场实际情况和电路图，连接实际电路。

3）结合电路图和测量步骤设计测量表格。

4）经指导教师检查后，接通三相电源，填写测量数据。

5）注意根据用电安全要求操作，保证人身安全。

（2）信息登记　测量前，各个步骤均需要记录，操作具体到人，制定计划表，做好登记记录。

（3）作业注意事项

1）学生以 3~6 人为一组。

2）实训开始前应做好个人着装准备、场地准备和工具准备。

3）进入实训室前，应先做好安全检查。

4）团队作业应合理分配作业任务。

2. 任务分析

1）有功功率表不仅能测量________________，如果适当改换它的________________，还能用来测量____________________。

2）一表跨相法适用于____________的情况，测得的三相无功功率 $Q=$____________。

3）三表跨相法适用于________________，而____________________的情况。三相总无功功率 $Q=$________________________________。

3. 制定计划

根据设计方案，合理做好人员分工，将人员分工情况记录在下列表格中，记录好后按照各自分工实施功率的测量。

序号	工作任务	人员分工
1		
2		
3		
4		
5		
6		

4. 任务实施

（1）工作原理　三相电路无功功率的测量，通常采用以下方法：

1）一表法。在电源和负载都对称的三相三线制电路中，通常使用一块功率表来测量无功功率，这种方法称为一表法，如图1所示。若测出的有功功率为 P，则无功功率 Q 为 $Q=\sqrt{3}P$。

2）二表法。在电源和负载都对称的三相三线制电路中，也可用二块功率表来测量无功功率，这种方法称为二表法，如图2所示。若测出的有功功率分别为 P_U 和 P_V，则无功功率 Q 为 $Q=\sqrt{3}(P_U-P_V)$。

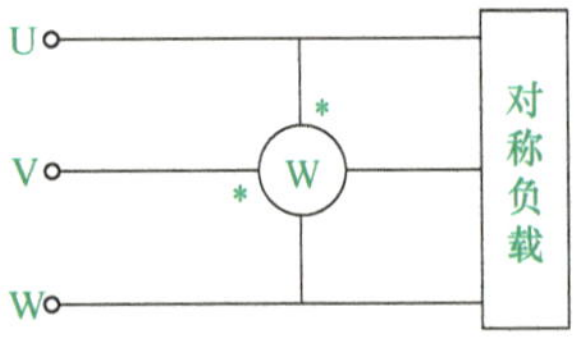

图1　一表法测量无功功率（1）

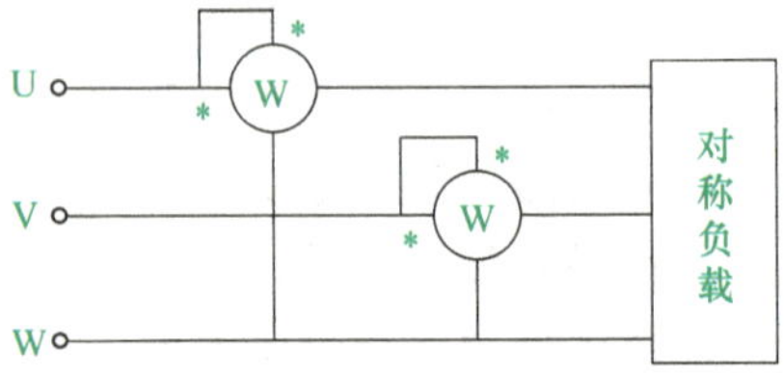

图2　二表法测量无功功率（1）

3）三表法。用三块功率表来测量无功功率，这种方法称为三表法。三表法适应范围广，在电源电压对称、负载对称或不对称的三相三线制电路或三相四线制电路中，都可以用三表法测出无功功率，如图3所示。若测出的有功功率分别为 P_U、P_V 和 P_W，则无功功率 Q 等于三块功率表读数和的 $\frac{1}{\sqrt{3}}$，即 $Q=\frac{1}{\sqrt{3}}(P_U+P_V+P_W)$。

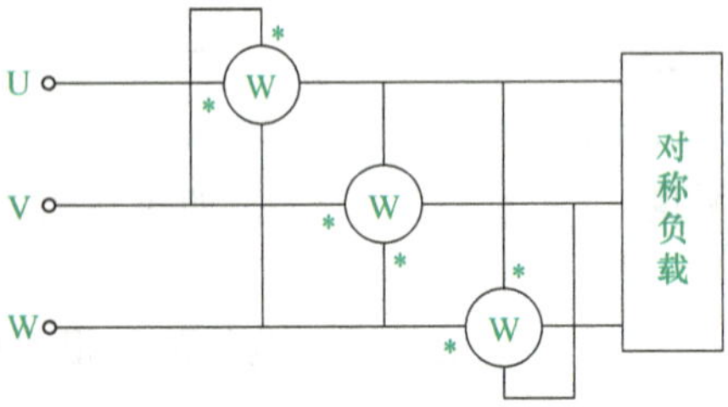

图3　三表法测量无功功率（1）

实训所需设备、仪表及元器件见下表。

序号	名　称	型　号	规　格	数量	备　注
1	三相调压器		0.5kV·A，220/380V，2A	1	工频三相电源亦可
2	单相功率表	GDS-3		3	2406N 型也可
3	毫安表	T77-mA	0～10～20～50mA	1	500mA 也可
4	交流电压表	DF-1940	0～500V	1	其他型号也可
5	交流电流表	DLB-1	0～5～10A	1	其他型号也可
6	数字式万用表	UT-52		1	或 MF-47、DT-9909 也可
7	白炽灯（电阻）		40W/220V	6	灯具、灯泡全套
8	可变电容器		1～5μF/300V	6	电容箱也可
9	三联三相开关		380V/2A	2	小三联
10	连接导线		0.5～1mm²，红、绿、黄、蓝	若干	绝缘导线

（2）实训内容和步骤

1）一表法测量无功功率。测量电路如图 4 所示，电路参数如下：380V/220V 三相调压器，$R_1 \sim R_3$ 为 40W/22V 白炽灯泡（代替电阻），1～4.7μF/300V 可变电容（或电容箱）。

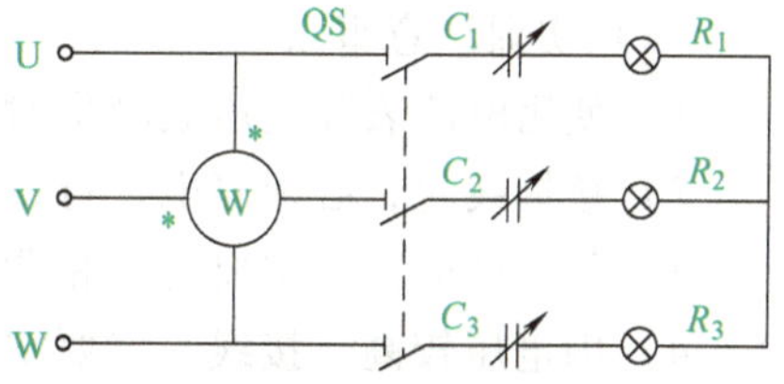

图 4　一表法测量无功功率（2）

操作步骤：

① 将灯泡（电阻）和电容串联后，构成三相对称星形联结接入电路中。

② 将单相功率表的电流线圈串联于任一相线上，电压线圈跨接到另外两相线之间，测出有功功率为 P，则无功功率 $Q=\sqrt{3}P$。

当负载为电感性时，单相功率表正偏；当负载为电容性时，单相功率表反偏，取负值。

2）二表法测量无功功率。将灯泡（电阻）和电容串联后，构成三相不对称星形联结接入电路中，构成测量无功功率的电路。

测量电路如图 5 所示。电路参数不变，操作步骤同上。

3）三表法测量无功功率。将灯泡（电阻）和电容串联后，构成三相不对称星形联结接入电路中，构成测量无功功率的电路。

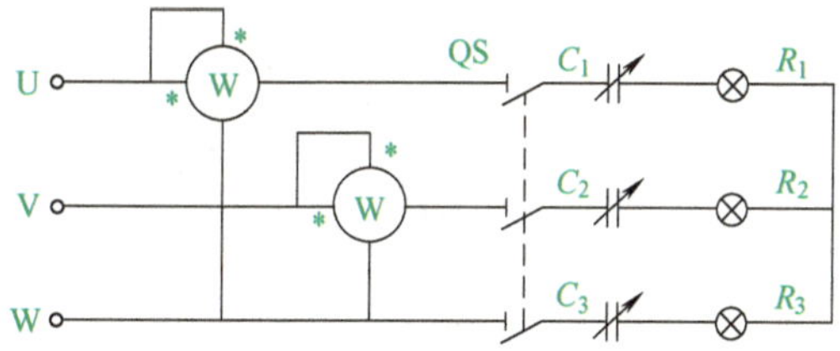

图 5　二表法测量无功功率（2）

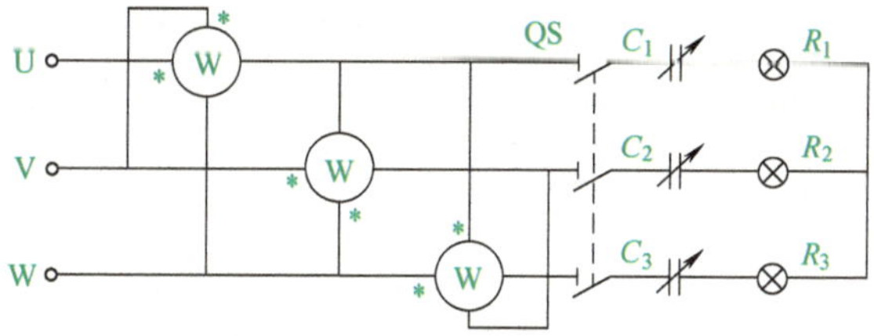

图 6　三表法测量无功功率（2）

测量电路如图 6 所示，电路参数不变，操作步骤同上，将测量结果填入下表中。

测量方法	电　源	负　载	U 相电容	V 相电容	W 相电容	功率表读数	三相无功功率
一表法	三相三线 220V	对称星形联结电容性负载				P	$Q=\sqrt{3}P$
二表法	三相三线 220V	对称星形联结电容性负载				$P=P_U+P_V$	$Q=\sqrt{3}(P_U-P_V)$
三表法	三相三线 220V	对称星形联结电容性负载				$P_\Sigma=P_U+P_V+P_W$	$Q=\frac{1}{\sqrt{3}}P_\Sigma$

（3）实训注意事项

1）使用电流表和电压表测量时，表的量程要适当选大一些，以免损坏仪表。

2）接拆线时，必须停电进行，不许带电操作。

3）每次送电前，都要将三相调压器的输出电压调至零位。

4）因电压较高，接线一定要牢固，要防止线头脱落触电伤人。

5. 任务评价

1）总结、分析三相电路无功功率测量的方法与结果。

2）总结心得体会。

项目 5　电能的测量

工作页 5.1　感应系电能表的应用

姓名		学号	

1. 工作任务

1）掌握感应系电能表的构造及功能。

2）掌握单相电能表的接线。

2. 任务分析

填空题

1）电能表与功率表的不同之处在于：电能表不仅能反映____________的大小，还能计算负载用电的____________，并通过____________把电能自动地积累起来。

2）电能表常数表示电能表应对于________________时，铝盘转动的____________。

3）单相电能表的接线应遵从____________________，即电能表的电流线圈与负载________联，电压线圈与负载________联，两线圈的________应接电源的____________。

4）感应系电能表中的电流线圈匝数________，导线________；电压线圈匝数____________，导线____________。

3. 任务评价

1）总结感应系电能表的应用。

2）总结心得体会。

工作页 5.2　三相有功电能表的应用

姓名		学号	

1. 工作任务

某工地拟安装一个楼道的十户电能表，现将施工任务派发给电气安装部门，请结合施工情况，合理设置施工方案，制定施工计划。

（1）安装要点

1）根据工作任务要求，确定工作内容。使全体工作人员熟悉工作内容、进度要求、作业标准、安全注意事项。由工作负责人监督检查。

2）了解现场作业环境条件，分析可能遇到的问题，提出有效的预防措施。

3）测量仪表和工具经过定期检验且合格。

4）携带的工具和材料能够满足安装作业的需求。

5）填写工作票或派工单，要求内容清楚、工作任务和工作范围明确。

（2）信息登记　测量前，各个步骤均需要记录，操作具体到人，制定计划表，做好登记记录。

（3）作业注意事项

1）学生以 3~6 人为一组。

2）实训开始前应做好个人着装准备、场地准备和工具准备。

3）进入施工现场前，应先做好安全检查。

2. 任务分析

1）三相四线有功电能表具有________个驱动元件和________个铝盘结构。

2）三相四线电能表有________、________接入两种方式。

3）当负载电流大于________时，应该配合电流互感器使用。

3. 制定计划

根据设计方案，合理做好人员分工，将人员分工情况记录在下列表格中。

序号	工作任务	人员分工
1		
2		
3		
4		
5		
6		

主要仪器仪表和工具见下表。

序号	名称	单位	数量
1	绝缘手套	双	若干
2	绝缘鞋	双	若干
3	验电笔	只	1
4	接地线	组	若干
5	低压短路环	组	1（短接二次电流回路专用）
6	登高板	付	1
7	绝缘梯	把	1
8	低压短接线	组	若干
9	钳形电流表	只	1
10	相序表	只	1
11	低压验电笔	只	1
12	平口螺钉旋具	把	1（螺钉旋具金属裸露部分用绝缘胶带缠绕、口部带磁）
13	十字螺钉旋具	把	1（螺钉旋具金属裸露部分用绝缘胶带缠绕、口部带磁）
14	平口钳	把	1
15	尖嘴钳	把	1
16	斜口钳	把	1
17	电工刀	把	1（刀把需进行绝缘处理）
18	剥线钳	把	1
19	安全带	付	若干
20	安全帽	个	若干
21	常用接线工具	套	若干
22	记号笔	支	若干
23	护目镜	付	若干

电能表的安装图：

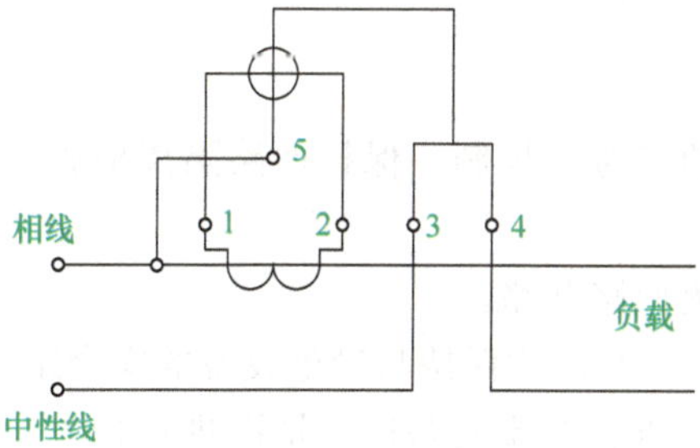

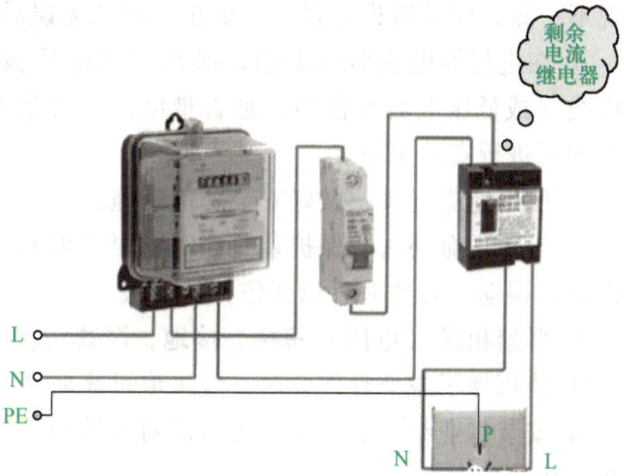

4. 任务实施

（1）实施前准备

危险分析见下表。

序号	内容	后果
1	工作人员进入作业现场不戴安全帽	可能会发生人员伤害事故
2	工作现场不挂标示牌或不装设遮栏或围栏	工作人员可能会发生走错间隔及操作其他运行设备
3	二次电流回路开路或失去接地点	易引起人员伤亡及设备损坏
4	电压回路操作	有可能造成交流电压回路短路、接地
5	在高处安装计量装置	可能造成高空坠落或高空坠物，引起人员伤亡及设备损坏
6	设备的标示不清楚	易发生误接线，造成运行设备事故
7	未使用绝缘工具	易引起人身触电及设备损坏
8	使用电钻	可能碰及带电体
9	没有明显的电源断开点	易引起人身触电伤亡事故
10	低压搭（拆）头时不按先中性（相）后相（中性）顺序进行	易引起人身触电伤亡事故

1）安全措施。

① 进入工作现场，工作人员必须戴安全帽，穿工作服，正确使用劳动保护用品。

② 现场作业必须执行派工单制度、工作票制度、工作许可制度、工作监护制度和工作间断、转移和终结制度。

③ 开工前，工作负责人应对工作人员详细交代在工作区内的安全注意事项，进行危险点分析。

④ 工作现场应装设遮栏、围栏、标示牌或设置临时工作区等，操作必须有专人监护。

⑤ 检查实际接线与现场、要求、图样是否一致，实际安装位是否与派工内容一致，如发现不一致，应及时进行报告、更正，确认无误后方可进行安装作业。

⑥ 在进行停电安装作业前，必须用试电笔验电，应确定表前（或低压电流互感器）、表后线（或低压电流互感器）是否带电，或者是否有明显的断开点，在确认无电、无误情况下方可进行安装工作。

⑦ 使用绝缘工具，做好安全防范措施。

⑧ 为防止振动引起保护装置误动，要采取有效的信号、控制、保护回路隔离措施，防止误碰、误动。必要时可以暂停保护压板。

⑨ 严禁相线（电压）短接、接地，严禁二次电流回路开路。

⑩ 使用梯子或登杆作业时，应采取可靠防滑措施，并注意保持与带电设备的安全距离。

⑪ 安装作业结束后，工作人员应对安装设备及电压、电流回路连接情况进行检查，并清理现场。

2）事故预想及异常情况处理。工作过程中，如遇设备跳闸或其他异常情况时，无论与本工作是否有关，必须立即暂停工作，待检查与本工作无关，得到运行人员同意方可恢复工作。

3）文明施工细则。文明施工是指保持施工现场良好的作业环境、卫生环境和工作秩序。文明施工主要包括：规范施工现场的场容，保持作业环境的整洁卫生，科学组织施工，使生产有序进行，减少对施工场地周围居民和环境的影响。施工现场应设专用废料、废弃物回收桶或垃圾袋。施工中产生的废料、废弃物及时放入回收桶或垃圾袋。工作完毕后，工作班应清扫、整理现场。遵守施工现场文明施工的规定要求，保证维护施工的人身安全。

（2）实施步骤

① 断开用户侧开关（预先通知用户），并观察电能表运行状态指示，确认已切除负载。此时电子式电能表的指示灯停止闪动或熄灭，机械式电能表的铝盘停转。

② 打开电表封印，拆出电能表接线。先拆相线，再拆中性线。

③ 依次松开进线的相线接线端子，轻轻拔出导线并用绝缘胶带绑扎。

④ 依次松开出线的相线接线端子，轻轻拔出导线并用绝缘胶带绑扎。

⑤ 再松开进线的中性线接线端子，轻轻拔出导线并用绝缘胶带绑扎。

⑥ 松开出线的中性线接线端子，轻轻拔出导线并用绝缘胶带绑扎。

⑦ 松开电能表固定螺钉，轻轻取下电能表，核对拆下的电能表和装接单标明的是否一致，用布擦干净，记录拆下电能表的读数。

⑧ 把电能表牢牢地固定在表箱的底版上安装完毕，用手推拉电能表，电能表应无松动现象并垂直于地面。

⑨ 用螺钉旋具松开电能表接线端子盒盖螺钉，取下盒盖，检查接线端子的排列。

⑩ 单相电能表的排列是相线进，相线出；中性线进，中性线出。

⑪ 依次剥开预先分辨出的中性线接头的胶带，把接头连接到电能表的中性线接线端子上。

⑫ 依次剥开预先分辨出的相线接头的胶带，把接头连接到电能表的相线接线端子上。先接中性线，再接相线，接头连接要牢固，用手捏住导线的绝缘层，轻拉无松动现象。

⑬ 检查整理导线并进行绑扎，导线排列应横平、竖直、整齐、美观，导线应有良好的绝缘，中间不允许有接头。

⑭ 检查整理完毕，盖上电能表接线端子的盒盖，确认接线正确，无错误接线。

⑮ 通知用户准备送电。由用户合上用户侧开关（或断路器），检查电能表运行状态。带负载后，机械式电能表的铝盘能正常转动或电子式电能表的脉冲信号灯能闪烁。

⑯ 用万用表和相序表测量表后线的电压和相序，用万用表测得的电压应在 220V 左右（实际电压范围在 220V 的 90%～107%）。

⑰ 完成电能表表盖、表箱门的封印工作。封印的螺钉以不可转出为准，封印用的铜线长短适中，确保封印起到防窃电的作用。

5. 任务评价

1）总结、分析三相有功电能表安装的方法与结果。

2）总结心得体会。

工作页 5.3　电子式三相电能表的应用

姓名		学号	

1. 工作任务

了解三相四线有功电能表正确计量时的接线形式；要求大家能够熟练且规范地接线。

（1）安装要点

1）正确选择和使用工具：尖嘴钳、剥线钳、螺钉旋具、斜口钳等。

2）工作前的准备工作：检查设备是否完好、工具是否齐全、材料的情况。

3）布线工艺：布线合理、规范，工艺好（横平竖直，线鼻等），导线连接牢固，步骤合理。

4）二次回路接线，电压线截面积为 $2.5mm^2$，电流线截面积为 $4mm^2$。分相色进行接线。

5）电能表和联合接线盒等处接线时正确。

（2）信息登记

测量前各个步骤均需要记录，操作具体到人，制定计划表，做好登记记录。

（3）作业注意事项

1）学生以 2~3 人为一组。

2）实训开始前应做好个人着装准备、场地准备和工具准备。

3）进入施工现场前，应先做好安全检查。

4）团队作业应合理分配作业任务。

5）认真核对交底文件及随机文件。

6）团队作业应合理分配作业任务。

2. 任务分析

1）三相三线电能表是根据________的原理，采用________________________组合而成。

2）按规定，对低压供电线路，其负载电流为______及以下时，宜采用________________。

3）电能表和功率表从测量____________这一点来讲，它们是____________的，只不过电能测量还需增加____________，以计算____________。

4）为了充分发挥发电设备的效率，必须设法提高系统的____________，以降低系统的____________________。

3. 制定计划

1）根据方案作业任务，合理做好人员分工，将人员分工情况记录在下表中。

序号	工作任务	人员分工
1		
2		
3		
4		
5		
6		

2）主要仪器仪表和工具见下表。

序号	名称	单位	数量
1	三相电能表	台	1
2	断路器	个	1
3	三相电源指示灯	只	1
4	导线	组	若干
5	电工工具	套	1

3）实训纪律如下。

① 在本场所内实训的人员必须服从指导教师的安排，不得乱动与本实训无关的设备。

② 不准在实训场所内饮食、吸烟等。注意整体公共环境卫生，包括自己所在的工位卫生。

③ 在实训期间工作服、安全帽、手套等着装整齐，正确使用工作用器具，也要注意对设备的爱护。

④ 实训完后，工具必须归位，废旧导线统一放置，卫生应有人安排值日，做到工完、料尽、场地清。

⑤ 不得迟到，早退。

4. 任务实施

（1）实施前准备

1）三相电能表的电路原理图如下图所示。

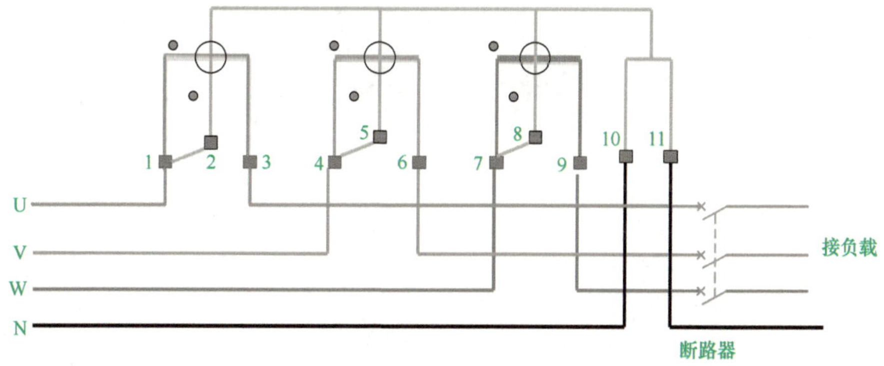

2）三相电能表的接线实物图如下图所示。

（2）实训步骤

1）清点实训器材及工具。

2）合理设计电气位置并正确固定。

3）按电路图正确接线。

4）自查、互查、教师查。

5）认真检查无误后进行通电试验。

6）断开电源、拆线、清理工位。

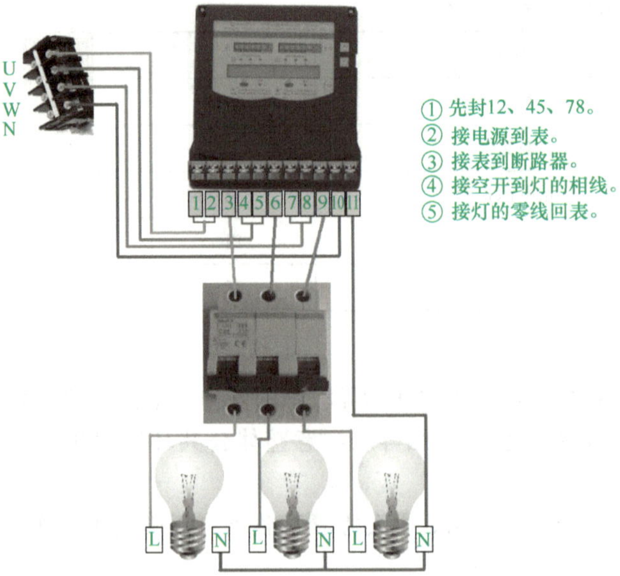

5. 任务评价

1）总结、分析三相四线有功电能表接线的方法与结果。

2）总结心得体会。

项目 6　频率和相位的测量

工作页 6.1　数字式频率计的应用

姓名		学号	

1. 工作任务

（1）工作任务　使用数字式频率计捕捉信号发生器产生的不同信号的频率变化；利用信号发生器产生 1Hz、100Hz，幅值为 1V 的正弦波，使用数字式频率计测量频率。

（2）信息登记　测量前，各个步骤均需要记录，操作具体到人，制定计划表，做好登记记录。

（3）作业注意事项

1）学生以 3~6 人为一组。

2）实训开始前应做好个人着装准备、场地准备和工具准备。

3）进入实训室前，应先做好安全检查。

4）团队作业应合理分配作业任务。

2. 任务分析

1）数字式频率计是用来测量________的电压、电流信号频率的测量仪器。

2）数字式频率计一般由______________和______________配合组成。频率/电压转换器主要由________、________、________、________、________以及________ 6 部分组成。

3. 制定计划

根据方案作业任务，合理做好人员分工，记录至下表中。

序号	工 作 任 务	人 员 分 工
1		
2		
3		
4		
5		
6		

使用器材见下表。

器材名称	单　位	数　量
信号发生器	台	1
数字式频率计	台	1
信号线	组	若干

4. 任务实施

1）了解数字式频率计各部分的作用。

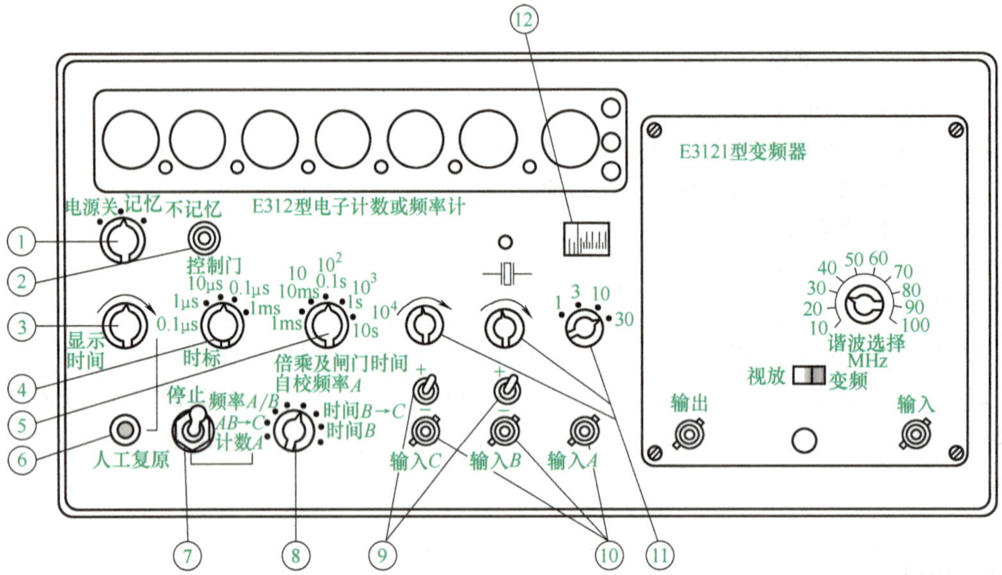

① 显示方式选择兼电源开关。

② 控制门指示氖灯。氖灯亮时，表示主门开启；不亮时，主门关闭。

③ 显示时间旋钮。其调节范围为 0.5s～∞ 。

④ 时标选择开关。该开关共分 5 档，分别为 0.1μs、1μs、10μs、0.1ms、1ms。

⑤ 倍乘及控制门时间选择开关。该开关共分 5 档，分别为 1ms、10ms、0.1s、1s、10s，在测量周期和频率比时也可作为倍乘选择开关使用。

⑥ 人工复零按钮。

⑦ 停止-计数选择开关。工作方式选择开关置于计数 A 档时，由此开关控制计数器的起始和终止时间。

⑧ 工作方式选择开关。具有 8 种功能，即计数、外控时间间隔、频率比、自校、频率、时间间隔、时间、周期。

⑨“+”“-”选择开关。可选择脉冲上升或下降沿触发。

⑩ A、B、C 通道输入端。

⑪ 输入衰减开关及旋钮。

⑫ 输入电平指示器。指示输入通道信号幅值的大小，测量时应调节输入衰减开关，使指针指示在表头中间的“1”处。

2）操作步骤。

① 接通电源，将开关拨至“内接”处，仪器预热 1h，再将显示方式兼电源开关置于“记忆”或“不记忆”处，此时数码管亮，表明整机电源正常。

② 用信号发生器产生 1MHz、有效值为 1V 的正弦波。

③ 调节显示时间。当顺时针方向转动显示时间旋钮时，显示时间由短变长，当转至端点∞时，显示时间由自动复原转为人工控制（按下复原按钮，电路复原）。复原后控制门电路开启，控制门指示氖灯亮，重新开始计数。

④ 记忆和不记忆显示。当开关置于“记忆”时，被测频率值稳定地显示在数码管上。当开关置于“不记忆”时，显示数字在控制门开启时计数，显示时间结束后归零，然后重新计数。

⑤ 测量周期。将工作方式选择开关置于“时间 B”档，被测信号由“输入 B”输入；调节倍乘及控制门时间选择开关可以提高测量精度，因为倍乘越高，读数的有效位越多；时标任选一档。测量结果可直接读值。

3）小组讨论，合作完成以下内容：

① 阐述周期的定义、单位。

② 阐述频率计测量周期的基本原理。

③ 正确使用频率计测周期。

5. 任务评价

1）总结数字式频率计的应用。

2）总结心得体会。

工作页 6.2　电动系相位表的应用

姓名		学号	

1. 工作任务

1）了解电动系相位表的工作原理。
2）掌握电动系相位表的使用方法。

2. 任务分析

1）电动系相位表的标度尺是按两个被测交流流量的__________刻度，而功率因数表按照________________刻度。
2）电动系相位表结构上采用____________型结构。
3）接通电路前，务必要先将交流电源的输出调至______。
4）电动系相位表有两个线圈：________、________。

3. 任务评价

1）总结电动系相位表的应用。
2）总结心得体会。

工作页 6.3　整步表的使用

姓名		学号	

1. 工作任务

1）了解整步表的作用和结构。
2）掌握整步表的接线，读懂整步表的标示。

2. 任务分析

1）整步表在发电机的频率比电网频率高时，指针将________旋转。
2）测量时，将线圈 U 串联一个________，接在已运行的发电机或电网的 U、V 相上。
3）整步表能同时反映频率和相位的差异，但不显示____的____。

3. 任务评价

1）总结整步表的作用。
2）总结心得体会。

项目 7　信号波形的测量

工作页 7.1　低频信号发生器的应用

姓名		学号	
1. 工作任务			
1）了解低频信号发生器的基本概念。 2）掌握低频信号发生器的组成及工作原理。 3）认识低频信号发生器的面板布置。以 XD2 型低频信号发生器为例，进行实际操作，熟悉面板各部分组成。 4）操作前知晓各部分使用方法，对各操作步骤均需要记录，操作具体到人，制定计划表，做好登记记录。 5）作业注意事项。 ① 学生以 3~6 人为一组。 ② 实训开始前应做好个人着装准备、场地准备和工具准备。 ③ 进入实训室前，应先做好安全检查。 ④ 团队作业应合理分配作业任务。			
2. 任务分析			
1）低频信号发生器是用来产生________信号的一种电子仪器。它作为测试用的信号源，能根据需要输出正弦波________或________，供电气设备或电子电路的调试及维修时使用。 2）低频信号发生器主要由________、________、________、________和________5 部分组成。 3）频率范围用于选择所需________，频率细调旋钮按________进制排列，用于调准所需________。 4）根据待测电压的大小，选择合适的量程。量程分为________、________、________、________4 档。当测量开关置于“________”时，电压表直接接到电压输出端，用来测量输出电压；当测量开关置于“________”时，供测量外电路的输入电压。 5）仪器有________和________输出，这两种输出共用一个输出衰减旋钮，每档衰减________。 6）功率级设有________、________、________、________输出阻抗，欲得到最大输出功率，应使________与________匹配，若做不到，一般应使实际使用的负载值________所选用的数值，否则将造成波形失真。			

3. 制定计划

根据设计方案，合理做好人员分工，将人员分工情况记录在下列表格中，记录好后按照各自的分工对操作面板进行实际操作。

序号	工作任务	人员分工
1		
2		
3		
4		
5		
6		

4. 任务实施

（1）实施步骤

1）认识并操作频段范围选择与频率细调旋钮。

2）进行电压测量。

3）认识熔断器阻尼开关。

4）认识并操作输出端子。

5）认识并操作输出衰减旋钮。

6）认识并操作输出细调旋钮。

（2）实训注意事项　每次操作前要知晓使用方法，按规则操作，避免人身伤害及仪器损坏。

5. 任务评价

1）总结、分析低频信号发生器的面板组成及使用方法。

2）总结心得体会。

工作页 7.2 示波器的应用

姓名		学号	

1. 工作任务

1）了解示波器的基本概念。

2）掌握示波器的组成及工作原理。

3）认识双踪示波器的面板布置和使用方法。

4）能运用双踪示波器进行电压、时间和周期的测量。操作前知晓各部分使用方法，对操作步骤均需要记录，操作具体到人，制定计划表，做好登记记录。

5）作业注意事项。

① 学生以 3~6 人为一组。

② 实训开始前应做好个人着装准备、场地准备和工具准备。

③ 进入实训室前，应先做好安全检查。

④ 团队作业应合理分配作业任务。

2. 任务分析

1）示波器是利用示波管内________在电场或磁场中的________，显示随时间变化的________信号的一种观测仪器。

2）示波器主要由________、________、________、________和________5 部分组成。

3）示波管主要由________、________和________3 部分组成。

4）偏转系统的作用是使________有规律地移动，从而在荧光屏上显示出被测波形。根据偏转原理不同，示波管中的偏转系统又可分为________和________两种。

5）利用示波器所进行的任何测量，最终都归结为对________的测量。

6）示波器中的扫描发生器能产生与________呈线性关系的扫描线，因此可以用荧光屏的________来测量波形的时间参数。

7）按照被测信号参数的测量方法不同，选择各旋钮的位置，使信号正常显示在________上，记录测量的读数或________。测量时必须注意将 y 轴增益微调和 x 轴增益微调旋钮旋至“________”位置。

3. 制定计划

根据设计方案，合理做好人员分工，将人员分工情况记录在下列表格中，记录好后按照各自分工进行实际操作。

序号	工作任务	人员分工
1		
2		
3		
4		
5		
6		

4. 任务实施

（1）实施步骤

1）测量前的准备工作

① 显示扫描线：将电源线插入交流电源插座之前，应设置仪器的开关及控制按钮。

② 打开电源：调节辉度和聚焦按钮，使扫描基线清晰度较好。

③ 一般情况下，应将垂直微调和扫描微调旋钮处于“校准”位置，以便读取 V/Div 和 T/Div 的数值。

④ 调节 CH1 垂直移位：使扫描基线设定在屏幕的中间，若此光迹在水平方向略微倾斜，则应调节光迹旋转按钮，使光迹与水平刻度线相平行。

⑤ 校准探头：由探头输入方波校准信号到 CH1 输入端，将 0.5V 峰峰值校准信号加到探头上。将 AC-GND-DC 开关置于“AC”位置，校准波形将显示在屏幕上。

2）测量信号的步骤

① 将被测信号输入到示波器通道输入端。注意输入电压不可超过 400V（DC+AC 峰峰值）。使用探头测量大信号时，必须将探头衰减开关拨到“×10”位置，此时输入信号缩小到原值的 1/10，实际 V/Div 值为显示值的 10 倍。如果将 V/Div 置于 0.5V/Div，那么实际值应等于 5V/Div。测量低频小信号时，可将探头衰减开关拨到“×1”位置。

② 按照被测信号参数的测量方法不同，选择各旋钮的位置，使信号正常显示在荧光屏上，记录测量的读数或波形。测量时必须注意将 y 轴增益微调和 x 轴增益微调旋钮旋至“校准”位置。

③ 根据记下的读数进行分析、运算、处理，得到测量结果。

3）严格按照操作步骤对电压、时间、周期进行测量，并记录测量波形。

（2）实训注意事项　每次操作前要知晓使用方法，按规则操作，避免人身伤害及仪器损坏。

5. 任务评价

1）总结、分析示波器的面板组成及使用方法。

2）总结心得体会。

工作页 7.3 逻辑分析仪的应用

姓名		学号	

1. 工作任务

1）了解逻辑分析仪的基本概念。

2）掌握逻辑分析仪的组成及工作原理。

3）了解逻辑分析仪的分类及显示方式。

4）掌握 LAB6000 系列逻辑分析仪的功能特点，能进行简单操作。操作前知晓各部分使用方法，对操作步骤均需要记录，操作具体到人，制定计划表，做好登记记录。

5）作业注意事项。

① 学生以 3~6 人为一组。

② 实训开始前应做好个人着装准备、场地准备和工具准备。

③ 进入实训室前，应先做好安全检查。

④ 团队作业应合理分配作业任务。

2. 任务分析

1）逻辑分析仪是分析________________的仪器，逻辑分析仪是属于数据域测试仪器中的一种总线分析仪，即以____________为基础，同时对多条数据线上的____________进行观察和测试的仪器。

2）逻辑分析仪的工作过程就是________、________、________、________的过程。

3）逻辑分析仪分为两大类：逻辑______分析仪和逻辑______分析仪。这两类分析仪的基本结构是相似的，主要区别表现在____________和____________上。

4）逻辑状态分析仪用字符______或____________显示被检测的逻辑状态，显示直观，可以从大量数码中迅速发现错码，便于进行____________。

5）逻辑定时分析仪用来考察两个系统时钟之间的数字信号的____________和____________，它的内部装有____________。

6）定时显示是以逻辑电平表示的________的形式将存储器中的内容显示在屏幕上，显示的是一串经过整形后类似________的波形，高电平代表“______”，低电平代表“______”。

7）LAB6000 系列逻辑分析仪实现了________、________的高速采集技术，采样率从________到________不等，适用于各种数字电路的________、________、________和________工作。

3. 制定计划

根据设计方案，合理做好人员分工，将人员分工情况记录在下列表格中，记录好后按照各自分工进行实际操作。

序号	工作任务	人员分工
1		
2		
3		
4		
5		
6		

4. 任务实施

（1）实施步骤

1）了解逻辑分析仪的组成和工作原理。

2）掌握逻辑分析仪的作用。

3）熟记逻辑分析仪的使用方法。

4）熟练使用逻辑分析仪。

（2）实训注意事项　每次操作前要知晓使用方法，按规则操作，避免人身伤害及仪器损坏。

5. 任务评价

1）总结、分析逻辑分析仪的面板组成及使用方法。

2）总结心得体会。

工作页 7.4 晶体管特性分析仪的应用

姓名		学号	

1. 工作任务

1）了解晶体管特性分析仪的基本知识。

2）掌握晶体管特性分析仪的使用方法。

3）正确运用晶体管特性分析仪进行测量。操作前知晓各部分使用方法，对操作步骤均需要记录，操作具体到人，制定计划表，做好登记记录。

4）作业注意事项。

① 学生以 3~6 人为一组。

② 实训开始前应做好个人着装准备、场地准备和工具准备。

③ 进入实训室前，应先做好安全检查。

④ 团队作业应合理分配作业任务。

2. 任务分析

1）晶体管特性分析仪是一种能够直接在示波管上显示各种________________曲线的专用测试仪器。

2）对集电极扫描电压的要求：第一，能够________________，________________的重复连续变化。第二，扫描的重复频率要________________，以免显示出来的曲线闪烁不定。第三，扫描电压的最大值要能根据被测晶体管的要求在________________范围内进行调节。

3）XJ4810 型晶体管特性分析仪的测量电路采用了________________和________________器件，除具有一般的图示功能外，还具有________________同时显示的功能，使用十分方便。

4）进行基极阶梯信号调零。其目的是使阶梯信号的起始级为________，以保证测量________。

5）晶体管特性测试仪使用完毕，应随即关断电源，并使仪器各开关旋钮____________。此时应将____________开关置于“0~10V”档，________________旋到零位，________________开关置于“关”档，________________置于 10kΩ 以上位置。

6）二极管的基本特性是________________，所以通常需要测量其________________特性。

7）晶体管分________型和________型两大类，它们只是________不同，其测试原理是相同的，测试方法也基本一样。

8）晶体管特性分析仪能够方便地比较两个________晶体管（如两个 3DG8 型晶体管）的特性曲线。

3. 制定计划

根据设计方案，合理做好人员分工，将人员分工情况记录在下列表格中，记录好后按照各自分工进行实际操作。

序号	工作任务	人员分工
1		
2		
3		
4		
5		
6		

4. 任务实施

（1）实施步骤

1）了解晶体管特性分析仪的组成和工作原理。

2）掌握晶体管特性分析仪的作用。

3）熟记晶体管特性分析仪使用方法。

4）熟练使用晶体管特性分析仪。

（2）实训注意事项　每次操作前要知晓使用方法，按规则操作，避免人身伤害及仪器损坏。

5. 任务评价

1）总结、分析晶体管特性分析仪的面板组成及使用方法。

2）总结心得体会。

项目 8　其他电气测量

工作页 8.1　电容和电感的测量

姓名		学号	

1. 工作任务

1）了解交流电桥的基本知识。

2）掌握交流电桥的平衡条件。

3）正确运用 QS18A 型万用电桥进行电容和电感测量。操作前知晓各部分使用方法，对操作步骤均需要记录，操作具体到人，制定计划表，做好登记记录。

4）作业注意事项。

① 学生以 3~6 人为一组。

② 实训开始前应做好个人着装准备、场地准备和工具准备。

③ 进入实训室前，应先做好安全检查。

④ 团队作业应合理分配作业任务。

2. 任务分析

1）交流电桥是一种________________仪器，在电气测量技术中占有重要地位。它主要用于电容及其介质________________的测量、自感及其线圈________________和互感等电参数的精密测量，也可用于非电量变换为相应________________参数的精密测量。

2）在交流电桥中，4 个桥臂一般是由交流电路元件如________、________、________组成的；电桥的电源通常是________________；交流平衡指示仪的种类很多，适用于不同频率范围。

3）采用高灵敏度的电子放大式指零仪，具有足够的________________，指示器指零时，电桥________________。

4）当调节电桥参数，使交流指零仪中无电流通过时（即 $I_G=0$），c、d 两点的电位相等，电桥达到平衡，这时有________________，电桥平衡条件为________________。

5）QS18A 型万用电桥是一种携带方便、使用简便的________交流电桥。它主要由________、________、________________3 部分组成。通过切换开关，可分别构成测量电阻的________；测量电容的________________；测量电感的________________。

6）用交流电桥测量电感的大小及其________；用交流电桥测量电容及其________________。

7）灵敏度调节旋钮：用来控制电桥放大器的________。在开始粗调电桥平衡时，要________灵敏度使电表指示小于满刻度，在调节过程中逐步________灵敏度，进行电桥平衡调节。

3. 制定计划

根据设计方案，合理做好人员分工，将人员分工情况记录在下列表格中，记录好后按照各自分工进行实际操作。

序号	工 作 任 务	人 员 分 工
1		
2		
3		
4		
5		
6		

4. 任务实施

（1）实施步骤

1）了解交流电桥的组成和工作原理。

2）掌握交流电桥的使用方法。

3）熟练使用交流电桥测量电容和电感。

4）熟练使用 QS18A 型万用电桥进行电容、电感测量。

（2）实训注意事项　每次操作前要知晓使用方法，按规则操作，避免人身伤害及仪器损坏。

5. 任务评价

1）总结、分析交流电桥的面板组成及使用方法。

2）总结心得体会。

工作页 8.2　转速的测量

姓名		学号	

1. 工作任务

1）了解转速表的结构及简单工作原理。

2）掌握转速表的使用方法。

3）正确运用转速表测量数控机床主轴转速。操作前知晓各部分使用方法，对操作步骤均需要记录，操作具体到人，制定计划表，做好登记记录。

4）作业注意事项。

① 学生以 3~6 人为一组。

② 实训开始前应做好个人着装准备、场地准备和工具准备。

③ 进入实训室前，应先做好安全检查。

④ 团队作业应合理分配作业任务。

2. 任务分析

1）转速表是专门用来测量各种________机械转速的仪表，按照________________和________不同，可以分为________________、________________、磁性转速表、电动式转速表、磁电式转速表、闪光式转速表和电子式转速表等几种。

2）离心式转速表主要由________、________和________三部分组成。

3）光敏电阻的工作原理是当有光照射到其上面时，它的________会发生变化，光信号的变化就转化成了________的变化，可通过相关电路实现测量。

4）光电传感器是一种将________________的变化转换为________________的传感器。其工作原理是依据________________。

5）磁性转速表在测量转速时，会根据转速产生的________________大小，与____________进行平衡，以指示转速值。

6）电动式转速表是将小型交流电动机的转速与被测轴转速____________，而磁性转速头又和小型交流电动机____________转动，这样磁性转速头所指示的转速就是被测轴的转速。

7）磁电式转速表是利用________________完成转速测量的一种转速表。

8）闪光式转速表是利用________________而设计的一种转速表。

9）光电式转速表主要分为两种，一种为________________，不需要安装，另一种为________________，需要在电动机主轴上安装光电传感器和调制盘。

3. 制定计划

根据方案作业任务，合理做好人员分工，将人员分工情况记录在下列表格中，记录好后按照各自分工进行实际操作。

序号	工 作 任 务	人 员 分 工
1		
2		
3		
4		
5		
6		

4. 任务实施

（1）实施步骤

1）了解各种转速表的组成和工作原理。

2）掌握转速表的使用方法。

3）熟练使用转速表测量数控机床主轴转速。

（2）实训注意事项　每次操作前要知晓使用方法，按规则操作，避免人身伤害及仪器损坏。

5. 任务评价

1）总结、分析转速表的面板组成及使用方法。

2）总结心得体会。

工作页 8.3　温度的测量

姓名		学号	

1. 工作任务

正确运用温度传感器测量供热系统中锅炉水的温度，比较几种温度传感器的优缺点。操作前应知晓各部分使用方法，对操作步骤均需要记录，操作具体到人，制定计划表，做好登记记录。

1）学生以 3~6 人为一组。

2）实训开始前应做好个人着装准备、场地准备和工具准备。

3）进入实训室前，应先做好安全检查。

4）团队作业应合理分配作业任务。

2. 任务分析

1）测量温度的方法，通常按感温元件是否与被测物接触而分为____________测量和____________测量两大类。

2）热电阻温度传感器是利用导体或半导体________________________的原理进行测温的一种温度传感器。热电阻温度传感器分为____________和____________两大类。

3）热电阻温度传感器由____________、____________及____________组成，热电阻也可以与____________连接，将温度转换为标准电流信号输出。

4）热电偶的热电动势与温度的关系表称为____________。通过查____________，可以由热电偶的热电动势得到相应的____________。

5）接触法测温的基本原理是测温元件要与被测对象达到____________。

6）对热电偶而言，除保护管影响外，热电偶的____________也是其主要因素，即热电偶丝越______，测量端直径越______，其热响应时间越短。

7）红外传感器是利用____________制成的传感器，由____________、____________、____________及____________等组成。

8）热探测器的工作原理：利用红外辐射的____________，探测器的敏感元件吸收辐射能后温度____________，引起某些物理参数发生变化，再通过测量物理参数的变化量来确定探测器所吸收的____________。

3. 制定计划

根据方案作业任务，合理做好人员分工，将人员分工情况记录在下列表格中，记录好后按照各自分工进行实际操作。

序号	工作任务	人员分工
1		
2		
3		
4		
5		
6		

4. 任务实施

（1）实施步骤

1）了解各种温度传感器的组成和工作原理。

2）掌握各种温度传感器的使用方法。

3）熟练使用热电阻温度传感器、热电偶温度传感器、红外温度传感器测量供热系统中锅炉水的温度。

（2）实训注意事项　每次操作前要知晓使用方法，按规则操作，避免人身伤害及仪器损坏。

5. 任务评价

1）总结、分析温度传感器的组成及使用方法。

2）总结心得体会。